学习资源展示

课堂案例·课堂练习·课后习题·商业案例

课堂案例：制作石膏组合
所在页码：29
学习目标：学习各种标准基本体的创建方法

课堂案例：制作桌子
所在页码：34
学习目标：学习切角长方体和圆柱体的创建方法

课堂案例：制作旋转花瓶
所在页码：36
学习目标：学习"放样"工具的使用方法，并掌握如何调节放样的形状

课堂案例：
所在页码：
学习目标：

课堂练习：制作积木组合
所在页码：41
学习目标：练习各种标准基本体的创建方法

课堂练习：制作休闲沙发
所在页码：41
学习目标：练习切角圆柱体的创建方法，并用切角长方体和管状体创建支架

课后习题：制作储物架
所在页码：42
学习目标：练习长方体的创建方法，并练习移动复制功能的使用方法

课后习题：制作花瓶
所在页码：42
学习目标：练习样条线的绘制方法，并用"车削"修改器将样条线转换为三维模型

课堂案例：制作青花瓷
所在页码：49
学习目标：学习挤出修改器的使用方法

课堂案例1：制作木质茶几
所在页码：56
学习目标：学习多边形建模方法

课堂案例2：制作水杯
所在页码：58
学习目标：学习挤出修改器和涡轮平滑修改器

课堂案例3：制作足球
所在页码：61
学习目标：熟练使用"多边形建模"中的命令来创建对象

课堂练习：制作球形吊灯
所在页码：70
学习目标：掌握多边形建模方法

课堂练习：制作化妆品瓶子
所在页码：70
学习目标：熟练使用多边形建模的命令来创建对象

课后习题：制作画框
所在页码：70
学习目标：练习多边形建模方法

课后习题：制作床头柜
所在页码：70
学习目标：练习多边形建模方法

课堂案例：制作射灯

所在页码：72

学习目标：学习如何使用目标灯光模拟射灯照明

课堂案例：制作客厅日光效果

所在页码：77

学习目标：学习如何使用目标平行光模拟日光效果

课堂案例：制作灯泡照明

所在页码：81

学习目标：学习如何使用VRay球体灯光模拟灯泡照明

课堂练习：制作日光走廊

所在页码：86

学习目标：练习目标平行光的用法

课堂练习：制作书房灯光

所在页码：86

学习目标：练习VRay灯光的用法

课后习题：制作卫生间灯光

所在页码：86

学习目标：练习目标灯光和VRay灯光的用法

课后习题：制作电梯厅夜景

所在页码：86

学习目标：练习目标灯光和VRay灯光的用法

课堂案例：制作玻璃珠景深特效

所在页码：93

学习目标：学习如何使用目标摄影机制作景深特效

课堂练习：制作客厅景深特效

所在页码：101

学习目标：练习使用目标摄影机制作景深特效的方法

课后习题：制作运动模糊特效

所在页码：102

学习目标：练习使用目标摄影机制作运动模糊特效的方法

课堂案例：制作陶瓷材质

所在页码：109

学习目标：学习如何使用VRayMtl材质制作陶瓷材质

课堂案例：制作树叶材质

所在页码：122

学习目标：学习"不透明度"贴图的用法

课堂练习：制作灯罩材质
所在页码：128
学习目标：练习VRayMtl材质的用法

课堂练习：制作玻璃材质
所在页码：129
学习目标：练习VRayMtl材质的用法

课后习题：制作卧室材质
所在页码：130
学习目标：练习各种常用材质的制作方法

课后习题：制作餐厅材质
所在页码：130
学习目标：练习各种常用材质的制作方法

课堂案例：为效果图添加环境贴图
所在页码：132
学习目标：学习如何为场景添加环境贴图

课堂案例：制作镜头特效
所在页码：138
学习目标：学习"镜头效果"的用法

课堂练习：制作沙尘雾
所在页码：145
学习目标：练习"体积雾"效果的用法

课堂练习：制作奇幻特效
所在页码：145
学习目标：练习"模糊"效果的用法

课后习题：加载环境贴图
所在页码：146
学习目标：练习环境贴图的加载方法

课后习题：制作雪山雾
所在页码：146
学习目标：练习"雾"效果的用法

课堂案例：日光客厅
所在页码：170
学习目标：练习材质的制作方法，渲染参数的设置方法

课堂案例：仓库CG表现
所在页码：177
学习目标：练习CG场景材质、灯光和渲染参数设置方法

课堂练习：家装卧室日光表现
所在页码：181
学习目标：练习材质的制作方法，渲染参数的设置方法

课后习题：工装日光走廊表现
所在页码：182
学习目标：练习材质的制作方法，渲染参数的设置方法

课堂案例：制作影视包装文字动画
所在页码：185
学习目标：学习"粒子流源"的用法

课堂练习：制作下雨动画
所在页码：192
学习目标：练习"超级喷射"粒子的用法

课后习题：制作烟花爆炸动画
所在页码：192
学习目标：练习"超级喷射"粒子的用法

课堂案例：制作多米诺骨牌动力学刚体动画
所在页码：195
学习目标：学习动力学刚体动画的制作方法

课堂练习：制作汽车碰撞运动学刚体动画
所在页码：202
学习目标：练习碰撞动画的制作方法

课后习题：制作弹力球动力学刚体动画
所在页码：202
学习目标：练习运动学刚体动画的制作方法

课堂案例：制作化妆刷
所在页码：204
学习目标：学习如何使用Hair和Fur（WSN）修改器制作毛发

课堂案例：制作地毯
所在页码：211
学习目标：学习如何使用VRay毛皮制作地毯

课堂练习：制作毛巾
所在页码：214
学习目标：练习VRay毛皮的制作方法

课后习题：制作刷子
所在页码：214
学习目标：练习Hair和Fur（WSM）（头发和毛发（WSM））修改器的用法

课堂案例：制作钟表动画
所在页码：216
学习目标：学习自动关键点动画的制作方法

课堂案例：制作小鱼游动动画
所在页码：221
学习目标：学习使用路劲约束制作动画

课堂案例：制作水滴变形动画
所在页码：225
学习目标：学习使用变形器修改器制作变形动画

课堂案例：制作生长动画
所在页码：227
学习目标：学习使用路径变形器（WSM）修改器制作生长动画

课堂练习：制作足球位移动画
所在页码：231
学习目标：练习"曲线编辑器"的使用方法

课堂练习：制作风车旋转动画
所在页码：231
学习目标：练习自动关键点动画的制作方法

课后习题：制作蜻蜓飞舞动画
所在页码：232
学习目标：练习自动关键点动画的制作方法

课后习题：制作路径约束摄影机动画
所在页码：232
学习目标：练习摄影机路径约束的制作方法

商业案例：家装客厅日光效果表现
所在页码：234
学习目标：练习客厅日光表现手法

商业案例：家装厨房日光效果表现
所在页码：240
学习目标：练习客厅日光表现手法

商业案例：工装休息室夜晚效果表现
所在页码：245
学习目标：练习工装休息室夜晚表现手法

课后习题：家装客厅日光表现
所在页码：264
学习目标：练习家装客厅场景材质、灯光和渲染参数的设置方法

课后习题：工装宾馆灯光表现
所在页码：264
学习目标：练习工装宾馆场景材质、灯光和渲染参数的设置方法

商业案例：雪山雄鹰CG表现
所在页码：253
学习目标：体积光、雪材质和尾气材质的制作方法是本例的学习重点

中文版
3ds Max 2016
基础培训教程

时代印象 编著

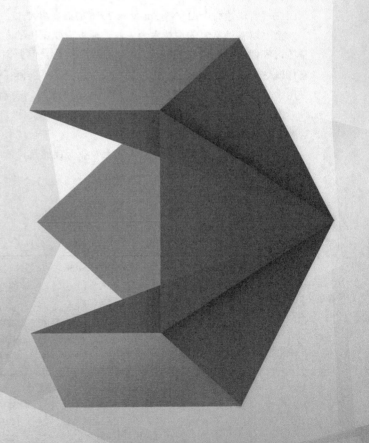

人民邮电出版社
北　京

图书在版编目（ＣＩＰ）数据

中文版3ds Max 2016基础培训教程 / 时代印象编著
. -- 北京 ：人民邮电出版社，2017.6（2021.9重印）
ISBN 978-7-115-45588-8

Ⅰ．①中… Ⅱ．①时… Ⅲ．①三维动画软件—教材
Ⅳ．①TP391.414

中国版本图书馆CIP数据核字(2017)第081941号

内 容 提 要

本书全面介绍了中文版 3ds Max 2016 的基本功能及实际运用，内容包括 3ds Max 的建模、灯光、摄影机、材质、环境和效果、渲染、粒子系统、动力学、毛发系统和动画技术。本书针对零基础读者编写，是入门级读者快速、全面掌握 3ds Max 2016 的必备参考书。

全书以各种重要软件技术为主线，通过课堂案例的实际操作，帮助读者熟悉软件功能和制作思路。课堂练习和课后习题可以拓展读者的实际操作能力。商业案例制作都是实际工作中经常会遇到的案例项目，它们既达到了强化训练的目的，又可以让读者了解实际工作中的问题和处理方法。另外，本书所有内容均采用中文版 3ds Max 2016 和 VRay 3.20.03 进行编写，读者最好使用此版本进行学习。

本书附带下载资源，内容包括案例文件、素材文件、PPT 课件和视频教学，读者可通过在线方式获取这些资源，具体方法请参看本书前言。

本书适合作为院校和培训机构艺术专业课程的教材使用，也可以作为 3ds Max 2016 及以下所有版本自学人员的参考用书。

◆ 编　　著　　时代印象
　　责任编辑　　张丹丹
　　责任印制　　陈　犇

◆ 人民邮电出版社出版发行　　北京市丰台区成寿寺路 11 号
　　邮编　100164　　电子邮件　315@ptpress.com.cn
　　网址　http://www.ptpress.com.cn
　　固安县铭成印刷有限公司印刷

◆ 开本：787×1092　1/16
　　印张：16.5　　　　　　　　彩插：4
　　字数：508 千字　　　　　　2017 年 6 月第 1 版
　　印数：30 401—31 900 册　　2021 年 9 月河北第 25 次印刷

定价：49.90 元

读者服务热线：(010)81055410　印装质量热线：(010)81055316
反盗版热线：(010)81055315
广告经营许可证：京东市监广登字20170147号

前 言

Autodesk公司的3ds Max是一款优秀的三维动画软件，3ds Max的强大功能，使其诞生以来就一直受到CG艺术家的喜爱。3ds Max在模型塑造、场景渲染、动画及特效等方面都能制作出高品质的对象，这也使其在室内设计、建筑表现、影视与游戏制作等领域中占据重要地位，成为全球最受欢迎的三维制作软件之一。目前，我国很多院校和培训机构的艺术专业，都将3ds Max作为一门重要的专业课程。为了帮助院校和培训机构的教师能够比较全面、系统的讲授这门课，使读者能够熟练使用3ds Max进行效果图制作和动画制作，成都时代印象组织专业从事3ds Max教学的高级教师和效果图设计师共同编写本书。

我们对本书的编写体系做了精心的设计，按照"课堂案例——软件功能解析——课堂练习——课后习题"这一顺序进行编写，通过课堂案例演练使读者快速熟悉软件功能与制作思路，通过软件功能解析使读者深入学习软件功能和制作特色，并通过课堂练习和课后习题拓展读者的实际操作能力。在内容编写方面，我们力求通俗易懂，细致全面；在文字叙述方面，我们注意言简意赅、突出重点；在案例选取方面，我们强调案例的针对性和实用性。

本书配套学习资源中包含书中所有案例的场景文件和实例文件，同时，为了方便读者学习，本书还配备了所有案例和课后习题的多媒体教学录像，这些录像也是我们请专业人士录制的，详细记录了每一个步骤，尽量让读者一看就懂。另外，为了方便教师教学，本书还配备了PPT课件等丰富的教学资源，任课老师可直接拿来使用。

本书参考学时为64学时，其中讲授环节为44学时，实训环节为20学时，各章的参考学时如下表所示。

章	课程内容	学时分配	
		讲授	实训
第1章	认识3ds Max 2016	2	
第2章	基础建模	4	1
第3章	高级建模	6	2
第4章	灯光技术	3	2
第5章	摄影机技术	2	1
第6章	材质与贴图技术	5	2
第7章	环境和效果	2	1
第8章	渲染技术	4	2
第9章	粒子系统与空间扭曲	2	1
第10章	动力学	2	1
第11章	毛发系统	2	1
第12章	动画技术	4	2
第13章	商业案例制作实训	6	4
学 时 总 计		44	20

本书所有的学习资源文件均可在线下载（或在线观看视频教程），扫描封底的"资源下载"二维码，关注我们的微信公众号即可获得资源文件下载方式。资源下载过程中如有疑问，可通过我们的在线客服或客服电话与我们联系。在学习的过程中，如果遇到问题，也欢迎您与我们交流，我们将竭诚为您服务。

资源下载

您可以通过以下方式来联系我们。

客服邮箱：press@iread360.com

客服电话：028-69182687、028-69182657

时代印象

2017年4月

第1章 认识3ds Max 2016…9

1.1 关于3ds Max 10

1.2 认识3ds Max 2016 10

  1.2.1 启动3ds Max 2016............10

  1.2.2 3ds Max 2016的工作界面 11

  1.2.3 标题栏 12

  1.2.4 菜单栏 12

  1.2.5 主工具栏 14

  1.2.6 视口区域 21

  1.2.7 命令面板 21

  1.2.8 时间尺 22

  1.2.9 状态栏 23

  1.2.10 时间控制按钮 23

  1.2.11 视图导航控制按钮 23

1.3 加载VRay渲染器 24

第2章 基础建模 25

2.1 关于建模 26

  2.1.1 建模思路解析 26

  2.1.2 参数化对象与可编辑对象 26

  2.1.3 建模的常用方法 28

2.2 创建标准基本体 28

  2.2.1 课堂案例：制作石膏组合 29

  2.2.2 长方体 30

  2.2.3 圆锥体 31

  2.2.4 球体 31

  2.2.5 几何球体 32

  2.2.6 圆柱体 32

  2.2.7 管状体 32

  2.2.8 圆环 33

  2.2.9 四棱锥 33

  2.2.10 茶壶 33

  2.2.11 平面 33

2.3 创建扩展基本体 34

  2.3.1 课堂案例：制作桌子 34

  2.3.2 异面体 35

  2.3.3 切角长方体 35

  2.3.4 切角圆柱体 36

2.4 创建复合对象 36

  2.4.1 课堂案例：制作旋转花瓶 36

  2.4.2 图形合并 37

  2.4.3 布尔 38

  2.4.4 放样 38

2.5 创建二维图形 38

  2.5.1 课堂案例：制作玻璃杯 39

  2.5.2 线 39

  2.5.3 文本 40

2.6 课堂练习 41

  2.6.1 课堂练习：制作积木组合.......... 41

  2.6.2 课堂练习：制作休闲沙发......... 41

2.7 课后习题 42

  2.7.1 课后习题：制作储物架 42

  2.7.2 课后习题：制作花瓶 42

第3章 高级建模 43

3.1 关于修改器 44

  3.1.1 修改器堆栈 44

  3.1.2 加载修改器 45

目 录

3.1.3 修改器排序 45
3.1.4 修改器的使用 46
3.1.5 编辑修改器 47
3.1.6 修改器的种类 48

3.2 常用修改器 49
3.2.1 课堂案例：制作青花瓷 49
3.2.2 挤出修改器 50
3.2.3 倒角修改器 50
3.2.4 车削修改器 51
3.2.5 弯曲修改器 51
3.2.6 扭曲修改器 52
3.2.7 置换修改器 52
3.2.8 噪波修改器 53
3.2.9 FFD修改器 53
3.2.10 晶格修改器 54
3.2.11 平滑类修改器 55

3.3 多边形建模 56
3.3.1 课堂案例 56
课堂案例1：制作木质茶几 56
课堂案例2：制作水杯 58
课堂案例3：制作足球 61
3.3.2 塌陷多边形对象 62
3.3.3 编辑多边形对象 63

3.4 课堂练习 70
3.4.1 课堂练习：制作球形吊灯 70
3.4.2 课堂练习：制作化妆品瓶子 70

3.5 课后习题 70
3.5.1 课后习题：制作画框 70
3.5.2 课后习题：制作床头柜 70

第4章 灯光技术 71

4.1 初识灯光 72
4.1.1 灯光的功能 72
4.1.2 3ds Max中的灯光 72

4.2 光度学灯光 72
4.2.1 课堂案例：制作射灯 72
4.2.2 目标灯光 74
4.2.3 自由灯光 77

4.3 标准灯光 77
4.3.1 课堂案例：制作客厅日光效果 ... 77
4.3.2 目标聚光灯 79
4.3.3 自由聚光灯 80
4.3.4 目标平行光 80
4.3.5 自由平行光 81

4.4 VRay的灯光 81
4.4.1 课堂案例：制作灯泡照明 81
4.4.2 VRay灯光 82
4.4.3 VRay太阳 84
4.4.4 VRay天空 85

4.5 课堂练习 86
4.5.1 课堂练习：制作日光走廊 86
4.5.2 课堂练习：制作书房灯光 86

4.6 课后习题 86
4.6.1 课后习题：制作卫生间灯光 86
4.6.2 课后习题：制作电梯厅夜景 86

第5章 摄影机技术 87

5.1 真实摄影机的结构 88

5.2 摄影机的相关术语 88
  5.2.1 镜头 88
  5.2.2 焦平面 89
  5.2.3 光圈 89
  5.2.4 快门 90
  5.2.5 胶片感光度 91

5.3 场景构图 91
  5.3.1 画面比例 91
  5.3.2 长焦/短焦 92
  5.3.3 主次虚实 92

5.4 3ds Max中的摄影机 92
  5.4.1 课堂案例：制作玻璃珠景深特效... 93
  5.4.2 目标摄影机 94
  5.4.3 物理摄影机 97
  5.4.4 VRay物理摄影机 98

5.5 课堂练习：制作客厅景深特效...101

5.6 课后习题：制作运动模糊特效...102

6.3.8 VRay双面材质 114
6.3.9 VRay混合材质 114
6.3.10 VRayMtl材质 115

6.4 常用贴图 119
  6.4.1 课堂案例：制作树叶材质 122
  6.4.2 不透明度贴图 124
  6.4.3 棋盘格贴图 124
  6.4.4 位图贴图 125
  6.4.5 渐变贴图 127
  6.4.6 平铺贴图 127
  6.4.7 衰减贴图 127
  6.4.8 噪波贴图 128

6.5 课堂练习 128
  6.5.1 课堂练习：制作灯罩材质 128
  6.5.2 课堂练习：制作玻璃材质 129

6.6 课后习题 130
  6.6.1 课后习题：制作卧室材质 130
  6.6.2 课后习题：制作餐厅材质 130

第6章 材质与贴图技术 103

6.1 初识材质 104

6.2 材质编辑器 104
  6.2.1 菜单栏 105
  6.2.2 材质球示例窗 107
  6.2.3 工具栏 108
  6.2.4 参数控制区 109

6.3 常用材质 109
  6.3.1 课堂案例：制作陶瓷材质........ 109
  6.3.2 标准材质 111
  6.3.3 混合材质 112
  6.3.4 Ink'n Paint（墨水油漆）材质...112
  6.3.5 多维/子对象材质 113
  6.3.6 VRay灯光材质 113
  6.3.7 VRay覆盖材质 114

第7章 环境和效果 131

7.1 环境 132
  7.1.1 课堂案例：为效果图添加环境贴图... 132
  7.1.2 背景与全局照明 133
  7.1.3 曝光控制 133
  7.1.4 大气 135

7.2 效果 138
  7.2.1 课堂案例：制作镜头特效........138
  7.2.2 镜头效果 142
  7.2.3 模糊 143
  7.2.4 亮度和对比度 144
  7.2.5 色彩平衡 144
  7.2.6 胶片颗粒 145

7.3 课堂练习 145
  7.3.1 课堂练习：制作沙尘雾 145

目录

7.3.2 课堂练习：制作奇幻特效..........145

7.4 课后习题..............146
7.4.1 课后习题：加载环境贴图..........146
7.4.2 课后习题：制作雪山雾 146

第8章 渲染技术..............147

8.1 渲染的基本常识..............148
8.1.1 渲染器的类型..............148
8.1.2 渲染工具..............148

8.2 VRay渲染器..............150
8.2.1 VRay..............151
8.2.2 GI..............158
8.2.3 设置..............166
8.2.4 VRay快速设置..............169

8.3 课堂案例：日光客厅..............170
8.3.1 材质制作..............170
8.3.2 设置测试渲染参数..............172
8.3.3 灯光设置..............173
8.3.4 设置最终渲染参数..............176

8.4 课堂案例：仓库CG表现..........177
8.4.1 材质制作..............177
8.4.2 设置测试渲染参数..............179
8.4.3 灯光设置..............180
8.4.4 设置最终渲染参数..............181

8.5 课堂练习：家装卧室日光表现..181

8.6 课后习题：工装日光走廊表现..182

第9章 粒子系统与空间扭曲...183

9.1 粒子系统..............184
9.1.1 课堂案例：制作影视包装文字动画...185
9.1.2 粒子流源..............186
9.1.3 喷射..............188

9.1.4 雪..............189
9.1.5 超级喷射..............189
9.1.6 暴风雪..............189
9.1.7 粒子阵列..............189
9.1.8 粒子云..............190

9.2 空间扭曲..............190
9.2.1 力..............190
9.2.2 导向器..............191
9.2.3 几何/可变形..............191

9.3 课堂练习：制作下雨动画..........192

9.4 课后习题：制作烟花爆炸动画...192

第10章 动力学..............193

10.1 动力学MassFX概述..............194

10.2 创建动力学MassFX..............195
10.2.1 课堂案例：制作多米诺骨牌动力学刚体动画..............195
10.2.2 MassFX工具..............196
10.2.3 模拟工具..............200
10.2.4 创建刚体..............201

10.3 课堂练习：制作汽车碰撞运动学刚体动画..............202

10.4 课后习题：制作弹力球动力学刚体动画..............202

第11章 毛发系统..............203

11.1 毛发系统概述..............204

11.2 制作毛发..............204
11.2.1 课堂案例：制作化妆刷..........204
11.2.2 Hair和Fur（WSM）修改器.....205
11.2.3 课堂案例：制作地毯..........211
11.2.4 VRay毛皮..............212

11.3 课堂练习：制作毛巾..............214

11.4 课后习题：制作刷子..............214

第12章 动画技术............215

12.1 动画概述....................216

12.2 基础动画....................216

12.2.1 课堂案例：制作钟表动画........216

12.2.2 动画制作工具................217

12.2.3 曲线编辑器..................218

12.3 约束........................220

12.3.1 课堂案例：制作小鱼游动动画...221

12.3.2 课堂案例：制作人物眼神动画...222

12.3.3 附着约束....................222

12.3.4 曲面约束....................223

12.3.5 路径约束....................223

12.3.6 位置约束....................224

12.3.7 链接约束....................224

12.3.8 注视约束....................224

12.3.9 方向约束....................225

12.4 变形器......................225

12.4.1 课堂案例：制作水滴变形动画...225

12.4.2 课堂案例：制作生长动画.......227

12.4.3 变形器修改器................228

12.4.4 路径变形（WSM）修改器.....231

12.5 课堂练习....................231

12.5.1 课堂练习：制作足球位移动画...231

12.5.2 课堂练习：制作风车旋转动画...231

12.6 课后习题....................232

12.6.1 课后习题：制作蜻蜓飞舞动画....232

12.6.2 课后习题：制作路径约束摄影机
动画..........................232

第13章 商业案例制作实训...233

13.1 商业案例：家装客厅日光效果
表现.........................234

13.1.1 材质制作....................234

13.1.2 设置测试渲染参数.............236

13.1.3 灯光设置....................237

13.1.4 设置最终渲染参数.............239

13.2 商业案例：家装厨房日光效果表现...240

13.2.1 材质制作....................240

13.2.2 设置测试渲染参数.............242

13.2.3 灯光设置....................243

13.2.4 设置最终渲染参数.............244

13.3 商业案例：工装休息室夜晚效果
表现.........................245

13.3.1 材质制作....................245

13.3.2 设置测试渲染参数.............248

13.3.3 灯光设置....................248

13.3.4 设置最终渲染参数.............252

13.4 商业案例：雪山雄鹰CG表现...253

13.4.1 灯光设置....................253

13.4.2 材质制作....................256

13.4.3 设置最终渲染参数.............263

13.5 课后习题....................264

13.5.1 课后习题：家装客厅日光表现...264

13.5.2 课后习题：工装宾馆灯光表现...264

13.5.3 课后习题：古建筑CG表现........264

第1章

认识3ds Max 2016

本章将带领读者进入3ds Max 2016的神秘世界。本章首先介绍3ds Max 2016的应用领域，然后系统介绍3ds Max 2016的界面组成及各种重要基本工具和命令的用法。通过对本章的学习，读者可以对3ds Max 2016有一个基本的认知。

学习目标

● 了解3ds Max 2016的应用领域

● 熟悉3ds Max 2016的操作界面

● 掌握3ds Max 2016的常用工具

● 掌握3ds Max 2016的基本操作

1.1 关于3ds Max

Autodesk公司开发的3ds Max是一款优秀的三维软件。3ds Max强大的功能使其从诞生以来就一直受到CG艺术家的喜爱。到目前为止，Autodesk公司已将3ds Max升级到2016版本，当然其功能也变得更加强大。

3ds Max在模型塑造、场景渲染、动画及特效等方面都能制作出高品质的作品，如图1-1~图1-5所示。这也使其在插画、影视动画、游戏、产品造型和效果图等领域中占据领导地位，成为全球最受欢迎的三维制作软件之一。

图1-1

图1-2

图1-3

图1-4

图1-5

提示 从3ds Max 2009开始，Autodesk公司推出了两个版本的3ds Max，一个是面向影视动画专业人士的3ds Max，另一个是专门为建筑师、设计师以及可视化设计量身定制的3ds Max Design。对于大多数用户而言，这两个版本是没有任何区别的。本书均采用中文版3ds Max 2016版本进行编写，请读者注意。

1.2 认识3ds Max 2016

下面将重点介绍3ds Max 2016的工作界面以及其工具选项，所以请读者在自己的计算机上安装好3ds Max 2016，以便边学边练。

本节内容介绍

名称	作用	重要程度
标题栏	显示当前编辑的文件名称及软件版本信息	中
菜单栏	包含所有用于编辑对象的菜单命令	高
主工具栏	包含最常用的工具	高
视口区域	用于实际工作的区域	高
命令面板	包含用于创建/编辑对象的常用工具和命令	高
时间尺	预览动画及设置关键点	高
状态栏	显示选定对象的数目、类型、变换值和栅格数目等信息	中
时间控制按钮	控制动画的播放效果	高
视图导航控制按钮	控制视图的显示和导航	高

1.2.1 启动3ds Max 2016

安装好3ds Max 2016后，可以通过以下两种方法来启动软件。

第1种：双击桌面上的快捷图标 。

第2种：在"开始"菜单中执行"所有程序>Autodesk>Autodesk 3ds Max 2016 >Autodesk 3ds Max 2016 -Simplified Chinese"命令，如图1-6所示。

图1-6

在启动3ds Max 2016的过程中，可以观察到3ds Max 2016的启动画面，如图1-7所示。启动3ds Max 2016后，其工作界面如图1-8所示。

图1-7

图1-9

图1-8

3ds Max 2016的默认工作界面是四视图显示，如果要切换到单一的视图显示，可以单击界面右下角的"最大化视口切换"按钮□或按快捷键Alt+W，如图1-9所示。

提示 初次启动3ds Max 2016时，系统会自动弹出"欢迎使用3ds Max"对话框，其中包括学习、开始、扩展三大部分，若想在启动3ds Max 2016时不弹出"欢迎使用3ds Max"对话框，只需要在该对话框左下角关闭"在启动时显示此欢迎屏幕"选项即可；若要恢复"欢迎使用3ds Max"对话框，可以执行"帮助>欢迎屏幕"菜单命令来打开该对话框，如图1-10所示。

图1-10

1.2.2 3ds Max 2016的工作界面

3ds Max 2016的工作界面分为标题栏、菜单栏、主工具栏、视口区域、命令面板、时间尺、状态栏、时间控制按钮、视口导航控制按钮、建模工具选项卡和场景资源管理器11个部分，如图1-11所示。

图1-11

默认状态下的"主工具栏"和"命令"面板分别停靠在界面的上方和右侧，可以通过拖曳的方式将其移动到视图的其他位置，这时的"主工具栏"和"命令"面板将以浮动的面板形态呈现在视图中，如图1-12所示。

图1-12

> **提示** 若想将浮动的面板切换回停靠状态，可以将浮动的面板拖曳到任意一个面板或工具栏的边缘，或直接双击面板的标题。

1.2.3 标题栏

3ds Max 2016的"标题栏"位于界面的最顶部。"标题栏"上包含当前编辑的文件名称、软件版本信息，同时还有软件图标（也称为应用程序图标）、快速访问工具栏和信息中心3个非常人性化的工具栏，如图1-13所示。

快速访问工具栏

应用程序

信息中心

图1-13

1.2.4 菜单栏

"菜单栏"位于工作界面的顶端，包含"编辑""工具""组""视图""创建""修改器""动画""图形编辑器""渲染""自定义""脚本"和"帮助"12个主菜单，如图1-14所示。

编辑(E) 工具(T) 组(G) 视图(V) 创建(C) 修改器(M) 动画(A) 图形编辑器(R) 渲染(R) 自定义(U) 脚本(S) 帮助(H)

图1-14

重要参数解析

编辑："编辑"菜单主要包括"撤销""重

做""暂存""取回""删除"等常用命令，这些命令都配有快捷键。

工具："工具"菜单主要包括对物体进行操作的常用命令，这些命令在"主工具栏"中也可以找到并可以直接使用。

组："组"菜单中的命令可以将场景中的两个或两个以上的物体编成一组，同样也可以将成组的物体拆分为单个物体。

视图："视图"菜单中的命令主要用来控制视图的显示方式以及视图的相关参数设置（例如，视图的配置与导航器的显示等）。

创建："创建"菜单中的命令主要用来创建几何物体、二维物体、灯光和粒子等，在"创建"面板中也可以执行相同的操作。

修改器："修改器"菜单中的命令包含"修改"面板中的所有修改器。

动画："动画"菜单主要用来制作动画，包括正向动力学、反向动力学以及创建和修改骨骼的命令。

图形编辑器："图形编辑器"菜单是场景元素之间用图形化视图方式来表达关系的菜单，包括"轨迹视图-曲线编辑器""轨迹视图-摄影表""新建图解视图"和"粒子视图"等方式。

渲染："渲染"菜单主要用于设置渲染参数，包括"渲染""环境"和"效果"等命令。

自定义："自定义"菜单主用来更改用户界面或系统设置。通过这个菜单可以定制自己的界面，同时还可以对3ds Max系统进行设置，例如，设置单位和自动备份文件等。

脚本：3ds Max支持脚本程序设计语言，可以书写脚本语言的短程序来自动执行某些命令。在脚本菜单中包括新建、测试和运行脚本的一些命令。

帮助："帮助"菜单中主要是3ds Max的一些帮助信息，可以供用户参考学习。

1.设置文件自动备份

3ds Max 2016在运行过程中对计算机的配置要求比较高，占用系统资源也比较大。在运行3ds Max 2016时，由于某些较低的计算机配置和系统性能的不稳定性等原因会导致文件关闭或发生死机现象。当进行较为复杂的计算（如光影追踪渲染）时，一旦出现无法恢复的故障，就会丢失所做的各项操作，造成无法弥补的损失。

解决这类问题的办法除了提高计算机硬件的配置外，还可以通过增强系统稳定性来减少死机现象。在一般情况下，可以通过以下3种方法来提高系统的稳定性。

第1种：要养成经常保存场景的习惯。

第2种：在运行3ds Max 2016时，尽量不要或少启动其他程序，而且硬盘也要留有足够的缓存空间。

第3种：如果当前文件发生了不可恢复的错误，可以通过备份文件来打开前面自动保存的场景。

下面介绍一下设置自动备份文件的方法。

执行"自定义>首选项"菜单命令，然后在弹出的"首选项设置"对话框中单击"文件"选项卡，接着在"自动备份"选项组下勾选"启用"选项，最后单击"确定"按钮 确定 ，如图1-15所示。如有特殊需要，可以适当加大或降低"Autobak文件数"和"备份间隔（分钟）"的数值。

图1-15

2.设置单位

在通常情况下，制作场景之前都要对3ds Max的单位进行设置，这样才能制作出精确的对象。执行"自定义>单位设置"菜单命令，打开"单位设置"对话框，然后在"显示单位比例"选项组下选择一个"公制"单位（一般选择"毫米"）接着单击"系统单位设置"按钮 系统单位设置 ，打开"系统单位设置"对话框，最后选择一个"系统单位比例"（一般选择"毫米"），如图1-16所示。

图1-16

3.菜单命令的基础知识

在执行菜单栏中的命令时可以发现，某些命令后面有与之对应的快捷键，例如，"移动"命令的快捷键为W键，也就是说按W键就可以切换到"选择并移动"工具 ，如图1-17所示。使用这些快捷键能够节省很多操作时间。

图1-17

若下拉菜单命令的后面带有省略号，则表示执行该命令后会弹出一个独立的对话框，如图1-18所示。

图1-18

若下拉菜单命令的后面带有小箭头图标，则表示该命令含有子命令，如图1-19所示。

图1-19

13

部分菜单命令的字母下有下画线，执行该命令时可以先按住Alt键，然后在键盘上按该命令所在主菜单的下画线字母，接着在键盘上按命令的下画线字母即可执行相应的命令。以"撤消"命令为例，先按住Alt键，然后按E键，接着按U键即可撤销当前操作，返回到上一步（按快捷键Ctrl+Z也可以达到相同的效果），如图1-20所示。

命令没有合适的操作对象。例如，在没有选择任何对象的情况下，"组"菜单下只有一个"集合"命令处于可用状态，如图1-21所示；而在选择了对象以后，"组"命令和"集合"命令都可用，如图1-22所示。

图1-20

仔细观察菜单命令，会发现某些命令显示为灰色，表示这些命令不可用，这是因为在当前操作中该

图1-21　　　　　　　　　　图1-22

1.2.5 主工具栏

"主工具栏"中集合了最常用的一些编辑工具，图1-23所示为默认状态下的"主工具栏"。某些工具的右下角有一个三角形图标，单击该图标就会弹出下拉工具列表。以"捕捉开关"为例，单击"捕捉开关"按钮就会弹出捕捉工具列表，如图1-24所示。

图1-23

提示 若显示器的分辨率较低，"主工具栏"中的工具可能无法完全显示出来，这时可以将光标放置在"主工具栏"上的空白处，当光标变成手型时，使用鼠标左键左右移动"主工具栏"即可查看没有显示的工具。

图1-24

在默认情况下，很多工具栏都处于隐藏状态，如果要调出这些工具栏，可以在"主工具栏"的空白处单击鼠标右键，然后在弹出的菜单中选择相应的工具栏，如图1-25所示。如果要调出所有隐藏的工具栏，可以执行"自定义>显示UI>显示浮动工具栏"菜单命令，如图1-26所示，再次执行"显示浮动工具栏"命令可以将浮动的工具栏隐藏起来。

图1-25

图1-26

提示 按快捷键Alt+6可以隐藏"主工具栏"，再次按快捷键Alt+6可以显示"主工具栏"。

重要参数解析

"撤消"工具：撤销上一步执行的操作。在该按钮上单击鼠标右键，会弹出一个撤销列表，选择相应的操作以后，单击"撤消"按钮即可

撤销执行的操作，如图1-27所示。

"重做"工具 ◯：取消上一次的"撤消"操作。

"选择并链接"工具 ◯：该按钮主要用于建立对象之间的父子链接关系与定义层级关系，但是只能父级物体带动子级物体，而子级物体的变化不会影响到父级物体。例如，使用"选择并链接"工具 ◯将一个球体拖曳到一个导向板上，可以让球体与导向板建立链接关系，使球体成为导向板的子对象，那么移动导向板，球体也会跟着移动，但移动球体时，导向板不会跟着移动，如图1-28所示。

图1-27   图1-28

"断开当前链接"工具 ◯：该工具与"选择并链接"工具 ◯的作用恰好相反，用来断开链接关系。

"绑定到空间扭曲"工具 ◯：使用该工具可以将对象绑定到空间扭曲对象上。例如，图1-29中有一个风力和一个雪粒子，此时没有对这两个对象建立绑定关系，拖曳时间线滑块，发现雪粒子向左飘动，这说明雪粒子没有受到风力的影响。使用"绑定到空间扭曲"工具 ◯将雪粒子拖曳到风力上，当光标变成◯形状时松开鼠标即可建立绑定关系，如图1-30所示。绑定以后，拖曳时间线滑块，可以发现雪粒子受到风力的影响而向右飘落，如图1-31所示。

图1-29

图1-30   图1-31

"选择过滤器"工具 ⬚全部▼：主要用来过滤不需要选择的对象类型，这对于批量选择同一种类型的对象

非常有用，如图1-32所示。例如，在下拉列表中选择"L-灯光"选项，那么在场景中选择对象时，只能选择灯光，而几何体、图形、摄影机等对象不会被选中，如图1-33所示。

图1-32   图1-33

"选择对象"工具 ◯：这是最重要的工具之一，主要用来选择对象，对于想选择对象而又不想移动它的时候，这个工具是最佳选择。使用该工具单击对象即可选择相应的对象，如图1-34所示。

单击选择对象

图1-34

提示 上面介绍的使用"选择对象"工具 ◯单击对象即可将其选择，只是选择对象的一种方法。下面介绍一下框选、加选、减选、反选、孤立选择对象的方法。

框选对象：这是选择多个对象的常用方法之一，适合选择一个区域的对象，例如，使用"选择对象"工具 ◯在视图中拉出一个选框，那么处于该选框内的所有对象都将被选中（这里以在"过滤器"列表中选择"全部"类型为例）。另外，在使用"选择对象"工具 ◯框选对象时，按Q键可以切换选框的类型，例如，当前使用的是"矩形选择区域"模式◯，按一次Q键可切换为"圆形选择区域"模式◯，如图1-30所示，继续按Q键又会切换到"围栏选择区域"模式◯、"套索选择区域"模式◯、"绘制选择区域"模式◯，并一直按此顺序循环下去。

加选对象：如果当前选择了一个对象，还想加选其他对象，可以在按住Ctrl键的同时单击其他对象。

减选对象：如果当前选择了多个对象，想要减去某个不想选择的对象，可以按住Alt键单击想要减去的对象。

反选对象：如果当前选择了某些对象，想要反选其他的对象，可以按快捷键Ctrl+I来完成。

孤立选择对象：这是一种特殊的选择对象的方法，可以将选择的对象单独显示出来，以方便对其进行编辑。切换孤立选择对象的方法主要有两种，一种是执行"工具>孤立当前选择"菜单命令或直接按快捷键Alt+Q；另一种是在视图中单击鼠标右键，然后在弹出的菜单中选择"孤立当前选择"命令。

"按名称选择"工具：单击该工具会弹出"从场景选择"对话框，在该对话框中选择对象的名称后，单击"确定"按钮 确定 即可将其选择。例如，在"从场景选择"对话框中选择了Sphere01，单击"确定"按钮 确定 后即可选择这个球体对象，如图1-35所示。

图1-35

"选择区域"工具："选择区域"工具包含5种模式，如图1-36所示，主要用来配合"选择对象"工具一起使用。在前面已经介绍了其用法。

矩形选择区域
圆形选择区域
围栏选择区域
套索选择区域
绘制选择区域

图1-36

"窗口/交叉"工具：当"窗口/交叉"工具处于突出状态（即未激活状态）时，其显示效果为，这时如果在视图中选择对象，那么只要选择的区域包含对象的一部分即可选中该对象，如图1-37所示；当"窗口/交叉"工具处于凹陷状态（即激活状态）时，其显示效果为，这时如果在视图中选择对象，那么只有选择区域包含对象的全部才能将其选中，如图1-38所示。在实际工作中，一般都会让"窗口/交叉"工具处于未激活状态。

图1-37

图1-38

"选择并移动"工具：这是最重要的工具之一（快捷键为W键），主要用来选择并移动对象，其选择对象的方法与"选择对象"工具相同。使用"选择并移动"工具可以将选中的对象移动到任何位置。当使用该工具选择对象时，在视图中会显示出坐标移动控制器，在默认的四视图中只有透视图显示的是x、y、z这3个轴向，而其他3个视图中只显示其中的某两个轴向，如图1-39所示。如果想在多个轴向上移动对象，将光标放在轴向的中间，然后拖曳光标即可，如图1-40所示；如果想在单个轴向上移动对象，将光标放在这个轴向上，然后拖曳光标即可，如图1-41所示。

显示X、Y轴向　　　显示X、Z轴向

显示Y、Z轴向　　　显示X、Y、Z轴向

图1-39

图1-40

图1-41

"选择并旋转"工具 ：这是最重要的工具之一（快捷键为E键），主要用来选择并旋转对象，其使用方法与"选择并移动"工具 相似。当该工具处于激活状态（选择状态）时，被选中的对象可以在x、y、z这3个轴上进行旋转。

选择并缩放：这是最重要的工具之一（快捷键为R键），主要用来选择并缩放对象，"选择并缩放"工具包含3种，如图1-42所示。使用"选择并均匀缩放"工具 可以沿3个轴以相同量缩放对象，同时保持对象的原始比例，如图1-43所示；使用"选择并非均匀缩放"工具 可以根据活动轴约束以非均匀方式缩放对象，如图1-44所示；使用"选择并挤压"工具 可以创建"挤压和拉伸"效果，如图1-45所示。

图1-42

图1-43

图1-44

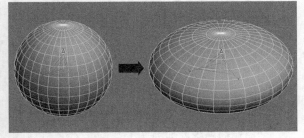

图1-45

提示 若想将对象精确移动、旋转或缩放，可以在"选择并移动"工具 、"选择并旋转"工具 或"选择并缩放"工具上单击鼠标右键，然后在弹出的对话框中输入精确数值，如图1-46所示。

图1-46

"选择并放置"工具 ：主要用来将对象准确地定位到另一个对象的曲面上。此工具随时可以使用，不仅限于在创建对象时。"选择并放置"的弹出按钮上还提供了"选择并旋转"工具 ，当"旋转"选项处于活动状态时，它的执行功能与"选择并放置"相同。在"选择并放置"按钮上单击鼠标右键，弹出"放置设置"对话框，如图1-47所示。其中包含"旋转""使用基础对象作为轴""枕头模式""自动设置父对象"和"对象上方向轴"5个按钮。

图1-47

"旋转"按钮 ：启用后，拖动对象会使其围绕通过"对象上方向轴"设置指定的局部轴旋转。

"使用基础对象作为轴"按钮 ：将对象的底座作为与其他对象接触的接触点。对于轴尚未放置在底部的对象而言，此控件最适用。

"枕头模式"按钮 ：围绕对象移动对象，但对象之间不相交。在不平坦的表面上移动对象时，该选项非常有用。

提示 "使用基础对象作为轴"和"枕头模式"不能同时使用。

"自动设置父对象"按钮 自动设置父对象 ：链接具有层次关系的对象。启用此控件后，如果将一个对象与其他对象接触放置，被放置的对象将成为另一个对象的子对象。

对象上方向轴：指定变换对象的局部轴，用于在移动对象时确定方向。

"参考坐标系"工具 视图 ▾ ："参考坐标系"可以用来指定变换操作（如移动、旋转、缩放等）所使用的坐标系统，包括视图、屏幕、世界、父对象、局部、万向、栅格、工作和拾取9种坐标系，如图1-48所示。

图1-48

"轴点中心"工具 ：："轴点中心"工具有3种，如图1-49所示。"使用轴点中心"工具 可以围绕其各自的轴点旋转或缩放一个或多个对象；"使用选择中心"工具 可以围绕其共同的几何中心旋转或缩放一个或多个对象（如果变换多个对象，该工具会计算所有对象的平均几何中心，并将该几何中心用作变换中心）；"使用变换坐标中心"工具 可以围绕当前坐标系的中心旋转或缩放一个或多个对象（当使用"拾取"功能将其他对象指定为坐标系时，其坐标中心在该对象的轴的位置上）。

使用轴点中心
使用选择中心
使用变换坐标中心

图1-49

选择并操纵 ：使用该工具可以在视图中通过拖曳"操纵器"来编辑修改器、控制器和某些对象的参数。

技巧与提示

"选择并操纵"工具 与"选择并移动"工具 不同，它的状态不是唯一的。只要选择模式或变换模式之一为活动状态，并且启用了"选择并操纵"工具 ，就可以操纵对象。但是在选择一个操纵器辅助对象之前必须禁用"选择并操纵"工具 。

"键盘快捷键覆盖切换"工具 ：当关闭该工具时，只识别"主用户界面"快捷键；当激活该工具时，可以同时识别主UI快捷键和功能区域快捷键。

"捕捉开关"工具 ："捕捉开关"工具包含3种，如图1-50所示。"2D捕捉"工具 主要用于捕捉活动的栅格；"2.5D捕捉"工具 主要用于捕捉结构或捕捉根据网格得到的几何体；"3D捕捉"工具 可以捕捉3D空间中的任何位置。

2D捕捉
2.5D捕捉
3D捕捉

图1-50

提示 在"捕捉开关"上单击鼠标右键，可以打开"栅格和捕捉设置"对话框，在该对话框中可以设置捕捉类型和捕捉的相关选项，如图1-51所示。

图1-51

"角度捕捉和切换"工具 ：该工具可以用来指定捕捉的角度（快捷键为A键）。激活该工具后，角度捕捉将影响所有的旋转变换，在默认状态下以5°为增量进行旋转。

提示 若要更改旋转增量，可以在"角度捕捉切换"工具 上单击鼠标右键，然后在弹出的"栅格和捕捉设置"对话框中单击"选项"选项卡，接着在"角度"选项后面输入相应的旋转增量角度，如图1-52所示。

图1-52

"百分比捕捉和切换"工具 ：该工具可以将对象缩放捕捉到自定的百分比（快捷键为Shift+Ctrl+P），在缩放状态下，默认每次的缩放百分比为10%。

提示 若要更改缩放百分比，可以在"百分比捕捉切换"工具 上单击鼠标右键，然后在弹出的"栅格和捕捉设置"对话框中单击"选项"选项卡，接着在"百分比"选项后面输入相应的百分比数值，如图1-53所示。

图1-53

"微调器捕捉和切换"工具 ：该工具可以用来设置微调器单次单击的增加值或减少值。

提示 若要设置微调器捕捉的参数，可以在"微调器捕捉切换"工具 🔲 上单击鼠标右键，然后在弹出的"首选项设置"对话框中单击"常规"选项卡，接着在"微调器"选项组下设置相关参数，如图1-54所示。

图1-54

"编辑命名选择集"工具 ✏️：使用该工具可以为单个或多个对象创建选择集。选中一个或多个对象后，单击"编辑命名选择集"工具 ✏️ 可以打开"命名选择集"对话框，在该对话框中可以创建新集、删除集以及添加、删除选定对象等操作，如图1-55所示。

图1-55

"创建选择集"工具 [创建选择集 ▼]：如果选择了对象，那么在这里输入名称以后就可以创建一个新的选择集；如果已经创建了选择集，那么在列表中可以选择创建的集。

"镜像"工具 🔲：使用该工具可以围绕一个轴心镜像出一个或多个副本对象。选中要镜像的对象后，单击"镜像"工具 🔲，可以打开"镜像:局部坐标"对话框，在该对话框中可以对"镜像轴""克隆当前选择"和"镜像IK限制"进行设置，如图1-56所示。

图1-56

"对齐"工具 🔲："对齐"工具包括6种，如图1-57所示。使用"对齐"工具 🔲（快捷键为Alt+A）可以将当前选定的对象与目标对象进行对齐；使用

"快速对齐"工具 🔲（快捷键为Shift+A）可以立即将当前选定对象的位置与目标对象的位置进行对齐；使用"法线对齐"工具 🔲（快捷键为Alt+N），可以基于每个对象的面或是以选择的法线方向来对齐两个对象；使用"放置高光"工具 🔲（快捷键为Ctrl+H）可以将灯光或对象对齐到另一个对象，以便精确定位其高光或反射；使用"对齐摄影机"工具 🔲 可以将摄影机与选定的面法线进行对齐；使用"对齐到视图"工具 🔲 可以将对象或子对象的局部轴与当前视图进行对齐。

"场景资源管理器"工具 🔲：使用该工具，可以快速地选择或删除场景中的对象，隐藏或显示对象和层，编辑多个对象，展开或收拢层次、层、容器或组以及重命名对象等，如图1-58所示。该工具也与默认界面左侧的"场景资源管理器"内容一致。

	对齐
	快速对齐
	法线对齐
	放置高光
	对齐摄影机
	对齐到视图

图1-57   图1-58

"层管理器"工具 🔲：使用该工具可以创建和删除层，也可以用来查看和编辑场景中所有层的设置以及与其相关联的对象。单击"层管理器"工具 🔲 可以打开"层"对话框，在该对话框中可以指定对象的名称、可见性、渲染性、颜色以及对象和层的包含关系等，如图1-59所示。

图1-59

"切换功能区"工具：这是一种建模工具，与多边形建模相似，在后面的内容中将对其进行介绍。

"曲线编辑器（打开）"工具：单击该按钮可以打开"轨迹视图-曲线编辑器"对话框，如图1-60所示。"曲线编辑器"是一种"轨迹视图"模式，可以用曲线来表示运动，而"轨迹视图"模式可以使运动的插值以及软件在关键帧之间创建的对象变换更加直观化。

图1-60

"图解视图（打开）"工具："图解视图"是基于节点的场景图，通过它可以访问对象的属性、材质、控制器、修改器、层次和不可见场景关系。同时在"图解视图"对话框中可以查看、创建并编辑对象间的关系，也可以创建层次、指定控制器、材质、修改器和约束等，如图1-61所示。

图1-61

"材质编辑器"工具：这是最重要的编辑器之一（快捷键为M键），在后面的章节中将对其进行介绍，其主要用来编辑材质对象的材质。3ds Max 2016的"材质编辑器"分为"精简材质编辑器" 和"Slate材质编辑器" 两种。

"渲染设置"工具：单击该按钮或按F10键可以打开"渲染设置"对话框，几乎所有的渲染参数设置都在该对话框中完成，如图1-62所示。"渲染设置"对话框同样非常重要，在后面的章节中将对其进行介绍。

图1-62

"渲染帧窗口"工具：单击该按钮可以打开"渲染帧窗口"对话框，在该对话框中可执行选择渲染区域、切换图像通道和储存渲染图像等操作，如图1-63所示。"渲染帧窗口"对话框在后面的章节中将对其进行介绍。

"渲染产品"工具："渲染产品"工具包含"渲染产品"工具 、"渲染迭代"工具 和ActiveShade工具 3种类型，如图1-64所示。这3种工具在后面的章节中将对其进行介绍。

图1-63   图1-64

"在Autodesk A360中渲染"工具：使用 A360云渲染场景。A360 渲染使用云资源，因此可以在进行渲染的同时继续使用桌面。

"打开Autodesk A360库"工具：启用后，当用户提交渲染时，"A360库"页面将打开。默认设置为启用。

1.2.6 视口区域

视口区域是操作界面中最大的一个区域，也是3ds Max中用于实际工作的区域，默认状态下为四视图显示，包括顶视图、左视图、前视图和透视图4个视图。在这些视图中可以从不同的角度对场景中的对象进行观察和编辑。

每个视图的左上角都会显示视图的名称以及模型的显示方式，右上角有一个导航器（不同视图显示的状态也不同），如图1-65所示。

图1-65

> **提示** 常用的几种视图都有其相对应的快捷键，顶视图的快捷键是T键、底视图的快捷键是B键、左视图的快捷键是L键、前视图的快捷键是F键、透视图的快捷键是P键、摄影机视图的快捷键是C键。

3ds Max 2016中视图的名称被分为3个小部分，用鼠标右键分别单击这3个部分会弹出不同的菜单，如图1-66所示。第1个菜单用于还原、激活、禁用视口以及设置导航器等；第2个菜单用于切换视口的类型；第3个菜单用于设置对象在视口中的显示方式。

图1-66

1.2.7 命令面板

"命令"面板非常重要，场景对象的操作都可以在"命令"面板中完成。"命令"面板由6个用户界面面板组成，默认状态下显示的是"创建"面板，其他面板分别是"修改"面板、"层次"面板、"运动"面板、"显示"面板和"实用程序"面板，如图1-67所示。

图1-67

1.创建面板

在"创建"面板中可以创建7种对象，分别是"几何体""图形""灯光""摄影机""辅助对象""空间扭曲"和"系统"，如图1-68所示。

图1-68

重要参数解析

"几何体"按钮：主要用来创建长方体、球体和锥体等基本几何体，也可以创建出高级几何体，例如，布尔、阁楼以及粒子系统中的几何体。

"图形"按钮：主要用来创建样条线和NURBS曲线。

> **提示** 虽然样条线和NURBS曲线能够在2D空间或3D空间中存在，但是它们只有一个局部维度，可以为形状指定一个厚度以便于渲染，但这两种线条主要用于构建其他对象或运动轨迹。

"灯光"按钮：主要用来创建场景中的灯光。灯光的类型有很多种，每种灯光都可以用来模拟现实世界中的灯光效果。

"摄影机"按钮：主要用来创建场景中的摄影机。

"辅助对象"按钮：主要用来创建有助于场景制作的辅助对象。这些辅助对象可以定位、测量场景中的可渲染几何体，并且可以设置动画。

"空间扭曲"按钮 ≋：使用空间扭曲功能可以在围绕其他对象的空间中产生各种不同的扭曲效果。

"系统"按钮 ：可以将对象、控制器和层次对象组合在一起，提供与某种行为相关联的几何体，并且包含模拟场景中的阳光系统和日光系统。

> **提示** 关于各种对象的创建方法将在后面中的章节中进行详细讲解。

2.修改面板

"修改"面板主要用来调整场景对象的参数，同样可以使用该面板中的修改器来调整对象的几何形体，图1-69所示是默认状态下的"修改"面板。

图1-69

> **提示** 关于如何在"修改"面板中设置参数，将在后面的章节中详细讲解。

3.层次面板

在"层次"面板中可以访问调整对象间的层次链接信息，通过将一个对象与另一个对象相链接，可以创建对象之间的父子关系，如图1-70所示。

图1-70

重要参数解析

"轴"按钮 轴：该按钮下的参数主要用来调整对象和修改器的中心位置，以及定义对象之间的父子关系和反向动力学IK的关节位置等，如图1-71所示。

图1-71

IK按钮 IK：该按钮下的参数主要用来设置动画的相关属性，如图1-72所示。

"链接信息"按钮 链接信息：该按钮下的参数主要用来限制对象在特定轴中的移动关系，如图1-73所示。

图1-72　　　　图1-73

4.运动面板

"运动"面板中的工具与参数主要用来调整选定对象的运动属性，如图1-74所示。

图1-74

> **提示** 可以使用"运动"面板中的工具来调整关键点的时间及其缓入和缓出效果。"运动"面板还提供了"轨迹视图"的替代选项来指定动画控制器，如果指定的动画控制器具有参数，则在"运动"面板中可以显示其卷展栏；如果"路径约束"指定给对象的位置轨迹，则"路径参数"卷展栏将添加到"运动"面板中。

5.显示面板

"显示"面板中的参数主要用来设置场景中控制对象的显示方式，如图1-75所示。

图1-75

6.实用程序面板

在"实用程序"面板中可以访问各种工具程序，包含用于管理和调用的卷展栏，如图1-76所示。

图1-76

1.2.8 时间尺

"时间尺"包括时间线滑块和轨迹栏两大部分。时间线滑块位于视图的最下方，主要用于制定帧，默认的帧数为100帧，具体数值可以根据动画长度来进行修改。拖曳时间线滑块可以在帧之间迅速移动，单击时间线滑块左右的向左箭头图标 < 与向右箭头图标 > 可以向前或者向后移动一帧，如图1-77所示；轨迹栏位于时间线滑块的下方，主要用于显示帧数和选定对象的关键点，在这里可以移动、复制、删除关键点以及更改关键点的属性，如图1-78所示。

图1-77

图1-78

> **提示** 在"轨迹栏"的左侧有一个"打开迷你曲线编辑器"按钮，单击该按钮可以显示轨迹视图。

1.2.9 状态栏

状态栏位于轨迹栏的下方，它提供了选定对象的数目、类型、变换值和栅格数目等信息。并且状态栏可以基于当前光标位置和当前活动程序来提供动态反馈信息，如图1-79所示。

MAXScript 工具提示 选择对 选择锁 绝对/偏移模 渐进式显示
迷你侦听器 象提示 定切换 式变换输入

图1-79

1.2.10 时间控制按钮

时间控制按钮位于状态栏的右侧，这些按钮主要用来控制动画的播放效果，包括关键点控制和时间控制等，如图1-80所示。

上一帧 播放动画
转至开头 下一帧
转至结尾
时间配置
设置关键点 新建关键点的 关键点模 当前帧
默认入/出切线 式切换

图1-80

> **提示** 关于时间控制按钮的用法将在后面的动画章节中进行详细介绍。

1.2.11 视图导航控制按钮

视图导航控制按钮在状态栏的最右侧，主要用来控制视图的显示和导航。使用这些按钮可以缩放、平移和旋转活动的视图，如图1-81所示。

缩放所有视图 最大化显示
缩放 所有视图最大化显示
缩放区域 最大化视口切换
平移视图 环绕子对象

图1-81

重要参数解析

"缩放"工具：使用该工具可以在透视图或正交视图中通过拖曳光标来调整对象的显示比例。

"缩放所有视图"工具：使用该工具可以同时调整透视图和所有正交视图（正交视图包括顶视图、前视图和左视图）中的对象的显示比例。

"最大化显示"工具：将当前活动的视图最大化显示出来。

"最大化显示选定对象"工具：将选定的对象在当前的活动视图中最大化显示出来。

"所有视图最大化显示"工具：将场景中的对象在所有视图中居中显示出来。

"所有视图最大化显示选定对象"工具：将所有可见的选定对象或对象集在所有视图中以居中最大化的方式显示出来。

"缩放区域"工具：可以放大选定的矩形区域，该工具适用于正交视图、透视和三向投影视图，但是不能用于摄影机视图。

"平移视图"工具：使用该工具可以将选定的视图平移到任何位置。按住鼠标中键也可以平移视图。

> **提示** 按住Ctrl键可以随意平移视图；按住Shift键可以在垂直方向和水平方向平移视图。

"环绕"工具：使用该工具可以将视口边缘附近的对象旋转到视图范围以外。

"选定的环绕"工具：使用该工具可以让视图围绕选定的对象进行旋转，同时选定的对象会保留在视口中相同的位置。

"环绕子对象"工具：使用该工具可以让视图围绕选定的子对象或对象进行旋转的同时，使选定的子对象或对象保留在视口中相同的位置。

"最大化视口切换"工具：可以将活动视口在正常大小和全屏大小之间进行切换，其快捷键为Alt+W。

上面所讲的视图导航控制按钮属于透视图和正交视图中的控件。当创建摄影机以后，按C键切换到摄影机视图，此时的视图导航控制按钮会变成摄影机视图导航控制按钮，如图1-82所示。

图1-82

重要参数解析

"推拉摄影机"工具 / **"推拉目标"工具** / **"推拉摄影机+目标"工具**：这3个工具主要用来移动摄影机或其目标，也可以移向或移离摄影机所指的方向。

"透视"工具：使用该工具可以增加透视张角量，也可以保持场景的构图。

"侧滚摄影机"工具：使用该工具可以围绕摄影机的视线来旋转"目标"摄影机，也可以围绕摄影机局部的z轴来旋转"自由"摄影机。

"视野"工具：使用该工具可以调整视图中可见对象的数量和透视张角量。视野的效果与更改摄影机的镜头相关，视野越大，观察到的对象越多（与广角镜头相关），而透视会扭曲。视野越小，观察到的对象越少（与长焦镜头相关），而透视会展平。

"平移摄影机"工具 / **"穿行"工具**：这两个工具主要用来平移和穿行摄影机视图。

"环游摄影机"工具 / **"摇移摄影机"工具**：使用"环游摄影机"工具可以围绕目标来旋转摄影机；使用"摇移摄影机"工具可以围绕摄影机来旋转目标。

1.3 加载VRay渲染器

安装好VRay渲染器之后，若想使用该渲染器来渲染场景，可按F10键打开"渲染设置"对话框，然后在"公用"选项卡下展开"指定渲染器"卷展栏，接着单击"产品级"选项卡后面的"选择渲染器"按钮，最后在弹出的"选择渲染器"对话框中选择VRay渲染器即可；也可以直接在上方的渲染器下拉菜单中选择VRay渲染器，如图1-83和图1-84所示。

图1-83

图1-84

第2章

基础建模

本章将介绍3ds Max 2016的基础建模技术，包括创建标准基本体、扩展基本体、复合对象和二维图形。通过对本章的学习，读者可以快速地创建出一些简单的模型。

学习目标

- 了解建模的思路
- 掌握标准基本体的创建方法
- 掌握扩展基本体的创建方法
- 掌握复合对象的创建方法
- 掌握二维图形的创建方法

2.1 关于建模

使用3ds Max制作作品时，一般都遵循"建模→材质→灯光→渲染"这个基本流程。建模是一幅作品的基础，没有模型，材质和灯光就是无稽之谈，图2-1所示是两幅非常优秀的建模作品。

图2-1

本节内容介绍

名称	作用	重要程度
建模思路解析	了解建模的思路	中
参数化对象与可编辑对象	了解参数化对象与可编辑对象的特点和区别	高
建模的常用方法	了解建模的常用方法	中

2.1.1 建模思路解析

在开始学习建模之前首先需要掌握建模的思路。在3ds Max中，建模的过程就相当于现实生活中的"雕刻"过程。下面以一个壁灯为例来讲解建模的思路，如图2-2所示。

图2-2

在创建这个壁灯模型的过程中可以先将其分解为6个独立的部分来分别进行创建，如图2-3所示。

图2-3

在图2-3中，第1、3、4、5部分的创建非常简单，可以通过修改标准基本体（圆柱体和球体）和

样条线来得到；而第2部分和第6部分可以使用多边形建模方法来进行制作。

> **提示** 多数模型的创建在最初阶段都需要有一个简单的对象作为基础，然后经过转换来进一步调整。这个简单的对象就是下面即将要讲解的"参数化对象"。

2.1.2 参数化对象与可编辑对象

3ds Max中的所有对象都是"参数化对象"与"可编辑对象"中的一种。两者并非独立存在的，"可编辑对象"多数可以通过转换"参数化对象"得到。

1.参数化对象

"参数化对象"是指对象的几何形态由参数变量来控制，修改这些参数就可以修改对象的几何形态。相对于"可编辑对象"而言，"参数化对象"通常是被创建出来的。下面笔者结合具体模型来说明一下，主要分为以下步骤。

第1步：在"创建"面板中单击"球体"按钮 <u>球体</u>，然后在场景中拖曳鼠标左键创建一个球体，如图2-4所示。

第2步：在"命令"面板中单击"修改"按钮，切换到"修改"面板，然后在"参数"卷展栏下可以观察到球体的一些参数选项，将"半径"设置为100mm，如图2-5所示。

图2-4   图2-5

第3步：用"选择并移动"工具选择球体，然后按住Shift键在前视图中向右拖曳鼠标左键，接着在弹出的"克隆选项"对话框中设置"对象"为"复制"，最后单击"确定"按钮 <u>确定</u>，如图2-6所示。

图2-6

第4步：选择复制出来的球体，然后在"参数"卷展栏下设置"半球"为0.5，球体就变成了如图2-7所示的效果。两个球体的最终对比效果如图2-8所示。

图2-7

图2-8

观察视口效果，可以发现第2个球体只有一半。这就是"参数化对象"的特点，可以通过调节参数使对象的外观产生变化。

2.可编辑对象

在通常情况下，"可编辑对象"包括"可编辑样条线""可编辑网格""可编辑多边形""可编辑面片"和"NURBS对象"。"参数化对象"是被创建出来的，而"可编辑对象"通常是通过转换得到的，用来转换的对象就是"参数化对象"。

提示 转换生成的"可编辑对象"没有"参数化对象"的参数那么灵活，但是"可编辑对象"可以对子对象（点、线、面等元素）进行更灵活的编辑和修改，并且每种类型的"可编辑对象"都有很多用于编辑的工具。

下面通过"可编辑对象"来创建苹果，加深用户对"可编辑对象"含义的了解，具体步骤如下。

第1步：在"创建"面板中单击"球体"按钮 球体 ，然后在视图中拖曳光标创建一个球体，接着在"参数"卷展栏下设置"半径"为1000mm，如图2-9所示。

图2-9

提示 此时创建的球体属于"参数化对象"，展开"参数"卷展栏，可以观察到球体的"半径""分段""平滑""半球"等参数，这些参数都可以直接进行调整，但是不能调节球体的点、线、面等子对象。

第2步：为了能够对球体的形状进行调整，需要将球体转换为"可编辑对象"。在球体上单击鼠标右键，然后在弹出的菜单中选择"转换为>转换为可编辑多边形"命令，如图2-10所示。

图2-10

第3步：展开"选择"卷展栏，然后单击"顶点"按钮 ，进入"顶点"级别，这时对象上会出现很多可以调节的顶点，并且"修改"面板中的工具按钮也会发生相应的变化，使用这些工具可以调节对象的顶点，如图2-11所示。

图2-11

第4步：下面使用"软选择"的相关工具来调整球体形状。展开"软选择"卷展栏，然后勾选"使用软选择"选项，接着设置"衰减"为6000mm，如图2-12所示。

图2-12

第5步：用"选择并移动"工具 ✛ 选择底部的一个顶点，然后在前视图中将其向下拖曳一段距离，如图2-13所示。

图2-13

第6步：在"软选择"卷展栏下将"衰减"数值修改为4000mm，然后使用"选择并移动"工具 ✛ 将球体底部的一个顶点（即第5步中选择的顶点）向上拖曳到合适的位置，使其产生向上凹陷的效果，如图2-14所示。

图2-14

第7步：选择顶部的一个顶点，然后使用"选择并移动"工具 ✛ 将其向下拖曳到合适的位置，使其产生向下凹陷的效果，如图2-15所示。

图2-15

第8步：选择苹果模型（按1键退出"点"选择，再框选整个模型），然后在"修改器列表"中选择"网格平滑"修改器，接着在"细分量"卷展栏下设置"迭代次数"为2，如图2-16所示，最终效果如图2-17所示。

图2-16   图2-17

2.1.3 建模的常用方法

建模的方法有很多种，大致可以分为内置模型建模、复合对象建模、二维图形建模、网格建模、多边形建模、面片建模和NURBS建模7种。确切地说它们不应该有固定的分类，因为它们之间都可以交互使用。在下面的内容中将对这些建模方法进行详细介绍。

2.2 创建标准基本体

标准基本体是3ds Max中自带的一些模型，用户可以直接创建出这些模型。例如，想创建一个台阶，可以使用长方体来创建。

在"创建"面板中单击"几何体"按钮 ○，然后在下拉列表中选择几何体类型为"标准基本体"。标准基本体包含10种对象类型，分别是长方

体、圆锥体、球体、几何球体、圆
柱体、管状体、圆环、四棱锥、茶
壶和平面，如图2-18所示。

图2-18

本节内容介绍

名称	作用	重要程度
长方体	用于创建长方体	高
圆锥体	用于创建圆锥体	中
球体	用于创建球体	高
几何球体	用于创建与球体类似的几何球体	中
圆柱体	用于创建圆柱体	高
管状体	用于创建管状体	中
圆环	用于创建圆环	中
四棱锥	用于创建四棱锥	中
茶壶	用于创建茶壶	中
平面	用于创建平面	高

2.2.1 课堂案例：制作石膏组合

场景位置	无
实例位置	实例文件>CH02>课堂案例：制作石膏组合.max
学习目标	学习各种标准基本体的创建方法

案例效果如图2-19所示。

图2-19

（1）使用"长方体"工具 长方体 在场景中创
建一个长方体，然后在"参数"卷展栏下设置"长
度""宽度"和"高度"为50mm，如图2-20所示。

图2-20

（2）使用"圆锥体"工具 圆锥体 在场景中创
建一个圆锥体，然后在"参数"卷展栏下设置"半
径1"为20mm、"半径2"为0mm、"高度"为
40mm，如图2-21所示。

图2-21

（3）使用"球体"工具 球体 在场景中创建
一个球体，然后在"参数"卷展栏下设置"半径"
为13mm、"分段"为24，如图2-22所示。

图2-22

（4）使用"几何球体"工具 几何球体 在场景中
创建一个几何球体，然后在"参数"卷展栏下设置
"半径"为20mm、"分段"为4、"基点面类型"
为"四面体"，如图2-23所示。

图2-23

（5）使用"圆柱体"工具 **圆柱体** 在场景中创建一个圆柱体，然后在"参数"卷展栏下设置"半径"为10mm、"高度"为30mm、"高度分段"为5、"边数"为18，如图2-24所示。

图2-24

（6）使用"管状体"工具 **管状体** 在场景中创建一个管状体，然后在"参数"卷展栏下设置"半径1"为10mm、"半径2"为8mm、"高度"为6mm、"高度分段"为5、"边数"为18，如图2-25所示。

图2-25

（7）使用"圆环"工具 **圆环** 在场景中创建一个圆环，然后在"参数"卷展栏下设置"半径1"为6mm、"半径2"为2mm，如图2-26所示。

图2-26

（8）使用"四棱锥"工具 **四棱锥** 在场景中创建一个四棱锥，然后在"参数"卷展栏下设置"宽度""深度"和"高度"分别为40mm、30mm、30mm，如图2-27所示。

图2-27

（9）使用"平面"工具 **平面** 在场景中创建一个平面，然后在"参数"卷展栏下设置"长度"为400mm、"宽度"为400mm，接着设置"长度分段"和"宽度分段"为1，最终效果如图2-28所示。

图2-28

2.2.2 长方体

长方体是建模中最常用的几何体，现实中与长方体接近的物体很多。可以直接使用长方体创建出很多模型，如方桌、墙体等，还可以将长方体用作多边形建模的基础物体。长方体的参数很简单，如图2-29所示。

图2-29

重要参数解析

长度/宽度/高度：这3个参数决定了长方体的外形，用来设置长方体的长度、宽度和高度。

长度分段/宽度分段/高度分段：这3个参数用来设置沿着对象每个轴的分段数量。

生成贴图坐标：自动产生贴图坐标。

真实世界贴图大小：不勾选此项时，贴图大小符合创建对象的尺寸；勾选此项后，贴图大小由绝对尺寸决定。

2.2.3 圆锥体

圆锥体在现实生活中经常看到，如冰激凌的外壳、吊坠等。圆锥体的参数设置面板如图2-30所示。

图2-30

重要参数解析

半径1/半径2：设置圆锥体的第1个半径和第2个半径，两个半径的最小值都是0。

高度：设置沿着中心轴的维度。负值将在构造平面下面创建圆锥体。

高度分段：设置沿着圆锥体主轴的分段数。

端面分段：设置围绕圆锥体顶部和底部的中心的同心分段数。

边数：设置圆锥体周围边数。

平滑：混合圆锥体的面，从而在渲染视图中创建平滑的外观。

启用切片：控制是否开启"切片"功能。

切片起始位置/切片结束位置：设置从局部x轴的零点开始围绕局部z轴的度数。

> **提示** 对于"切片起始位置"和"切片结束位置"这两个选项，正数值将按逆时针移动切片的末端；负数值将按顺时针移动切片的末端。

2.2.4 球体

球体也是现实生活中最常见的物体。在3ds Max中，可以创建完整的球体，也可以创建半球体或球体的其他部分，其参数设置面板如图2-31所示。

图2-31

重要参数解析

半径：指定球体的半径。

分段：设置球体多边形分段的数目。分段越多，球体越圆滑，反之则越粗糙。图2-32所示是"分段"值分别为8和32时的球体对比。

图2-32

平滑：混合球体的面，从而在渲染视图中创建平滑的外观。

半球：该值过大将从底部"切断"球体，以创建部分球体，取值范围可以从0~1。值为0时可以生成完整的球体；值为0.5时可以生成半球，如图2-33所示；值为1时会使球体消失。

图2-33

切除：通过在半球断开时将球体中的顶点数和面数"切除"来减少它们的数量。

挤压：保持原始球体中的顶点数和面数，将几何体向着球体的顶部挤压为越来越小的体积。

轴心在底部：在默认情况下，轴点位于球体中心的构造平面上，如图2-34所示。如果勾选"轴心在底部"选项，则会将球体沿着其局部z轴向上移动，使轴点位于其底部，如图2-35所示。

图2-34 图2-35

2.2.5 几何球体

该功能可以创建由三角形面拼接而成的球体或半球体，它不像球体那样可以控制切片局部的大小。几何球体的形状与球体的形状很接近，学习了球体的参数之后，几何球体的参数便不难理解了，如图2-36所示。

图2-36

重要参数解析

基点面类型：选择几何球体表面的基本组成单位类型，可供选择的有"四面体""八面体"和"二十面体"，图2-37所示分别是这3种基点面的效果。

图2-37

平滑：勾选该选项后，创建出来的几何球体的表面就是光滑的，如果关闭该选项，效果则反之，如图2-38所示。

半球：若勾选该选项，创建出来的几何球体会是一个半球体，如图2-39所示。

图2-38　　　　　　　　图2-39

提示

几何球体与球体在创建出来之后可能很相似，但几何球体是由三角面构成的，而球体是由四角面构成的，如图2-40所示。

图2-40

2.2.6 圆柱体

圆柱体在现实中很常见，如玻璃杯和桌腿等。制作由圆柱体构成的物体时，可以先将圆柱体转换成可编辑多边形，然后对细节进行调整。圆柱体的参数如图2-41所示。

图2-41

重要参数解析

半径：设置圆柱体的半径。

高度：设置沿着中心轴的维度。负值将在构造平面下面创建圆柱体。

高度分段：设置沿着圆柱体主轴的分段数量。

端面分段：设置围绕圆柱体顶部和底部的中心的同心分段数量。

边数：设置圆柱体周围的边数。

2.2.7 管状体

管状体的外形与圆柱体相似，不过管状体是空心的，因此管状体有两个半径，即外径（半径1）和内径（半径2）。管状体的参数如图2-42所示。

图2-42

重要参数解析

半径1/半径2："半径1"是指管状体的外径，"半径2"是指管状体的内径，如图2-43所示。

图2-43

高度：设置沿着中心轴的维度。负值将在构造平面下面创建管状体。

高度分段：设置沿着管状体主轴的分段数量。

端面分段：设置围绕管状体顶部和底部的中心的同心分段数量。

边数：设置管状体周围边数。

2.2.8　圆环

圆环可以用于创建环形或具有圆形横截面的环状物体。圆环的参数如图2-44所示。

图2-44

重要参数解析

半径1：设置从环形的中心到横截面圆形的中心的距离，这是环形环的半径。

半径2：设置横截面圆形的半径。

旋转：设置旋转的度数，顶点将围绕通过环形环中心的圆形非均匀旋转。

扭曲：设置扭曲的度数，横截面将围绕通过环形中心的圆形逐渐旋转。

分段：设置围绕环形的分段数目。通过减小该数值，可以创建多边形环，而不是圆形。

边数：设置环形横截面圆形的边数。通过减小该数值，可以创建类似于棱锥的横截面，而不是圆形。

2.2.9　四棱锥

四棱锥的底面是正方形或矩形，侧面是三角形。四棱锥的参数如图2-45所示。

图2-45

重要参数解析

宽度/深度/高度：设置四棱锥对应面的维度。

宽度分段/深度分段/高度分段：设置四棱锥对应面的分段数。

2.2.10　茶壶

茶壶在室内场景中是经常使用到的一个物体，使用"茶壶"工具 ⬚茶壶⬚ 可以方便快捷地创建出一个精度较低的茶壶。茶壶的参数如图2-46所示。

图2-46

重要参数解析

半径：设置茶壶的半径。

分段：设置茶壶或其单独部件的分段数。

平滑：混合茶壶的面，从而在渲染视图中创建平滑的外观。

茶壶部件：选择要创建的茶壶的部件，包含"壶体""壶把""壶嘴"和"壶盖"4个部件。图2-47所示是一个完整的茶壶与缺少相应部件的茶壶。

图2-47

2.2.11　平面

平面在建模过程中使用的频率非常高，例如，墙面和地面等。平面的参数如图2-48所示。

图2-48

重要参数解析

长度/宽度：设置平面对象的长度和宽度。

长度分段/宽度分段：设置沿着对象每个轴的分段数量。

提示 默认情况下创建出来的平面是没有厚度的，如果要让平面产生厚度，需要为平面加载"壳"修改器，然后适当调整"内部量"和"外部量"数值即可，如图2-49所示。关于修改器的用法将在后面的章节中进行讲解。

原始平面　　　　加载"壳"修改器　　　平面产生了厚度

图2-49

2.3 创建扩展基本体

"扩展基本体"是基于"标准基本体"的一种扩展物体，共有13种，分别是异面体、环形结、切角长方体、切角圆柱体、油罐、胶囊、纺锤、L-Ext、球棱柱、C-Ext、环形波、软管和棱柱，如图2-50所示。本节只对实际工作中比较常用的一些扩展基本体进行介绍。

图2-50

本节内容介绍

名称	作用	重要程度
异面体	用于创建多面体和星形	中
切角长方体	用于创建带圆角效果的长方体	高
切角圆柱体	用于创建带圆角效果的圆柱体	高

2.3.1 课堂案例：制作桌子

场景位置	无
实例位置	实例文件>CH02>课堂案例：制作桌子.max
学习目标	学习切角长方体和圆柱体的创建方法

案例效果如图2-51所示。

图2-51

（1）使用"长方体"工具 切角长方体 在场景中创建一个切角长方体，然后在"参数"卷展栏下设置 "长度"为100mm、"宽度"为200mm、"高度"为10mm、"圆角"为1mm、"圆角分段"为3，如图2-52所示。

图2-52

（2）使用"选择并移动"工具 选择上一步创建的切角长方体，然后在按住Shift键的同时向下移动复制一个切角长方体，如图2-53所示。

图2-53

（3）选择复制出的切角长方体，然后切换至"修改"面板调整其参数设置，如图2-54所示。最后将复制的切角长方体移动至原切角长方体的下方。

图2-54

（4）使用"圆柱体"工具 圆柱体 在桌子下方创建出一个圆柱体，然后在"参数"卷展栏下设置"半径"为3mm、"高度"80mm、"高度分段"为1、"边数"为32，如图2-55所示。

图2-55

（5）使用"选择并移动"工具 选择上一步创建的圆柱体，然后在按住Shift键的同时向下移动复制一个圆柱体，如图2-56所示。

（6）选择两个圆柱体，在按住Shift键的同时向右复制出两个圆柱体，并分别放置在合适的位置，桌子的最终效果如图2-57所示。

图2-56   图2-57

提示 在复制对象到某个位置时，一般都不可能一步到位，这就需要调整对象的位置。调整对象位置需要在各个视图中进行。

"复制"与"实例"的区别。用"复制"方式复制对象，在修改复制出来的对象的参数值时，源对象（也就是被复制的对象）不会发生变化；而用"实例"方式复制对象，在修改复制出来的对象的参数值时，源对象也会发生相同的变化。用户在复制对象时，可根据实际情况来选择复制方式。

2.3.2 异面体

异面体是一种很典型的扩展基本体，可以用它来创建四面体、立方体和星形等。异面体的参数如图2-58所示。

图2-58

重要参数解析

系列：在这个选项组下可以选择异面体的类型，图2-59所示是5种异面体效果。

图2-59

系列参数：P、Q两个选项主要用来切换多面体顶点与面之间的关联关系，其取值范围为0~1。

轴向比率：多面体可以拥有多达3种多面体的面，如三角形、方形或五角形。这些面可以是规则的，也可以是不规则的。如果多面体只有一种或两种面，则只有一个或两个轴向比率参数处于活动状态，不活动的参数不起作用。P、Q、R控制多面体一个面反射的轴。如果调整了参数，单击"重置"按钮 重置 可以将P、Q、R的数值恢复到默认值100。

顶点：这个选项组中的参数决定多面体每个面的内部几何体。"中心"和"中心和边"选项会增加对象中的顶点数，从而增加面数。

半径：设置任何多面体的半径。

2.3.3 切角长方体

切角长方体是长方体的扩展物体，可以快速创建出带圆角效果的长方体。切角长方体的参数如图2-60所示。

图2-60

重要参数解析

长度/宽度/高度：用来设置切角长方体的长度、宽度和高度。

圆角：切开直角长方体的边，以创建圆角效果，图2-61所示是长度、宽度和高度相等，而"圆角"值分别为1、3、6时的切角长方体效果。

图2-61

长度分段/宽度分段/高度分段：设置沿着相应轴的分段数量。

圆角分段：设置切角长方体圆角边时的分段数。

2.3.4 切角圆柱体

切角圆柱体是圆柱体的扩展物体，可以快速创建出带圆角效果的圆柱体。切角圆柱体的参数如图2-62所示。

图2-62

重要参数解析

半径：设置切角圆柱体的半径。

高度：设置沿着中心轴的维度。负值将在构造平面下面创建切角圆柱体。

圆角：斜切切角圆柱体的顶部和底部封口边。

高度分段：设置沿着相应轴的分段数量。

圆角分段：设置切角圆柱体圆角边时的分段数。

边数：设置切角圆柱体周围的边数。

端面分段：设置沿着切角圆柱体顶部和底部的中心和同心分段的数量。

2.4 创建复合对象

使用3ds Max内置的模型就可以创建出很多优秀的模型，但是在很多时候还会使用复合对象，因为使用复合对象来创建模型可以大大节省建模时间。复合对象包括12种建模工具，如图2-63所示。

图2-63

本节内容介绍

名称	作用	重要程度
图形合并	将图形嵌入到其他对象的网格中或从网格中移除	高
布尔	对两个以上的对象进行并集、差集、交集运算	高
放样	将二维图形作为路径的剖面生成复杂的三维对象	高

2.4.1 课堂案例：制作旋转花瓶

场景位置　无
实例位置　实例文件>CH02>课堂案例：制作旋转花瓶.max
学习目标　学习"放样"工具的使用方法，并掌握如何调节放样的形状

案例效果如图2-64所示。

图2-64

（1）在"创建"面板中单击"图形"按钮，然后设置图形类型为"样条线"，接着单击"星形"按钮 星形 ，如图2-65所示。

图2-65

（2）在视图中绘制一个星形，然后在"参数"卷展栏下设置"半径1"为50mm、"半径2"为34mm、"点"为8、"圆角半径1"为7mm、"圆角半径2"为8mm，如图2-66所示。

图2-66

（3）在"图形"面板中单击"线"按钮 线 ，然后在前视图中按住Shift键绘制一条样条线作为放样路径，如图2-67所示。

图2-67

（4）选择星形，设置几何体类型为"复合对象"，然后单击"放样"按钮 放样 ，接着在"创建方法"卷展栏下单击"获取路径"按钮 获取路径 ，最后在视图中拾取之前绘制的样条线路径，放样效果如图2-68所示。

图2-68

（5）进入"修改"面板，然后在"变形"卷展栏下单击"缩放"按钮 缩放 ，打开"缩放变形"对话框，接着将缩放曲线调整成图2-69所示的形状，模型效果如图2-70所示。

图2-69

图2-70

提示 在"缩放变形"对话框中的工具栏上有一个"移动控制点"工具 和一个"插入角点"工具，用这两个工具就可以调节出曲线的形状。但要注意，在调节角点前，需要在角点上单击鼠标右键，然后在弹出的菜单中选择"Bezier-平滑"命令，这样调节出来的曲线才是平滑的，如图2-71所示。

图2-71

（6）在"变形"卷展栏下单击"扭曲"按钮 扭曲 ，然后在弹出的"扭曲变形"对话框中将曲线

调节成如图2-72所示的形状，最终效果如图2-73所示。

图2-72

图2-73

2.4.2 图形合并

使用"图形合并"工具 图形合并 可以将一个或多个图形嵌入到其他对象的网格中或从网格中将图形移除。"图形合并"的参数如图2-74所示。

重要参数解析

"拾取图形"按钮 拾取图形 ：单击该按钮，然后单击要嵌入网格对象中的图形，这样图形可以沿图形局部的z轴负方向投射到网格对象上。

参考/复制/移动/实例：指定如何将图形传输到复合对象中。

操作对象：在复合对象中列出所有操作对象。第1个操作对象是网格对象，以下是任意数目的基于图形的操作对象。

图2-74

"删除图形"按钮 删除图形 ：从复合对象中删除选中的图形。

"提取操作对象"按钮 提取操作对象 ：提取选中操作对象的副本或实例。在"操作对象"列表中选择操作对象时，该按钮才可用。

实例/复制：指定如何提取操作对象。

操作：该组选项中的参数决定如何将图形应用于网格中。选择"饼切"选项时，可切去网格对象曲面外部的图形；选择"合并"选项时，可将图形与网格对象曲面合并；

选择"反转"选项时，可反转"饼切"或"合并"效果。

输出子网格选择：该组选项中的参数提供了指定将哪个选择级别传送到"堆栈"中。

2.4.3 布尔

"布尔"运算是通过对两个以上的对象进行并集、差集、交集运算，从而得到新的物体形态。"布尔"运算的参数如图2-75所示。

重要参数解析

"拾取操作对象B"按钮 拾取操作对象 B ：单击该按钮可以在场景中选择另一个运算物体来完成"布尔"运算。以下4个选项用来控制运算对象B的方式，必须在拾取运算对象B之前确定采用哪种方式。

图2-75

参考：将原始对象的参考复制品作为运算对象B，若以后改变原始对象，同时也会改变布尔物体中的运算对象B，但是改变运算对象B时，不会改变原始对象。

复制：复制一个原始对象作为运算对象B，而不改变原始对象（当原始对象还要用在其他地方时采用这种方式）。

移动：将原始对象直接作为运算对象B，而原始对象本身不再存在（当原始对象无其他用途时采用这种方式）。

实例：将原始对象的关联复制品作为运算对象B，以后对两者中的任意一个对象进行修改都会影响另一个。

操作对象：主要用来显示当前运算对象的名称。

并集：将两个对象合并，相交的部分将被删除，运算完成后两个物体将合并为一个物体。

交集：将两个对象相交的部分保留下来，删除不相交的部分。

差集A-B：在A物体中减去与B物体重合的部分。

差集B-A：在B物体中减去与A物体重合的部分。

切割：用B物体切除A物体，但不在A物体上添加B物体的任何部分，共有"优化""分割""移除内部"和"移除外部"4个选项可供选择。"优化"是在A物体上沿着B物体与A物体相交的面来增加顶点和边数，以细化A物体的表面；"分割"是指B物体切割A物体后所剩的物体，并且在这个物体边缘增加一排顶点，利用这种方法可以根据其他物体的外形将一个物体分成两部分；"移除内部"是删除A物体在B物体内部的所有片段面；"移除外部"是删除A物体在B物体外部的所有片段面。

2.4.4 放样

"放样"是将一个二维图形作为沿某个路径的剖面，从而形成复杂的三维对象。"放样"是一种特殊的建模方法，能快速地创建出多种模型，其参数设置面板如图2-76所示。

图2-76

重要参数解析

"获取路径"按钮 获取路径 ：将路径指定给选定图形或更改当前指定的路径。

"获取图形"按钮 获取图形 ：将图形指定给选定路径或更改当前指定的图形。

移动/复制/实例：用于指定路径或图形转换为放样对象的方式。

"缩放"按钮 缩放 ：使用"缩放"变形可以从单个图形中放样对象，该图形在其沿着路径移动时只改变其缩放。

"扭曲"按钮 扭曲 ：使用"扭曲"变形可以沿着对象的长度创建盘旋或扭曲的对象，扭曲将沿着路径指定旋转量。

"倾斜"按钮 倾斜 ：使用"倾斜"变形可以围绕局部x轴和y轴旋转图形。

"倒角"按钮 倒角 ：使用"倒角"变形可以制作出具有倒角效果的对象。

"拟合"按钮 拟合 ：使用"拟合"变形可以使用两条拟合曲线来定义对象的顶部和侧剖面。

2.5 创建二维图形

二维图形由一条或多条样条线组成，而样条线又由顶点和线段组成。所以只需要调整顶点及样条线的参数就可以生成复杂的二维图形，利用这些二维图形又可以生成三维模型。

在"创建"面板中单击"图形"按钮，然后设置图形类型为"样条线"，这里有12种样条线，分别是线、矩形、圆、椭圆、弧、圆环、多边形、星形、文本、螺旋线、卵形和截面，如图2-77所示。

图2-77

本节内容介绍

名称	作用	重要程度
线	绘制任意形状的样条线	高
文本	创建文本图形	中

2.5.1 课堂案例：制作玻璃杯

场景位置	无
实例位置	实例文件>CH02 >课堂案例：制作玻璃杯.max
学习目标	学习样条线的用法、学习用修改器将样条线转换为三维模型

玻璃杯的效果如图2-78所示。

图2-78

（1）使用"线"工具 线 在前视图中绘制出主体模型的1/2横截面，如图2-79所示。

（2）进入"修改"面板，然后在"选择"卷展栏下单击"样条线"按钮 ，进入"样条线"级别，再打开"几何体"卷展栏，单击"轮廓"按钮 轮廓 ，最后在样条线上拖曳鼠标左键，绘制出玻璃杯的厚度，如图2-80所示。

图2-79   图2-80

（3）进入"修改"面板，然后在"选择"卷展栏下单击"顶点"按钮 ，进入"顶点"级别，再打开"几何体"卷展栏，单击"圆角"按钮 圆角 ，最后在杯子底部的点上拖曳鼠标左键，形成有弧度的圆角，如图2-81所示。

图2-81

（4）进入"修改"面板，然后在"选择"卷展栏下单击"顶点"按钮 ，进入"顶点"级别，选择杯子底部的点向上移动建立出杯底厚度，然后单击鼠标右键，接着在弹出的菜单中选择Bezier命令，这样可以将样条线进行平滑处理，如图2-82所示。

图2-82

（5）选择样条线，然后切换到"修改"面板，接着在"修改器列表"中选择"车削"修改器，最终效果如图2-83所示。

图2-83

2.5.2 线

线在建模中是最常用的一种样条线，其使用方法非常灵活，形状也不受约束，可以封闭也可以不封闭，拐角处可以是尖锐也可以是平滑的。线的参数如图2-84所示。

重要参数解析

在渲染中启用：勾选该选项才能渲染出样条线；若不勾选，将不能渲染出样条线。

在视口中启用：勾选该选项后，样条线会以网格的形式显示在视图中。

使用视口设置：该选项只有在开启"在视口中启用"选项时才可用，主要用于设置不同的渲染参数。

生成贴图坐标：控制是否应用贴图坐标。

图2-84

真实世界贴图大小：控制应用于对象的纹理贴图材质所使用的缩放方法。

视口/渲染：当勾选"在视口中启用"选项时，样条线将显示在视图中；当同时勾选"在视口中启用"和"渲染"选项时，样条线在视图中和渲染中都可以显示出来。

径向：将3D网格显示为圆柱形对象，其参数包含

"厚度""边"和"角度"。"厚度"选项用于指定视图或渲染样条线网格的直径,其默认值为1,范围为0~100;"边"选项用于在视图或渲染器中为样条线网格设置边数或面数(例如,值为4时表示一个方形横截面);"角度"选项用于调整视图或渲染器中的横截面的旋转位置。

矩形:将3D网格显示为矩形对象,其参数包含"长度""宽度""角度"和"纵横比"。"长度"选项用于设置沿局部y轴的横截面大小;"宽度"选项用于设置沿局部x轴的横截面大小;"角度"选项用于调整视图或渲染器中的横截面的旋转位置;"纵横比"选项用于设置矩形横截面的纵横比。

自动平滑:启用该选项可以激活下面的"阈值"选项,调整"阈值"数值可以自动平滑样条线。

步数:手动设置每条样条线的步数。

优化:勾选该选项后,可以从样条线的直线线段中删除不需要的步数。

自适应:勾选该选项后,系统会自适应设置每条样条线的步数,以生成平滑的曲线。

初始类型:指定创建第1个顶点的类型,包含"角点"和"平滑"两种类型。"角点"是在顶点产生一个没有弧度的尖角;"平滑"是在顶点产生一条平滑的、不可调整的曲线。

拖动类型:当拖曳顶点位置时,设置所创建顶点的类型。"角点"是在顶点产生一个没有弧度的尖角;"平滑"是在顶点产生一条平滑、不可调整的曲线;Bezier是在顶点产生一条平滑、可以调整的曲线。

2.5.3 文本

使用文本样条线可以很方便地在视图中创建出文字模型,并且可以更改字体类型和字体大小。文本的参数如图2-85所示("渲染"和"插值"两个卷展栏中的参数与"线"工具的参数相同)。

图2-85

重要参数解析

"斜体"按钮 I:单击该按钮可以将文本切换为斜体,如图2-86所示。

图2-86

"下画线"按钮 U:单击该按钮可以将文本切换为下画线文本,如图2-87所示。

图2-87

"左对齐"按钮:单击该按钮可以将文本对齐到边界框的左侧。

"居中"按钮:单击该按钮可以将文本对齐到边界框的中心。

"右对齐"按钮:单击该按钮可以将文本对齐到边界框的右侧。

"对正"按钮:分隔所有文本行以填充边界框的范围。

大小:设置文本高度,其默认值为100mm。

字间距:设置文字间的间距。

行间距:调整字行间的间距(只对多行文本起作用)。

文本:在此可以输入文本,若要输入多行文本,可以按Enter键切换到下一行。

2.6 课堂练习

下面准备了两个课堂练习，请大家根据提示完成。

2.6.1 课堂练习：制作积木组合

场景位置	无
实例位置	实例文件>CH02>课堂练习：制作积木组合.max
学习目标	练习各种标准基本体的创建方法

案例效果如图2-88所示。

图2-88

步骤分解如图2-89所示。

图2-89

2.6.2 课堂练习：制作休闲沙发

场景位置	无
实例位置	实例文件>CH02>课堂练习：制作休闲沙发.max
学习目标	练习切角圆柱体的创建方法，并用切角长方体和管状体创建支架

案例效果如图2-90所示。

图2-90

步骤分解如图2-91所示。

图2-91

2.7 课后习题

下面准备了两个课后习题，请大家根据提示完成。

2.7.1 课后习题：制作储物架

场景位置	无
实例位置	实例文件>CH02>课后习题：制作储物架.max
学习目标	练习长方体的创建方法，并练习移动复制功能的使用方法

案例效果如图2-92所示。

图2-92

步骤分解如图2-93所示。

图2-93

2.7.2 课后习题：制作花瓶

场景位置	无
实例位置	实例文件>CH02>课后习题：制作花瓶.max
学习目标	练习样条线的绘制方法，并用"车削"修改器将样条线转换为三维模型

案例效果如图2-94所示。

图2-94

步骤分解如图2-95所示。

图2-95

第3章

高级建模

本章将介绍3ds Max 2016的高级建模技术，包括修改器建模和多边形建模。本章是一个非常重要的章节，实际工作中运用的高级建模技术基本都包含在本章中，通过对本章的学习，读者可以掌握有一定难度的模型的制作思路与方法。

学习目标

● 掌握常用修改器的使用方法
● 掌握多边形建模的思路和相关技巧

3.1 关于修改器

修改器是3ds Max非常重要的功能之一，它主要用于改变现有对象的创建参数、调整一个对象或一组对象的几何外形，进行子对象的选择和参数修改、转换参数对象为可编辑对象。

如果把"创建"面板比喻为原材料生产车间，那么"修改"面板就是精细加工车间，而修改面板的核心就是修改器。修改器对于创建一些特殊形状的模型具有非常强大的优势，如图3-1所示的模型，其在创建过程中都毫无例外地大量用到了各种修改器。单纯依靠3ds Max的一些基本建模功能，是很难实现这样的造型效果的。

图3-1

本节内容介绍

名称	作用	重要程度
修改器堆栈	了解修改器堆栈中的工具	高
为对象加载修改器	了解为对象加载修改器的方法	高
修改器的排序	了解修改器排序的重要性	高
启用与禁用修改器	了解启用与禁用修改器的方法	高
编辑修改器	了解如何编辑修改器	高
修改器的种类	了解修改器的种类	中

3.1.1 修改器堆栈

进入"修改"面板，可以观察到修改器堆栈中的工具，如图3-2所示。

图3-2

1.名称

显示修改对象的名称，如图3-2中的Box001。当然，用户也可以更改这个名称。在3ds Max中，系统允许同一场景中有重名的对象存在。

2.颜色

单击颜色按钮可以打开颜色选择框，用于对象颜色的选择，如图3-3所示。

3.修改器列表

用鼠标左键单击修改器列表，系统会弹出修改器列表，里面列出了所有可用的修改器，如图3-4所示。

图3-3   图3-4

4.修改堆栈

修改堆栈是记录所有修改命令信息的集合，并以分配缓存的方式保留各项命令的影响效果，方便用户对其进行再次修改。修改命令按照使用的先后顺序依次排列在堆栈中，最新使用的修改命令总是放置在堆栈的最上面，如图3-5所示。

5.通用修改区

通用修改区提供了通用的修改操作命令，对所有修改器有效，起着辅助修改的作用，通用修改区如图3-6所示。

图3-5   图3-6

重要参数解析

锁定堆栈 ：激活该按钮可以将堆栈和"修改"面板中的所有控件锁定到选定对象的堆栈中。即使在选择了视图中的另一个对象之后，也可以继续对锁定堆栈的对象进行编辑。

显示最终结果开/关切换 ：激活该按钮后，会在选定的对象上显示整个堆栈的效果。

使唯一 ：激活该按钮可以将关联的对象修改成独立对象，这样可以对选择集中的对象单独进行操作（只有在场景中拥有选择集的时候该按钮才可用）。

从堆栈中移除修改器：若堆栈中存在修改器，单击该按钮可以删除当前的修改器，并清除由该修改器引发的所有更改。

提示 如果想要删除某个修改器，不可以在选中某个修改器后按Delete键，那样删除的将会是物体本身而非单个的修改器。

配置修改器集：单击该按钮将弹出一个子菜单，这个菜单中的命令主要用于配置在"修改"面板中怎样显示和选择修改器，如图3-7所示。

图3-7

提示 选择图3-7所示的菜单中的"显示按钮"命令可以在修改面板中显示修改工具按钮。图3-8所示的左图中没有显示工具按钮，右图中显示了工具按钮。

图3-8

选择图3-7所示的菜单中的"配置修改器集"命令可以打开"修改器配置集"对话框，如图3-9所示。在"配置修改器集"对话框中，通过按钮总数的设置可以加入或删除按钮数目，在左侧的修改器列表中选择要加入的修改工具，将其直接拖曳到右侧的按钮图标上，然后单击"保存"按钮把自定义的集合设置保存起来。

图3-9

选择图3-7所示的菜单中的"显示列表中的所有集"命令可以让修改器列表中的命令按不同的修改命令集合显示，这样便于用户查找。图3-10所示的左图中的命令没有按分类排列，右图中的命令按照不同的集合分类排列（加粗的字体就是每种集合的名称）。

图3-10

3.1.2 加载修改器

为对象加载修改器的方法非常简单。选择一个对象后，进入"修改"面板，然后单击"修改器列表"后面的▼按钮，接着在弹出的下拉列表中选择相应的修改器，如图3-11所示。

选择对象　　　在修改器列表中选择修改器

图3-11

提示 修改器可以在"修改"面板中的"修改器列表"中进行加载，也可以在菜单栏中的"修改器"菜单下进行加载，这两个地方的修改器完全一样。

3.1.3 修改器排序

修改器的排列顺序非常重要，先加入的修改器位于修改器堆栈的下方，后加入的修改器则在修改器堆栈的顶部，不同的顺序对同一物体起到的效果是不一样的。

图3-12所示的是一个管状体，下面以这个物体为例来介绍修改器的顺序对效果的影响，同时介绍如何调整修改器之间的顺序。

图3-12

先为管状体加载一个"扭曲（Twist）"修改器，然后在"参数"卷展栏下设置扭曲的"角度"为360，这时管状体便会发生大幅度的扭曲变形，如图3-13所示。

图3-13

45

为管状体继续加载一个"弯曲（Bend）"修改器，然后在"参数"卷展栏下设置弯曲的"角度"为90，这时管状体会产生很自然的弯曲效果，如图3-14所示。

图3-14

下面调整两个修改器的位置。用鼠标左键按住"弯曲（Bend）"修改器不放，然后将其拖曳到"扭曲（Twist）"修改器的下方松开鼠标左键（拖曳时修改器下方会出现一条蓝色的线），调整排序后可以发现管状体的效果发生了很大的变化，如图3-15所示。

图3-15

通过上述操作，可见修改器的不同排序产生的效果不同，所以在加载修改器的同时，加载的先后顺序一定要合理。

> **提示** 在修改器堆栈中，如果要同时选择多个修改器，可以先选中一个修改器，然后按住Ctrl键单击其他修改器进行加选，如果按住Shift键则可以选中多个连续的修改器。

3.1.4 修改器的使用

在修改器堆栈中可以观察到每个修改器前面都有一个小灯泡图标，这个图标表示这个修改器的启用或禁用状态。当小灯泡显示为亮的状态时，代表这个修改器是启用的；当小灯泡显示为暗的状态时，代表这个修改器被禁用了。单击这个小灯泡即可切换启用和禁用状态。

以图3-16所示的修改器堆栈为例，这里为一个球体加载了3个修改器，分别是"晶格"修改器、"扭曲（Twist）"修改器和"波浪（Wave）"修改器，并且这3个修改器都被启用了，如图3-16所示。

图3-16

选择底层的"晶格"修改器，当"显示最终结果"按钮被禁用时，场景中的球体不能显示该修改器之上的所有修改器的效果，如图3-17所示。如果单击"显示最终结果"按钮，使其处于激活状态，即可在选中底层修改器的状态下显示所有修改器的修改结果，如图3-18所示。

图3-17

图3-18

如果要禁用"波浪（Wave）"修改器，可以单击该修改器前面的小灯泡图标，使其变为灰色，这时物体的形状也会跟着发生变化，如图3-19所示。

图3-19

3.1.5 编辑修改器

在修改器上单击鼠标右键会弹出一个菜单，该菜单中包括一些对修改器进行编辑的常用命令，如图3-20所示。

图3-20

1.复制与粘贴修改器

从图3-20所示的菜单中可以观察到修改器是可以复制到其他物体上的，复制的方法有以下两种。

第1种：在修改器上单击鼠标右键，然后在弹出的菜单中选择"复制"命令，接着在需要的位置单击鼠标右键，最后在弹出的菜单中选择"粘贴"命令即可。

第2种：直接将修改器拖曳到场景中的某一物体上。

提示 在选中某一修改器后，如果按住Ctrl键将其拖曳到其他对象上，可以将这个修改器作为实例粘贴到其他对象上；如果按住Shift键将其拖曳到其他对象上，就相当于将源物体上的修改器剪切并粘贴到新对象上。

2.塌陷修改器

塌陷修改器会将物体转换为可编辑网格，并删除其中所有的修改器，这样可以简化对象，还能够节约内存。但是塌陷之后就不能对修改器的参数进行调整，也不能将修改器的历史恢复到基准值。

塌陷修改器有"塌陷到"和"塌陷全部"两种方法。使用"塌陷到"命令可以塌陷到当前选定的修改器，也就是说删除当前及列表中位于当前修改器

下面的所有修改器，保留当前修改器上面的所有修改器；而使用"塌陷全部"命令，会塌陷整个修改器堆栈，删除所有修改器，并使对象变成可编辑网格。

以图3-21所示的修改器堆栈为例，处于最底层的是一个圆柱体，可以将其称为"基础物体"（注意，基础物体一定是处于修改器堆栈的最底层的），而处于基础物体之上的是"弯曲（Bend）""扭曲（Twist）"和"松弛"3个修改器。

图3-21

在"扭曲"修改器上单击鼠标右键，然后在弹出的菜单中选择"塌陷到"命令，此时系统会弹出"警告:塌陷到"对话框，如图3-22所示。在"警告:塌陷到"对话框中有3个按钮，分别为"暂存/是"按钮 暂存(H)/是 、"是"按钮 是(Y) 和"否"按钮 否(N) 。如果单击"暂存/是"按钮 暂存(H)/是 ，可以将当前对象的状态保存到"暂存"缓冲区，然后才应用"塌陷到"命令，执行"编辑/取回"菜单命令，可以恢复到塌陷前的状态；如果单击"是"按钮 是(Y) ，将塌陷"扭曲"修改器和"弯曲"两个修改器，而保留"松弛"修改器，同时基础物体会变成"可编辑网格"物体，如图3-23所示。

图3-22   图3-23

下面对同样的物体执行"塌陷全部"命令。在任意一个修改器上单击鼠标右键，然后在弹出的菜单中选择"塌陷全部"命令，此时系统会弹出"警告:塌陷全部"对话框，如图3-24所示。如果单击"是"按钮 是(Y) 后，将塌陷修改器堆栈中的所有修改器，并且基础物体也会变成"可编辑网格"物体，如图3-25所示。

中文版3ds Max 2016基础培训教程

图3-24   图3-25

3.1.6 修改器的种类

修改器有很多种，按照类型的不同被划分在几个修改器集合中。在"修改"面板下的"修改器列表"中，3ds Max将这些修改器默认分为"选择修改器""世界空间修改器"和"对象空间修改器"3大部分，如图3-26所示。

图3-26

1.选择修改器

"选择修改器"集合中包括"网格选择""面片选择""多边形选择"和"体积选择"4种修改器，如图3-27所示。

图3-27

重要参数解析

网格选择：可以选择网格子对象。

面片选择：选择面片子对象，之后可以对面片子对象应用其他修改器。

多边形选择：选择多边形子对象，之后可以对其应用其他修改器。

体积选择：可以选择一个对象或多个对象选定体积内的所有子对象。

2.世界空间修改器

"世界空间修改器"集合基于世界空间坐标，而不是基于单个对象的局部坐标系，如图3-28所示。当应用了一个世界空间修改器之后，无论物体是否发生了移动，它都不会受到任何影响。

图3-28

重要参数解析

Hair和Fur（WSM）（头发和毛发（WSM））：用于为物体添加毛发。该修改器可应用于要生长头发的任意对象，既可以应用于网格对象，也可以应用于样条线对象。

摄影机贴图（WSM）：使摄影机将UVW贴图坐标应用于对象。

曲面变形（WSM）：该修改器的工作方式与"路径变形（WSM）"修改器相同，只是它使用的是NURBS点或CV曲面，而不是曲线。

曲面贴图（WSM）：将贴图指定给NURBS曲面，并将其投射到修改的对象上。

点缓存（WSM）：该修改器可以将修改器动画存储到磁盘文件中，然后使用磁盘文件中的信息来播放动画。

细分（WSM）：提供用于光能传递处理创建网格的一种算法。处理光能传递需要网格的元素尽可能地接近于等边三角形。

置换网格（WSM）：用于查看置换贴图的效果。

贴图缩放器（WSM）：用于调整贴图的大小，并保持贴图的比例不变。

路径变形（WSM）：可以根据图形、样条线或NURBS曲线路径将对象进行变形。

面片变形（WSM）：可以根据面片将对象进行变形。

3.对象空间修改器

"对象空间修改器"集合中的修改器非常多，如图3-29所示。这个集合中的修改器主要应用于单独对象，使用的是对象的局部坐标系，因此当移动对象时，修改器也会跟着移动。

图3-29

48

提示 这部分修改器非常重要，将在下面的内容中作为重点进行讲解。

3.2 常用修改器

在"参数化修改器"集合中有很多修改器，本节就针对这个集合以及其他集合中最为常用的一些修改器进行详细介绍。熟练运用这些修改器，可以简化建模流程，节省操作时间。

本节内容介绍

名称	作用	重要程度
挤出修改器	为二维图形添加深度	高
倒角修改器	将图形挤出为3D对象，并应用倒角效果	高
车削修改器	绕轴旋转一个图形或NURBS曲线来创建3D对象	高
弯曲修改器	在任意轴上控制物体的弯曲角度和方向	高
扭曲修改器	在任意轴上控制物体的扭曲角度和方向	高
置换修改器	重塑对象的几何外形	中
噪波修改器	使对象表面的顶点随机变动	中
FFD修改器	自由变形物体的外形	高
晶格修改器	将图形的线段或边转化为圆柱形结构	高
平滑类修改器	平滑几何体	高

3.2.1 课堂案例：制作青花瓷

场景位置	无
实例位置	实例文件>CH03 >课堂案例：制作青花瓷.max
学习目标	学习挤出修改器的使用方法

青花瓷效果如图3-30所示。

图3-30

（1）使用"星形"工具 <u>星形</u> 在视图中绘制一个星形，然后在"参数"卷展栏下设置"半径1"为70mm、"半径2"为60mm、"点"为12、"圆角半径1"为10mm、"圆角半径2"为10mm，如图3-31所示。

图3-31

提示 绘制"线"图形时，应该尽量减少顶点的数量，因为顶点越多，生成的三维模型的布线越复杂。

（2）选择样条线，然后在"渲染"卷展栏下勾选"在渲染中启用"和"在视口中启用"选项，接着勾选"矩形"选项，最后设置"长度"为50mm、"宽度"5mm，如图3-32所示。

图3-32

（3）复制一个星型放置到相应的位置，然后在"渲染"卷展栏下勾选"径向"选项，接着设置"厚度"为6mm，模型效果如图3-33所示。

图3-33

（4）使用"圆"工具 <u>圆</u> 在视图中绘制一条如图3-34所示的圆形样条线。

图3-34

（5）选择圆形样条线，然后为其加载一个"挤出"修改器，接着在"参数"卷展栏下设置"数量"为5mm，如图3-35所示。

图3-35

（6）将挤出的模型放置到相应的位置，最终效果如图3-36所示。

图3-36

3.2.2 挤出修改器

"挤出"修改器可以将深度添加到二维图形中，并且可以将对象转换成一个参数化对象，其参数设置面板如图3-37所示。

图3-37

重要参数解析

数量：设置挤出的深度。

分段：指定要在挤出对象中创建的线段数目。

封口：用来设置挤出对象的封口，共有以下4个选项。

封口始端：在挤出对象的初始端生成一个平面。

封口末端：在挤出对象的末端生成一个平面。

变形：以可预测、可重复的方式排列封口面，这是创建变形目标所必需的操作。

栅格：在图形边界的方形上修剪栅格中安排的封口面。

输出：指定挤出对象的输出方式，共有以下3个选项。

面片：产生一个可以折叠到面片对象中的对象。

网格：产生一个可以折叠到网格对象中的对象。

NURBS：产生一个可以折叠到NURBS对象中的对象。

生成贴图坐标：将贴图坐标应用到挤出对象中。

真实世界贴图大小：控制应用于对象的纹理贴图材质所使用的缩放方法。

生成材质ID：将不同的材质ID指定给挤出对象的侧面与封口。

使用图形ID：将材质ID指定给挤出生成的样条线线段，或指定给NURBS挤出生成的曲线子对象。

平滑：将平滑应用于挤出图形。

3.2.3 倒角修改器

"倒角"修改器可以将样条线图形挤出为3D对象，并在边缘应用平滑的倒角效果，其参数设置面板包含"参数"和"倒角值"两个卷展栏，如图3-38所示。

图3-38

重要参数解析

封口：指定倒角对象是否要在一端封闭开口。

开始：用对象的最低局部z值（底部）对末端进行封口。

结束：用对象的最高局部z值（底部）对末端进行封口。

封口类型：指定封口的类型。

变形：创建适合的变形封口曲面。

栅格：在栅格图案中创建封口曲面。

曲面：控制曲面的侧面曲率、平滑度和贴图。

线性侧面：勾选该选项后，级别之间会沿着一条直线进行分段插补。

曲线侧：勾选该选项后，级别之间会沿着一条Bezier曲线进行分段插补。

分段：在每个级别之间设置中级分段的数量。

级间平滑：控制是否将平滑效果应用于倒角对象的侧面。

生成贴图坐标：将贴图坐标应用于倒角对象。

真实世界贴图大小：控制应用于对象的纹理贴图材质所使用的缩放方法。

相交：防止重叠的相邻边产生锐角。

避免线相交：防止轮廓彼此相交。

分离：设置边与边之间的距离。

起始轮廓：设置轮廓到原始图形的偏移距离。正值会使轮廓变大；负值会使轮廓变小。

级别1：包含以下两个选项。

高度：设置"级别1"在起始级别之上的距离。

轮廓：设置"级别1"的轮廓到起始轮廓的偏移距离。

级别2：在"级别1"之后添加一个级别。

高度：设置"级别1"之上的距离。

轮廓：设置"级别2"的轮廓到"级别1"轮廓的偏移距离。

级别3：在前一级别之后添加一个级别，如果未启用"级别2"，"级别3"会添加在"级别1"之后。

高度：设置到前一级别之上的距离。

轮廓：设置"级别3"的轮廓到前一级别轮廓的偏移距离。

3.2.4 车削修改器

"车削"修改器可以通过围绕坐标轴旋转一个图形或NURBS曲线来生成3D对象，其参数设置面板如图3-39所示。

图3-39

重要参数解析

度数：设置对象围绕坐标轴旋转的角度，其范围为0°~360°，默认值为360°。

焊接内核：通过焊接旋转轴中的顶点来简化网格。

翻转法线：使物体的法线翻转，翻转后物体的内部会外翻。

分段：在起始点之间设置在曲面上创建的插补线段的数量。

封口：如果设置的车削对象的"度数"小于360°，那么该选项用来控制是否在车削对象的内部创建封口。

封口始端：车削的起点，用来设置封口的最大程度。

封口末端：车削的终点，用来设置封口的最大程度。

变形：按照创建变形目标所需的可预见且可重复的模式来排列封口面。

栅格：在图形边界的方形上修剪栅格中安排的封口面。

方向：设置轴的旋转方向，共有x、y和z这3个轴可供选择。

对齐：设置对齐的方式，共有"最小""中心"和"最大"3种方式可供选择。

输出：指定车削对象的输出方式，共有以下3种。

面片：产生一个可以折叠到面片对象中的对象。

网格：产生一个可以折叠到网格对象中的对象。

NURBS：产生一个可以折叠到NURBS对象中的对象。

3.2.5 弯曲修改器

"弯曲"修改器可以使物体在任意3个轴上控制弯曲的角度和方向，也可以对几何体的一段限制弯曲效果，其参数设置面板如图3-40所示。

图3-40

重要参数解析

角度：从顶点平面设置要弯曲的角度，范围为-999999~999999。

方向：设置弯曲相对于水平面的方向，范围为-999999~999999。

X/Y/Z：指定要弯曲的轴，默认轴为z轴。

限制效果：将限制约束应用于弯曲效果。

上限：以世界单位设置上部边界，该边界位于弯曲中心点的上方，超出该边界弯曲不再影响几何体，其范围为0~999999。

下限：以世界单位设置下部边界，该边界位于弯曲中心点的下方，超出该边界弯曲不再影响几何体，其范围为-999999~0。

3.2.6 扭曲修改器

"扭曲"修改器与"弯曲"修改器的参数比较相似，但是"扭曲"修改器产生的是扭曲效果，而"弯曲"修改器产生的是弯曲效果。"扭曲"修改器可以在对象几何体中产生一个旋转效果（就像拧湿抹布），并且可以控制任意3个轴上的扭曲角度，也可以对几何体的一段限制扭曲效果，其参数设置面板如图3-41所示。

图3-41

> **提示** "扭曲"修改器与"弯曲"修改器的参数基本相同，因此这里不再重复介绍。

3.2.7 置换修改器

"置换"修改器以力场的形式来推动和重塑对象的几何外形，可以直接从修改器的Gizmo（也可以使用位图）来应用它的变量力，其参数设置面板如图3-42所示。

图3-42

重要参数解析

置换：设置置换的强度、衰减、中心。

强度：设置置换的强度，数值为0时没有任何效果。

衰退：如果设置"衰减"数值，则置换强度会随距离的变化而衰减。

亮度中心：决定使用什么样的灰度作为0的置换值。勾选该选项以后，可以设置下面的"中心"数值。

图像：加载或移除位图与贴图。

位图/贴图：加载位图或贴图。

移除位图/贴图：移除指定的位图或贴图。

模糊：模糊或柔化位图的置换效果。

贴图：设置贴图的参数。

平面：从单独的平面对贴图进行投影。

柱形：以环绕在圆柱体上的方式对贴图进行投影。启用"封口"选项可以从圆柱体的末端投射贴图副本。

球形：从球体出发对贴图进行投影，位图边缘在球体两极交会处的均为奇点。

收缩包裹：从球体投射贴图，与"球形"贴图类似，但是它会截去贴图的各个角，然后在一个单独的极点将它们全部结合在一起，在底部创建一个奇点。

长度/宽度/高度：指定置换Gizmo的边界框尺寸，其中高度对"平面"贴图没有任何影响。

U/V/W向平铺：设置位图沿指定尺寸重复的次数。

翻转：沿相应的U/V/W轴翻转贴图的方向。

使用现有贴图：让置换使用堆栈中较早的贴图设置，如果没有为对象应用贴图，那么该功能将不起任何作用。

应用贴图：将置换UV贴图应用到绑定对象。

通道：确定将置换投影应用到贴图通道或者顶点颜色通道，并决定使用哪个通道。

贴图通道：指定UVW通道用来贴图，其后面的数值框用来设置通道的数目。

顶点颜色通道：开启该选项可以对贴图使用顶点颜色通道。

对齐：调整贴图 Gizmo 尺寸、位置和方向。

X/Y/Z：选择对齐的方式，可以选择沿*x/y/z*轴进行对齐。

适配 适配 ：缩放Gizmo以适配对象的边界框。

中心 中心 ：相对于对象的中心来调整Gizmo的中心。

位图适配 位图适配 ：单击该按钮可以打开"选择图像"对话框，可以缩放Gizmo来适配选定位图的纵横比。

法线对齐 法线对齐 ：单击该按钮可以将曲面的法线进行对齐。

视图对齐 视图对齐 ：使Gizmo指向视图的方向。

区域适配 区域适配 ：单击该按钮可以将指定的区域进行适配。

重置 重置 ：将Gizmo恢复到默认值。

获取 获取 ：选择另一个对象并获得它的置换Gizmo设置。

3.2.8 噪波修改器

"噪波"修改器可以使对象表面的顶点进行随机变动，从而让表面变得起伏不规则，常用于制作复杂的地形、地面和水面效果，并且"噪波"修改器可以应用在任何类型的对象上，其参数设置面板如图3-43所示。

图3-43

重要参数解析

种子：从设置的数值中生成一个随机起始点。该参数在创建地形时非常有用，因为每种设置都可以生成不同的效果。

比例：设置噪波影响的大小（不是强度）。较大的值可以产生平滑的噪波，较小的值可以产生锯齿现象非常严重的噪波。

分形：控制是否产生分形效果。勾选该选项以后，下面的"粗糙度"和"迭代次数"选项才可用。

粗糙度：决定分形变化的程度。

迭代次数：控制分形功能所使用的迭代数目。

X/Y/Z：设置噪波在*x/y/z*坐标轴上的强度（至少为其中一个坐标轴输入强度数值）。

图3-44所示的"山形"模型就是通过加载"噪波"修改器制作的，下面说明一下其制作流程。

图3-44

第1步：使用"平面"工具在视图中通过拖动鼠标创建一个平面，然后在"修改"选项卡中设置其"长度"为200、宽度为250，接着设置"长度分段"为100，"宽度分段"为100，如图3-45所示。

图3-45

第2步：在修改器列表中为平面加载一个"噪波"修改器，然后设置"种子"为4、"比例"为80、"迭代次数"为6、*z*轴的"强度"为100，具体参数设置如图3-46所示，设置完成后在视图中就可以查看到山形模型。

图3-46

3.2.9 FFD修改器

FFD是"自由变形"的意思，FFD修改器即"自由变形"修改器。FFD修改器包含5种类型，分别FFD 2×2×2修改器、FFD 3×3×3修改器、FFD 4×4×4修改器、FFD（长方体）修改器和FFD（圆柱体）修改器，如图3-47所示。这种修改器使用晶格框包围住选中的几何体，然后通过调整晶格的控制点来改变封闭几何体的形状。

由于FFD修改器的使用方法基本相同，因此这里选择FFD（长方体）修改器来进行讲解，其参数设置面板如图3-48所示。

图3-47　　　　　　图3-48

重要参数解析

点数： 显示晶格中当前的控制点的数目，例如，4×4×4、2×2×2等。

"设置点数"按钮 设置点数 ：单击该按钮可以打开"设置FFD尺寸"对话框，在该对话框中可以设置晶格中所需控制点的数目，如图3-49所示。

图3-49

晶格： 控制是否使连接控制点的线条形成栅格。

源体积： 开启该选项可以将控制点和晶格以未修改的状态显示出来。

仅在体内： 只有位于源体积内的顶点会变形。

所有顶点： 所有顶点都会变形。

衰减： 决定FFD的效果减为0时离晶格的距离。

张力/连续性： 调整变形样条线的张力和连续性。虽然无法看到FFD中的样条线，但晶格和控制点代表着控制样条线的结构。

"全部X"按钮 全部X/**"全部Y"按钮** 全部Y/**"全部Z"按钮** 全部Z：选中沿着由这些轴指定的局部维度的所有控制点。

"重置"按钮 重置 ：将所有控制点恢复到原始位置。

"全部动画"按钮 全部动画 ：单击该按钮可以将控制器指定给所有的控制点，使它们在轨迹视图

中可见。

"与图形一致"按钮 与图形一致 ：在对象中心控制点位置之间沿直线方向来延长线条，可以将每一个FFD控制点移到修改对象的交叉点上。

内部点： 仅控制受"与图形一致"影响的对象内部的点。

外部点： 仅控制受"与图形一致"影响的对象外部的点。

偏移： 设置控制点偏移对象曲面的距离。

About（关于）按钮 About ：显示版权和许可信息。

3.2.10　晶格修改器

"晶格"修改器可以将图形的线段或边转化为圆柱形结构，并在顶点上产生可选择的关节多面体，其参数设置面板如图3-50所示。

图3-50

重要参数解析

几何体

应用于整个对象： 将"晶格"修改器应用到对象的所有边或线段上。

仅来自顶点的节点： 仅显示由原始网格顶点产生的关节（多面体）。

仅来自边的支柱： 仅显示由原始网格线段产生的支柱（多面体）。

二者： 显示支柱和关节。

支柱

半径： 指定结构的半径。

分段： 指定结构的分段数目。

边数： 指定结构边界的边数目。

材质ID： 指定用于结构的材质ID，这样可以使

结构和关节具有不同的材质ID。

忽略隐藏边：仅生成可视边的结构。如果禁用该选项，将生成所有边的结构，包括不可见边。图3-51所示是开启与关闭"忽略隐藏边"选项时的对比效果。

开启忽略隐藏边　　　　关闭忽略隐藏边

图3-51

末端封口：将末端封口应用于结构。

平滑：将平滑应用于结构。

节点

基点面类型：指定用于关节的多面体类型，包括"四面体""八面体"和"二十面体"3种类型。注意，"基点面类型"对"仅来自边的支柱"选项不起作用。

半径：设置关节的半径。

分段：指定关节中的分段数目。分段数越多，关节形状越接近球形。

材质ID：指定用于结构的材质ID。

平滑：将平滑应用于关节。

贴图坐标

无：不指定贴图。

重用现有坐标：将当前贴图指定给对象。

新建：将圆柱形贴图应用于每个结构和关节。

下面具体说明一下"晶格"修改器的使用方法。图3-52所示的结构是通过为一个长方体加载"晶格"修改器制作而成的。

图3-52

第1步：使用"长方体"工具在视图中创建一个长方体，然后在"修改"选项卡中设置"长度""宽度""高度"均为60，接着设置"长度分段"为5、"宽度分段"为5、"高度分段"为4，如图3-53所示。

图3-53

第2步：在修改器列表中为长方体加载一个"晶格"修改器，然后设置"几何体"为"二者"，接着在"支柱"选项卡下设置"半径"为0.7mm，并勾选"平滑"选项，再在"节点"选项组中设置"半径"为1.2mm、"分段"为3，同时勾选"平滑"选项，如图3-54所示。

图3-54

> **提示** 使用"晶格"修改器可以基于网格拓扑来创建可渲染的几何体结构，也可以用来渲染线框图。

3.2.11 平滑类修改器

"平滑"修改器、"网格平滑"修改器和"涡轮平滑"修改器都可以用来平滑几何体，但是在效果和可调性上有所差别。简单地说，对于相同的物体，"平滑"修改器的参数比其他两种修改器要简单一些，但是平滑的强度不强；"网格平滑"修改器与"涡轮平滑"修改器的使用方法相似，但是后者能够更快并更有效率地利用内存，不过"涡轮平滑"修改器在运算时容易发生错误。因此，在实际工作中"网格平滑"修改器是其中最常用的一种。下面就针对"网格平滑"修改器进行讲解。

"网格平滑"修改器可以通过多种方法来平滑

场景中的几何体，它允许细分几何体，同时可以使角和边变得平滑，其参数设置面板如图3-55所示。

图3-55

重要参数解析

细分方法：选择细分的方法，共有"经典"、NURMS和"四边形输出"3种方法。"经典"方法可以生成三面和四面的多面体，如图3-56所示；NURMS方法生成的对象与可以为每个控制顶点设置不同权重的NURBS对象相似，这是默认设置，如图3-57所示；"四边形输出"方法仅生成四面多面体，如图3-58所示。

图3-56　　　　　图3-57　　　　　图3-58

应用于整个网格：启用该选项后，平滑效果将应用于整个对象。

迭代次数：设置网格细分的次数，这是最常用的一个参数，其数值的大小直接决定了平滑的效果，取值范围为0~10。增加该值时，每次新的迭代会通过在迭代之前对顶点、边和曲面创建平滑差补顶点来细分网格。图3-59所示是"迭代次数"为1、2、3时的平滑效果对比。

迭代次数=1　　　迭代次数=2　　　迭代次数=3

图3-59

提示　"网格平滑"修改器的参数虽然有7个卷展栏，但是基本上只会用到"细分方法"和"细分量"卷展栏下的参数，特别是"细分量"卷展栏下的"迭代次数"。

平滑度：为多尖锐的锐角添加面以平滑锐角，计算得到的平滑度为顶点连接的所有边的平均角度。

渲染值：用于在渲染时对对象应用不同平滑"迭代次数"和不同的"平滑度"值。在一般情况

下，使用较低的"迭代次数"和较低的"平滑度"值进行建模，而使用较高值进行渲染。

3.3 多边形建模

多边形建模作为当今主流的建模方式，已经被广泛应用到游戏角色、影视、工业造型、室内外等模型制作中。多边形建模方法在编辑上更加灵活，对硬件的要求也很低，其建模思路与网格建模的思路很接近，其不同点在于网格建模只能编辑三角面，而多边形建模对面数没有任何要求。图3-60所示是一些比较优秀的多边形建模作品。

图3-60

本节内容介绍

名称	作用	重要程度
塌陷多边形对象	了解塌陷多边形对象的方法	高
编辑多边形对象	了解用于编辑多边形对象的各参数含义	高

3.3.1 课堂案例

下面有3个课堂案例，这3个案例具有一定的综合性，大家可以通过这3个案例学习多边形建模常用的方法与工具。

课堂案例1：制作木质茶几

场景位置	无
实例位置	实例文件>CH03>课堂案例：制作木质茶几.max
学习目标	学习多边形建模方法

木质茶几如图3-61所示。

图3-61

（1）使用"长方体"工具　长方体　在场景中创建一个长方体，然后在"参数"卷展栏下设置"长度"为120mm、"宽度"为900mm、"高度"为20mm、"分段"全部为1，如图3-62所示。

图3-62

（2）选择长方体，然后单击鼠标右键，接着在弹出的菜单中选择"转换为>转换为可编辑多边形"命令，如图3-63所示。

图3-63

（3）在"选择"卷展栏下单击"多边形"按钮，进入"多边形"级别，然后选择正面的多边形，如图3-64所示。接着在"编辑多边形"卷展栏下单击"插入"按钮后面的"设置"按钮，最后设置"数量"为20mm，效果如图3-65所示。

图3-64

图3-65

（4）选择如图3-66所示的多边形，然后在"编辑多边形"卷展栏下单击"挤出"按钮后面的"设置"按钮，接着设置"高度"为300mm，效果如图3-67所示。

图3-66

图3-67

（5）使用"圆柱体"工具在场景中创建一个圆柱体，然后在"参数"卷展栏下设置"半径"为10mm、"高度"为-50mm、"高度分段"为1，并移动位置，效果如图3-68所示。

图3-68

（6）选择圆柱体，然后单击鼠标右键，接着在弹出的菜单中选择"转换为>转换为可编辑多边形"命令，如图3-69所示。

图3-69

（7）在"选择"卷展栏下单击"多边形"按钮，进入"多边形"级别，然后选择圆柱体的底面，如图3-70所示。接着在"编辑多边形"卷展栏下单击"挤出"按钮后面的"设置"按钮，最后设置"数量"为10mm，效果如图3-71所示。

图3-70

图3-71

（8）继续选中挤出的圆柱的底面，用鼠标右键单击"选择并均匀缩放"按钮圆，在弹出的"缩放变换输入"对话框的"偏移：世界"中输入数值125，并按Enter键，如图3-72所示。

图3-72

（9）选中放大后的圆柱底面，接着在"编辑多边形"卷展栏下单击"挤出"按钮 挤出 后面的"设置"按钮口，设置"数量"为20mm，效果如图3-73所示。

图3-73

（10）在"选择"卷展栏下单击"边"按钮，进入"边"级别，然后选择如图3-74所示的边，接着在"编辑边"卷展栏下单击"切角"按钮 切角 后面的"设置"按钮口，设置"边切角量"为1mm、"连接边分段"为3，效果如图3-75所示。

图3-74

图3-75

（11）将圆柱形桌脚复制3个，分别放置于合适的位置，最终效果如图3-76所示。

图3-76

课堂案例2：制作水杯

场景位置	无
实例位置	实例文件>CH03>课堂案例：制作水杯.max
学习目标	学习挤出修改器和涡轮平滑修改器

水杯模型如图3-77所示。

图3-77

（1）在创建命令面板的几何体选项中，单击"圆柱体"按钮在场景中创建一个圆柱对象，设置其"半径"为20mm、"高度"为60mm、"边数"为11，如图3-78所示。

图3-78

（2）选择"圆柱"对象，在场景中单击鼠标右键，在弹出的菜单中将"圆柱"对象转化为"可编辑多边形"对象，如图3-79所示。

图3-79

提示 也可以不将对象转化为"可编辑多边形"对象，而是为对象添加"编辑多边形"修改器，这样做的好处是可以保留原始物体的创建参数。

（3）进入对象"多边形" <kbd>▪</kbd> 层级，在场景中选择需要的"面"，再单击"挤出"命令后面的 "设置" <kbd>▫</kbd> 按钮，在弹出的对话框中设置"高度"为1mm，为选择的"面"挤出一定的厚度，如图3-80所示。

（4）参数设置完成后，单击 "确定"按钮，然后使用"移动"和"缩放"工具调整"面"的位置和形态，如图3-81所示。

图3-80

图3-81

（5）用同样的方法再将"面"挤出两次，如图3-82所示。

（6）在场景中选择所需的"面"，使用"桥"命令将两个面之间连接，如图3-83和图3-84所示。

图3-82   图3-83

图3-84

59

（7）进入"点" 层级，使用"移动"工具调整点的位置，如图3-85所示。

图3-85

（8）进入"多边形" 层级，在场景中选择杯子最上面的面，单击"插入"命令右边的"设置" 按钮，在弹出的对话框中设置"数量"为1.5，设置完成后单击"确定"按钮，如图3-86所示。

图3-86

（9）使用"挤出"命令，将"面"向下挤出一定的厚度，设置完成后单击"确定"按钮，如图3-87所示。

图3-87

（10）单击"倒角"命令后面的"设置" 按钮，在弹出的对话框中设置"高度"为-6mm、"轮廓"为-2mm，将"面"进行倒角处理，如图3-88所示。

图3-88

（11）设置完成后单击"应用并继续" 按钮，在不退出"倒角"命令的前提下，对"面"再次进行倒角处理，使杯子的底部更圆润一些，如图3-89所示。

图3-89

（12）单击"选择"卷展栏中的"多边形"按钮使其回到物体层级，并在修改堆栈中加入"涡轮平滑"修改器，并将"迭代次数"设置为2，效果如图3-90所示。

图3-90

（13）这时我们发现杯子的口部和底部太过圆润，这是由于这些位置没有足够的边来"支撑"，下面我们就来解决这个问题。

（14）进入杯子"编辑多边形"的"点" 层级，在"编辑几何体"卷展栏中单击"切片平面" 切片平面 按钮，这时场景中会出现一个黄色的"平面"，如图3-91所示。

图3-91

（15）使用"移动"工具将"平面"移动到接近杯子口部的位置并单击"切片"按钮，然后再次单击"切片平面"按钮退出"切片平面"命令，这时会在杯子口部的位置加入一圈线，如图3-92和图3-93所示。

图3-92

图3-93

（16）用同样的方法，在杯子底部也加入一圈线，完成后回到"涡轮平滑"修改器层级，这时杯子的效果就好多了，如图3-94和图3-95所示。

图3-94　　　　　　　图3-95

课堂案例3：制作足球

场景位置	无
实例位置	实例文件>CH03>课堂案例：制作足球.max
学习目标	熟练使用"多边形建模"中的命令来创建对象

足球模型如图3-96所示。

图3-96

（1）使用"扩展基本体"中的"异面体" 异面体 工具在场景中创建一个异面体，在"参数"卷展栏下设置"系列"为"十二面体/二十面体"，接着在"系列参数"选项组下设置P为0.33，最后设置"半径"为50mm，如图3-97所示。

图3-97

（2）在场景中单击鼠标右键，在弹出的四联菜单中选择"转换为可编辑网格"，如图3-98所示。

图3-98

（3）进入"多边形"层级，在场景中选择所有面，然后在"编辑几何体"卷展栏下的"炸开"选项组中选择"元素"单选按钮，接着单击"炸开"按钮，这样就可以把所有的面都炸成单独的元素了，如图3-99所示。

图3-99

提示 在这里之所以将模型转换为"可编辑网格"，而不是"可编辑多边形"，是因为"炸开"这个命令只在"可编辑网格"中存在。

（4）为模型添加一个"涡轮平滑"修改器，并设置"迭代次数"为2，如图3-100所示。

图3-100

提示 这里添加"涡轮平滑"修改器是为了给模型增加分段数。

（5）为模型添加一个"球形化"修改器，然后在"参数"卷展栏下设置"百分比"为100，如图3-101所示。

图3-101

（6）这次将模型转换为可编辑多边形，进入"多边形"层级，然后选择所有面，接着单击"倒角"命令后面的"设置"按钮，最后设置"高度"为1、"轮廓"为-0.5，如图3-102所示。

图3-102

（7）为模型添加一个"网格平滑"修改器，然后在"细分方法"卷展栏下设置"细分方法"为"四边形输出"，接着在"细分量"卷展栏下设置"迭代次数"为2，完成最终模型效果，如3-103所示。

图3-103

3.3.2 塌陷多边形对象

在编辑多边形对象之前首先要明确多边形物体不是创建出来的，而是塌陷出来的。将物体塌陷为多边形的方法主要有以下3种。

第1种：在物体上单击鼠标右键，然后在弹出的菜单中选择"转换为>转换为可编辑多边形"命令，如图3-104所示。

第2种：为物体加载"编辑多边形"修改器，如图3-105所示。

图3-104　　　　图3-105

第3种：在修改器堆栈中选中物体，然后单击鼠标右键，接着在弹出的菜单中选择"可编辑多边形"命令，如图3-106所示。

图3-106

3.3.3 编辑多边形对象

将物体转换为可编辑多边形对象后，就可以对可编辑多边形对象的顶点、边、边界、多边形和元素分别进行编辑。可编辑多边形的参数设置面板中包括6个卷展栏，分别是"选择"卷展栏、"软选择"卷展栏、"编辑几何体"卷展栏、"细分曲面"卷展栏、"细分置换"卷展栏和"绘制变形"卷展栏，如图3-107所示。

图3-107

提示 在该物体上选择不同的层级以后，可编辑多边形的参数设置面板也会发生相应的变化，例如，在"选择"卷展栏下单击"顶点"按钮，进入"顶点"级别以后，在参数设置面板中就会增加两个对顶点进行编辑的卷展栏，如图3-108所示。而如果进入"边"级别和"多边形"级别以后，

又会增加对边和多边形进行编辑的卷展栏，如图3-109和图3-110所示。

图3-108　　　图3-109　　　图3-110

在下面的内容中，将着重对"选择"卷展栏、"软选择"卷展栏、"编辑几何体"卷展栏进行详细讲解，还要对"顶点"级别下的"编辑顶点"卷展栏、"边"级别下的"编辑边"卷展栏以及"多边形"卷展栏下的"编辑多边形"卷展栏进行重点介绍。

1.选择

"选择"卷展栏下的工具与选项主要用来访问多边形子对象级别以及快速选择子对象，如图3-111所示。

图3-111

重要参数解析

顶点：用于访问"顶点"子对象级别。

边：用于访问"边"子对象级别。

边界：用于访问"边界"子对象级别，可从中选择构成网格中孔洞边框的一系列边。边界总是由仅在一侧带有面的边组成，并总是完整循环。

多边形：用于访问"多边形"子对象级别。

元素：用于访问"元素"子对象级别，可从中选择对象中的所有连续多边形。

按顶点：除了"顶点"级别外，该选项可以在其他4种级别中使用。启用该选项后，只有选择所用的顶点才能选择子对象。

忽略背面：启用该选项后，只能选中法线指向当前视图的子对象。例如，启用该选项以后，在前

视图中框选如图3-112所示的顶点，只能选择正面的顶点，而背面不会被选择到，图3-113所示为左视图中的观察效果；如果关闭该选项，在前视图中同样框选相同区域的顶点，则背面的顶点也会被选择，图3-114所示为顶视图中的观察效果。

图3-112

图3-113　　　　　　　　　图3-114

按角度：该选项只能用在"多边形"级别中。启用该选项时，如果选择一个多边形，那么3ds Max会基于设置的角度自动选择相邻的多边形。

收缩 收缩 ：单击一次该按钮，可以在当前选择范围中向内减少一圈对象。

扩大 扩大 ：与"收缩"按钮 收缩 相反，单击一次该按钮，可以在当前选择范围中向外增加一圈对象。

环形 环形 ：该工具只能在"边"和"边界"级别中使用。在选中一部分子对象后，单击该按钮可以自动选择平行于当前对象的其他对象。例如，选择一条如图3-115所示的边，然后单击"环形"按钮 环形 ，可以选择整个纬度上平行于选定边的边，如图3-116所示。

图3-115　　　　　　　　　图3-116

循环 循环 ：该工具同样只能在"边"和"边界"级别中使用。在选中一部分子对象后，单击该按钮可以自动选择与当前对象在同一曲线上的其他对象。例如，选择如图3-117所示的边，然后单击

"循环"按钮 循环 ，可以选择整个经度上的边，如图3-118所示。

图3-117　　　　　　　　　图3-118

预览选择：在选择对象之前，通过这里的选项可以预览光标滑过处的子对象，有"禁用""子对象"和"多个"3个选项可供选择。

2.软选择

"软选择"是以选中的子对象为中心向四周扩散，以放射状方式来选择子对象。在对选择的部分子对象进行变换时，可以让对象以平滑的方式进行过渡。另外，可以通过控制"衰减""收缩"和"膨胀"的数值来控制所选子对象区域的大小及对子对象控制力的强弱，并且"软选择"卷展栏还包含了绘制软选择的工具，如图3-119所示。

图3-119

重要参数解析

使用软选择：控制是否开启"软选择"功能。启用后，如果选择一个或一个区域的子对象，那么会以这个子对象为中心向外选择其他对象。例如，框选如图3-120所示的顶点，那么软选择就会以这些顶点为中心向外进行扩散选择，如图3-121所示。

图3-120　　　　　　　　　图3-121

提示 在用软选择选择子对象时，选择的子对象是以红、橙、黄、绿、蓝5种颜色进行显示的。处于中心位置的子对象显示为红色，表示这些子对象被完全选择，在操作这些子对象时，它们将被完全影响，然后依次是橙、黄、绿、蓝的子对象。

边距离： 启用该选项后，可以将软选择限制到指定的面数。

影响背面： 启用该选项后，那些与选定对象法线方向相反的子对象也会受到相同的影响。

衰减： 用以定义影响区域的距离，默认值为20mm。"衰减"数值越高，软选择的范围就越大。图3-122和图3-123所示是将"衰减"设置为500mm和800mm时的选择效果对比。

图3-122   图3-123

收缩： 设置区域的相对"突出度"。

膨胀： 设置区域的相对"丰满度"。

软选择曲线图： 以图形的方式显示软选择是如何进行工作的。

明暗处理面切换 明暗处理面切换 ：只能用在"多边形"和"元素"级别中，用于显示颜色渐变，如图3-124所示。它与软选择范围内面上的软选择权重相对应。

图3-124

锁定软选择： 锁定软选择，以防止对按程序的选择进行更改。

绘制 绘制 ：可以在使用当前设置的活动对象上绘制软选择。

模糊 模糊 ：可以通过绘制来软化现有绘制软选择的轮廓。

复原 复原 ：通过绘制的方式还原软选择。

选择值： 整个值表示绘制的或还原的软选择的最大相对选择。笔刷半径内周围顶点的值会趋向于0衰减。

笔刷大小： 用来设置圆形笔刷的半径。

笔刷强度： 用来设置绘制子对象的速率。

笔刷选项 笔刷选项 ：单击该按钮可以打开"绘制

选项"对话框，如图3-125所示。在该对话框中可以设置笔刷的更多属性。

图3-125

3.编辑几何体

"编辑几何体"卷展栏下的工具适用于所有子对象级别，主要用来全局修改多边形几何体，如图3-126所示。

重要参数解析

重复上一个 重复上一个 ：单击该按钮可以重复使用上一次使用的命令。

约束： 使用现有的几何体来约束子对象的变换，共有"无""边""面"和"法线"4种方式可供选择。

图3-126

保持UV： 启用该选项后，在编辑子对象的同时不影响该对象的UV贴图。

设置 ：单击该按钮可以打开"保持贴图通道"对话框，如图3-127所示。在该对话框中可以指定要保持的顶点颜色通道或纹理通道（贴图通道）。

图3-127

创建 创建 ：创建新的几何体。

塌陷 塌陷 ：将顶点与选择中心的顶点焊接，使连续选定子对象的组产生塌陷。

> **提示**   "塌陷"工具 塌陷 类似于"焊接"工具 焊接 ，但是该工具不需要设置"阈值"数值就可以直接塌陷在一起。

附加 附加 ：使用该工具可以将场景中的其他对象附加到选定的可编辑多边形中。

分离 分离 ：将选定的子对象作为单独的对象或元素分离出来。

切片平面 切片平面 ：使用该工具可以沿某一平面分开网格对象。

分割：启用该选项后，可以通过"快速切片"工具 快速切片 和"切割"工具 切割 在划分边的位置处创建出两个顶点集合。

切片 切片 ：可以在切片平面位置处执行切割操作。

重置平面 重置平面 ：将执行过"切片"的平面恢复到之前的状态。

快速切片 快速切片 ：可以将对象进行快速切片，切片线沿着对象表面，所以可以更加准确地进行切片。

切割 切割 ：可以在一个或多个多边形上创建出新的边。

网格平滑 网格平滑 ：使选定的对象产生平滑效果。

细化 细化 ：增加局部网格的密度，从而方便处理对象的细节。

平面化 平面化 ：强制所有选定的子对象成为共面。

视图对齐 视图对齐 ：使对象中的所有顶点与活动视图所在的平面对齐。

栅格对齐 栅格对齐 ：使选定对象中的所有顶点与活动视图所在的平面对齐。

松弛 松弛 ：使当前选定的对象产生松弛现象。

隐藏选定对象 隐藏选定对象 ：隐藏所选定的子对象。

全部取消隐藏 全部取消隐藏 ：将所有的隐藏对象还原为可见对象。

隐藏未选定对象 隐藏未选定对象 ：隐藏未选定的任何子对象。

命名选择：用于复制和粘贴子对象的命名选择集。

删除孤立顶点：启用该选项后，选择连续子对象时会删除孤立顶点。

完全交互：启用该选项后，如果更改数值，将直接在视图中显示最终的结果。

4.编辑顶点

进入可编辑多边形的"顶点"级别以后，在"修改"面板中会增加一个"编辑顶点"卷展栏，如图3-128所示。这个卷展栏下的工具全部是用来编辑顶点的。

图3-128

重要参数解析

移除 移除 ：选中一个或多个顶点以后，单击该按钮可以将其移除，剩余的部分将自动连接成为一个新的多边形。

提示 这里详细介绍一下移动顶点与删除顶点的区别。

移除顶点：选中一个或多个顶点以后，单击"移除"按钮 移除 或按Backspace键即可移除顶点，但也只能是移除了顶点，而面仍然存在，如图3-129所示。注意，移除顶点可能导致网格形状发生严重变形。

选择9个顶点　　移除顶点，但不会移除面

图3-129

删除顶点：选中一个或多个顶点以后，按Delete键可以删除顶点，也会删除连接到这些顶点的面，如图3-130所示。

选择9个顶点　　删除顶点，面也会被删除

图3-130

断开 断开 ：选中顶点以后，单击该按钮可以在与选定顶点相连的每个多边形上都创建一个新顶点，这可以使多边形的转角相互分开，使它们不再相连于原来的顶点上。

挤出 挤出 ：直接使用这个工具可以手动在视图中挤出顶点，如图3-131所示。如果要精确设置挤出的高度和宽度，可以单击后面的"设置"按钮 ，然后在视图中的"挤出顶点"对话框中输入数值，如图3-132所示。

图3-131　　　　　　　　　　　图3-132

焊接　焊接：对"焊接顶点"对话框中指定的"焊接阈值"范围之内连续的选中的顶点进行合并，合并后所有边都会与产生的单个顶点连接。单击后面的"设置"按钮□可以设置"焊接阈值"。

切角　切角：选中顶点以后，使用该工具在视图中拖曳光标，可以手动为顶点切角，如图3-133所示。单击后面的"设置"按钮□，在弹出的"切角"对话框中可以设置精确的"顶点切角量"，还可以将切角后的面"打开"，以生成孔洞效果，如图3-134所示。

图3-133　　　　　　　　　　　图3-134

目标焊接　目标焊接：选择一个顶点后，使用该工具可以将其焊接到相邻的目标顶点，如图3-135所示。

图3-135

提示　"目标焊接"工具 目标焊接 只能焊接成对的连续顶点。也就是说，选择的顶点与目标顶点有一个边相连。

连接　连接：在选中的对角顶点之间创建新的边，如图3-136所示。

图3-136

移除孤立顶点　移除孤立顶点：删除不属于任何多边形的所有顶点。

移除未使用的贴图顶点　移除未使用的贴图顶点：某些建模操作会留下未使用的（孤立）贴图顶点，它们会显示在"展开UVW"编辑器中，但是不能用于贴图，单击该按钮就可以自动删除这些贴图顶点。

权重：设置选定顶点的权重，供NURMS细分选项和"网格平滑"修改器使用。

5.编辑边

进入可编辑多边形的"边"级别以后，在"修改"面板中会增加一个"编辑边"卷展栏，如图3-137所示。这个卷展栏下的工具全部是用来编辑边的。

图3-137

重要参数解析

插入顶点　插入顶点：在"边"级别下，使用该工具在边上单击鼠标左键，可以在边上添加顶点，如图3-138所示。

图3-138

移除　移除：选择边以后，单击该按钮或按Backspace键可以移除边，如图3-139所示。如果按Delete键，将删除边以及与边连接的面，如图3-140所示。

图3-139

图3-140

分割 分割 ：沿着选定边分割网格。对网格中心的单条边应用时，不会起任何作用。

挤出 挤出 ：直接使用这个工具可以手动在视图中挤出边。如果要精确设置挤出的高度和宽度，可以单击后面的"设置"按钮□，然后在视图中的"挤出边"对话框中输入数值，如图3-141所示。

图3-141

焊接 焊接 ：组合"焊接边"对话框指定的"焊接阈值"范围内的选定边。只能焊接仅附着一个多边形的边，也就是边界上的边。

切角 切角 ：这是多边形建模中使用频率最高的工具之一，可以为选定边进行切角（圆角）处理，从而生成平滑的棱角，如图3-142所示。

图3-142

提示 在很多时候为边进行切角处理以后，都需要为模型加载"网格平滑"修改器，以生成非常平滑的模型，如图3-143所示。

图3-143

目标焊接 目标焊接 ：用于选择边并将其焊接到目标边。只能焊接仅附着一个多边形的边，也就是边界上的边。

桥 桥 ：使用该工具可以连接对象的边，但只能连接边界边，也就是只在一侧有多边形的边。

连接 连接 ：这是多边形建模中使用频率最高的工具之一，可以在每对选定边之间创建新边，对于创建或细化边循环特别有用。例如，选择一对竖向的边，则可以在横向上生成边，如图3-144所示。

图3-144

利用所选内容创建图形 利用所选内容创建图形 ：这是多边形建模中使用频率最高的工具之一，可以将选定的边创建为样条线图形。选择边以后，单击该按钮可以弹出一个"创建图形"对话框，在该对话框中可以设置图形名称以及设置图形的类型，如果选择"平滑"类型，则生成平滑的样条线，如图3-145所示；如果选择"线性"类型，则样条线的形状与选定边的形状保持一致，如图3-146所示。

图3-145

图3-146

权重： 设置选定边的权重，供NURMS细分选项和"网格平滑"修改器使用。

拆缝： 指定对选定边或边执行的折缝操作量，供NURMS细分选项和"网格平滑"修改器使用。

编辑三角形 编辑三角形：用于修改绘制内边或对角线时多边形细分为三角形的方式。

旋转 旋转：用于通过单击对角线修改多边形细分为三角形的方式。使用该工具时，对角线可以在线框和边面视图中显示为虚线。

6.编辑多边形

进入可编辑多边形的"多边形"级别以后，在"修改"面板中会增加一个"编辑多边形"卷展栏，如图3-147所示。这个卷展栏下的工具全部是用来编辑多边形的。

图3-147

重要参数解析

插入顶点 插入顶点：用于手动在多边形中插入顶点（单击即可插入顶点），以细化多边形，如图3-148所示。

图3-148

挤出 挤出：这是多边形建模中使用频率最高的工具之一，可以挤出多边形。如果要精确设置挤出的高度，单击后面的"设置"按钮□，然后在视图中的"挤出边"对话框中输入数值即可。挤出多边形时，"高度"为正值时可向外挤出多边形，为负值时可向内挤出多边形，如图3-149所示。

图3-149

轮廓 轮廓：用于增加或减小每组连续的选定多边形的外边。

倒角 倒角：这是多边形建模中使用频率最高的工具之一，可以挤出多边形，同时为多边形进行倒角，如图3-150所示。

图3-150

插入 插入：执行没有高度的倒角操作，即在选定多边形的平面内执行该操作，如图3-151所示。

图3-151

桥 桥：使用该工具可以连接对象上的两个多边形或多边形组。

翻转 翻转：反转选定多边形的法线方向，从而使其面向用户的正面。

从边旋转 从边旋转：选择多边形后，使用该工具可以沿着垂直方向拖动任何边，以便旋转选定多边形。

沿样条线挤出 沿样条线挤出：沿样条线挤出当前选定的多边形。

编辑三角剖分 编辑三角剖分：通过绘制内边修改多边形细分为三角形的方式。

重复三角算法 重复三角算法：在当前选定的一个或多个多边形上执行最佳三角剖分。

旋转 旋转：使用该工具可以修改多边形细分为三角形的方式。

3.4 课堂练习

下面有两个课堂练习，这两个练习具有一定的综合性，读者可以参考相关提示来完成制作。

3.4.1 课堂练习：制作球形吊灯

场景位置	无
实例位置	实例文件>CH03>课堂练习：制作球形吊灯.max
学习目标	掌握多边形建模方法

球形吊灯效果图如图3-152所示。

图3-152

步骤分解如图3-153所示。

图3-153

3.4.2 课堂练习：制作化妆品瓶子

场景位置	无
实例位置	实例文件>CH03>课堂练习：制作化妆品瓶子.max
学习目标	熟练使用多边形建模的命令来创建对象

花瓶效果图如图3-154所示

图3-154

步骤分解如图3-155所示。

图3-155

3.5 课后习题

下面提供了两道习题供读者练习，这些习题都比较简单，希望读者能根据相关提示认真完成。

3.5.1 课后习题：制作画框

场景位置	无
实例位置	实例文件>CH03>课后习题：制作画框.max
学习目标	练习多边形建模方法

画框效果图如图3-156所示。

图3-156

步骤分解如图3-157所示。

图3-157

3.5.2 课后习题：制作床头柜

场景位置	无
实例位置	实例文件>CH03>课后习题：制作床头柜.max
学习目标	练习多边形建模方法

床头柜效果图如图3-158所示。

图3-158

步骤分解如图3-159所示。

图3-159

第4章

灯光技术

本章将介绍3ds Max 2016的灯光技术，包括"光度学"灯光、"标准"灯光和VRay灯光。本章是一个很重要的章节，几乎在实际工作中运用的灯光技术都包含在本章中，特别是对于目标灯光、目标聚光灯、目标平行光、VRay灯光和VRay太阳的布光思路与方法，读者务必要完全领会并掌握。

学习目标

- 了解灯光的作用
- 掌握常用灯光的参数含义
- 掌握室内外场景的布光思路及相关技巧

4.1 初识灯光

没有灯光的世界将是一片黑暗，在三维场景中也是一样，即使有精美的模型、真实的材质以及完美的动画，如果没有灯光照射也毫无作用，由此可见灯光在三维表现中的重要性。自然界中存着各种形形色色的光，如耀眼的日光、微弱的烛光以及绚丽的烟花发出来的光等，如图4-1所示。

图4-1

本节内容介绍

名称	作用	重要程度
灯光的功能	了解灯光的功能	中
3ds Max中的灯光	了解3ds Max中的灯光类型	中

4.1.1 灯光的功能

有光才有影，才能让物体呈现出三维立体感，不同的灯光效果营造的视觉感受也不一样。灯光是视觉画面的一部分，其功能主要有以下3点。

第1点：提供一个完整的整体氛围，展现出具象实体，营造空间的氛围。

第2点：为画面着色，以塑造空间和形式。

第3点：可以让人们集中注意力。

4.1.2 3ds Max中的灯光

利用3ds Max中的灯光可以模拟出真实的"照片级"画面，图4-2所示是两张利用3ds Max制作的室内外效果图。

图4-2

在"创建"面板中单击"灯光"按钮，在其下拉列表中可以选择灯光的类型。3ds Max 2016包含3种灯光类型，分别是"光度学"灯光、"标准"灯光和VRay灯光，如图4-3所示。

图4-3

> **提示** 若没有安装VRay渲染器，系统默认的只有"光度学"灯光和"标准"灯光。

4.2 光度学灯光

"光度学"灯光是系统默认的灯光，共有3种类型，分别是"目标灯光""自由灯光"和"mr 天空入口"。

本节内容介绍

名称	作用	重要程度
目标灯光	模拟筒灯、射灯、壁灯等	高
自由灯光	模拟发光球、台灯等	中

4.2.1 课堂案例：制作射灯

场景位置	场景文件>CH04>01.max
实例位置	实例文件>CH04>课堂案例：制作射灯.max
学习目标	学习如何使用目标灯光模拟射灯照明

射灯效果如图4-4所示。

图4-4

（1）打开本书学习资源中的"场景文件>CH04>01.max"文件，如图4-5所示。

图4-5

（2）设置灯光类型为"光度学"，然后在前视图中创建一盏目标灯光，其位置如图4-6所示。

图4-6

（3）选择上一步创建的目标灯光，然后进入"修改"面板，具体参数设置如图4-7所示。

设置步骤

① 展开"常规参数"卷展栏，然后在选"阴影"选项组下勾选"启用"选项，接着设置"灯光分布（类型）"为"光度学Web"。

② 展开"分布（光度学Web）"卷展栏，然后在其通道中加载本书学习资源中的"实例文件>CH04>课堂案例：制作射灯>经典筒灯.ies"文件。

③ 展开"强度/颜色/衰减"卷展栏，然后设置"过滤颜色"为（红:253，绿:204，蓝:164），接着设置"强度"为2000。

图4-7

提示 将"灯光分布（类型）"设置为"光度学Web"后，系统会自动增加一个"分布（光度学Web）"卷展栏，在"分布（光度学Web）"通道中可以加载光域网文件。

光域网是灯光的一种物理性质，用来确定光在空气中的发散方式。

不同的灯光在空气中的发散方式也不相同，例如，手电筒会发出一个光束，而壁灯或台灯发出的光又是另外一种形状，这些不同的形状是由灯光自身的特性来决定的，也就是说这些形状是由光域网造成的。灯光之所以会产生不同的图案，是因为每种灯在出厂时，厂家都要对其指定不同的光域网。在3ds Max中，如果为灯光指定一个特殊的文件，那么就可以产生与现实生活中相同的发散效果，这种特殊文件的标准格式为.ies，图4-8所示是一些不同光域网的显示形态，图4-9所示是这些光域网的渲染效果。

图4-8

图4-9

（4）使用"选择并移动"工具 选择目标灯光，然后按住Shift键移动复制一盏灯光到另外一把椅子的上方，如图4-10所示。

图4-10

（5）设置灯光类型为VRay，然后在前视图中创建一盏VRay灯光，其位置如图4-11所示。

图4-11

（6）选择上一步创建的VRay灯光，然后展开"参数"卷展栏，具体参数设置如图4-12所示。

设置步骤

① 在"常规"选项组下设置"类型"为"平面"。

② 在"强度"选项组下设置"倍增"为1。

③ 在"大小"选项组下设置"1/2长"为18809.65mm、"1/2宽"为10514.96mm。

④ 在"选项"选项组下勾选"不可见"选项。

图4-12

（7）在顶视图中再次创建一盏VRay灯光，其位置如图4-13所示。

图4-13

（8）选择上一步创建的VRay灯光，然后展开"参数"卷展栏，具体参数设置如图4-14所示。

设置步骤

① 在"常规"选项组下设置"类型"为"平面"。

② 在"强度"选项组下设置"倍增"为1。

③ 在"大小"选项组下设置"1/2长"为1330.923mm、"1/2宽"为1668.339mm。

④ 在"选项"选项组下勾选"不可见"选项。

> **提示** 本例的两盏VRay灯光主要用来作为辅助照明。关于VRay灯光的相关知识将在后面的内容中进行讲解。

图4-14

（9）按C键切换到摄影机视图，然后按F9键渲染当前场景，最终效果如图4-15所示。

图4-15

4.2.2 目标灯光

目标灯光带有一个目标点，用于指向被照明物体，如图4-16所示。目标灯光主要用来模拟现实中的筒灯、射灯和壁灯等，其默认参数包含11个卷展栏，如图4-17所示。

图4-16　　　　　图4-17

> **提示** 下面主要针对目标灯光的一些常用卷展栏进行讲解。

1.常规参数

展开"常规参数"卷展栏，如图4-18所示。

图4-18

重要参数解析

灯光属性

启用：控制是否开启灯光。

目标：启用该选项后，目标灯光才有目标点；如果禁用该选项，目标灯光没有目标点，将变成自由灯光，如图4-19所示。

图4-19

提示 目标灯光的目标点并不是固定不可调节的，可以对它进行移动、旋转等操作。

目标距离：用来显示目标的距离。

阴影

启用：控制是否开启灯光的阴影效果。

使用全局设置：启用该选项后，该灯光投射的阴影将影响整个场景的阴影效果；关闭该选项，则必须选择渲染器使用哪种方式来生成特定的灯光阴影。

阴影类型列表：设置渲染器渲染场景时使用的阴影类型，包括"高级光线跟踪""mental ray阴影贴图""区域阴影""阴影贴图""光线跟踪阴影"、VRay阴影和"VRay阴影贴图"7种类型，如图4-20所示。

图4-20

排除 排除... ：将选定的对象排除于灯光效果之外。单击该按钮可以打开"排除/包含"对话框，如图4-21所示。

图4-21

灯光分布（类型）

灯光分布类型列表：设置灯光的分布类型，包含"光度学Web""聚光灯""统一漫反射"和"统一球形"4种类型，如图4-22所示。

图4-22

2.强度/颜色/衰减

展开"强度/颜色/衰减"卷展栏，如图4-23所示。

重要参数解析

颜色

灯光：挑选公用灯光，以近似灯光的光谱特征。

开尔文：通过调整色温微调器来设置灯光的颜色。

图4-23

过滤颜色：使用颜色过滤器来模拟置于灯光上的过滤色效果。

强度

lm（流明）：测量整个灯光（光通量）的输出功率。100瓦的通用灯泡约有1750 lm的光通量。

cd（坎德拉）：用于测量灯光的最大发光强度，通常沿着瞄准发射。100瓦通用灯泡的发光强度约为139 cd。

lx（lux）：测量由灯光引起的照度，该灯光以一定距离照射在曲面上，并面向灯光的方向。

暗淡

结果强度：用于显示暗淡所产生的强度。

暗淡百分比：启用该选项后，该值会指定用于降低灯光强度的"倍增"。

光线暗淡时白炽灯颜色会切换：启用该选项之后，灯光可以在暗淡时通过产生更多的黄色来模拟白炽灯。

远距衰减

使用：启用灯光的远距衰减。

显示：在视口中显示远距衰减的范围设置。

开始：设置灯光开始淡出的距离。

结束：设置灯光减为0时的距离。

3.图形/区域阴影

展开"图形/区域阴影"卷展栏，如图4-24所示。

图4-24

重要参数解析

从（图形）发射光线：选择阴影生成的图形类型，包括"点光源""线""矩形""圆形""球体"和"圆柱体"6种类型。

灯光图形在渲染中可见：启用该选项后，如果灯光对象位于视野之内，那么灯光图形在渲染中会显示为自供照明（发光）的图形。

4.阴影参数

展开"阴影参数"卷展栏，如图4-25所示。

图4-25

重要参数解析

对象阴影

颜色：设置灯光阴影的颜色，默认为黑色。

密度：调整阴影的密度。

贴图：启用该选项，可以使用贴图来作为灯光的阴影。

"无"按钮 无 ：单击该按钮可以选择贴图作为灯光的阴影

灯光影响阴影颜色：启用该选项后，可以将灯光颜色与阴影颜色（如果阴影已设置贴图）混合起来。

大气阴影

启用：启用该选项后，大气效果如灯光穿过它们一样投影阴影。

不透明度：调整阴影的不透明度百分比。

颜色量：调整大气颜色与阴影颜色混合的量。

5.阴影贴图参数

展开"阴影贴图参数"卷展栏，如图4-26所示。

图4-26

重要参数解析

偏移：将阴影移向或移离投射阴影的对象。

大小：设置用于计算灯光的阴影贴图的大小。

采样范围：决定阴影内平均有多少个区域。

绝对贴图偏移：启用该选项后，阴影贴图的偏移是不标准化的，但是该偏移在固定比例的基础上会以3ds Max为单位来表示。

双面阴影：启用该选项后，计算阴影时物体的背面也将产生阴影。

> **提示** 注意，这个卷展栏的名称由"常规参数"卷展栏下的阴影类型来决定，不同的阴影类型具有不同的阴影卷展栏以及不同的参数选项。

6.大气和效果

展开"大气和效果"卷展栏，如图4-27所示。

图4-27

重要参数解析

"添加"按钮 添加 ：单击该按钮可以打开"添加大气或效果"对话框，如图4-28所示。在该对话框中可以将大气或渲染效果添加到灯光中。

"删除"按钮 删除 ：添加大气或效果以后，在大气或效果列表中选择大气或效果，然后单击该按钮可以将其删除。

大气或效果列表：显示添加的大气或效果，如图4-29所示。

图4-28　　　　　　　图4-29

"设置"按钮 设置 ：在大气或效果列表中选择大气或效果以后，单击该按钮可以打开"环境和效果"对话框。在该对话框中可以对大气或效果参数进行更多的设置。

> **提示** 关于"环境和效果"对话框的相关内容将在后面的章节中单独进行讲解。

4.2.3 自由灯光

自由灯光没有目标点，常用来模拟发光球、台灯等。自由灯光的参数与目标灯光的参数完全一样，如图4-30所示。

图4-30

4.3 标准灯光

"标准"灯光包括8种类型，分别是"目标聚光灯""自由聚光灯""目标平行光""自由平行光""泛光""天光""mrArea Omni"和"mr Area spot"，本书主要讲解前4种灯光。

本节内容介绍

名称	作用	重要程度
目标聚光灯	模拟吊灯、手电筒等	高
自由聚光灯	模拟动画灯光	低
目标平行光	模拟自然光	高
自由平行光	模拟太阳光	中

4.3.1 课堂案例：制作客厅日光效果

场景位置	场景文件>CH04>02.max
实例位置	实例文件>CH04>课堂案例：制作客厅日光效果.max
学习目标	学习如何使用目标平行光模拟日光效果

案例效果如图4-31所示。

图4-31

(1) 打开本书学习资源中的"场景文件>CH04>02.max"文件，如图4-32所示。

图4-32

提示

追踪场景资源技术，是在实际工作中非常实用的技术。在打开一个场景文件时，往往会因缺失贴图、光域网文件而弹出一个"缺少外部文件"对话框，如图4-33所示。造成这种情况的原因是移动了实例文件或贴图文件的位置（例如，将其从D盘移动到了E盘），造成3ds Max无法自动识别文件路径。遇到这种情况时，可以先单击"继续"按钮，然后查找缺失的文件。

图4-33

补齐缺失文件的方法有两种，下面详细介绍一下。请用户注意，这两种方法都是基于贴图和光域网等文件没有被删除的情况下。

第1种：逐个在"材质编辑器"对话框中的各个材质通道中将贴图路径重新链接好；光域网文件在灯光设置面板中进行链接。这种方法非常烦琐，一般情况下不会使用该方法。

第2种：按快捷键Shift+T打开"资源追踪"对话框，如图4-34所示。在该对话框中可以观察到缺失了哪些贴图文件或光域网（光度学）文件。这时可以按住Shift键全选缺失的文件，然后单击鼠标右键，在弹出的菜单中选择"设置路径"命令，如图4-35所示，接着在弹出的对话框中链接好文件路径（贴图和光域网等文件最好放在一个文件夹中），如图4-36所示。链接好文件路径以后，有些文件可能仍然显示缺失，这可能是因为在前期制作中有多余的文件，而3ds Max将其保留了下来，所以只要场景贴图齐备即可，如图4-37所示。

图4-34

图4-35

图4-36

图4-37

（2）设置灯光类型为VRay，然后在左侧的墙壁处创建2盏VRay灯光，其位置如图4-38所示。

图4-38

（3）选择上一步创建的VRay灯光，然后进入"修改"面板，接着展开"参数"卷展栏，具体参数设置如图4-39所示。

设置步骤

① 在"常规"选项组下设置"类型"为"平面"。

② 在"强度"选项组下设置"倍增器"为6，颜色为蓝色（R:183，G:210，B:255）。

③ 在"大小"选项组下设置"1/2长"为1400mm、"1/2宽"为965mm。

④ 在"选项"选项组下勾选"不可见"选项。

图4-39

（4）设置灯光类型为"标准"，然后在室外创建一盏"目标平行光"，接着调整好目标点的位置，如图4-40所示。

图4-40

（5）选择上一步创建的目标平行光，然后进入"修改"面板，具体参数设置如图4-41所示。

设置步骤

① 展开"常规参数"卷展栏，然后在"阴影"选项组下勾选"启用"选项，接着设置阴影类型为"VRay阴影"。

② 展开"强度/颜色/衰减"卷展栏，然后设置"倍增"为5，接着设置"颜色"为黄色（R:255，G:221，B:161）。

③ 展开"平行光参数"卷展栏，然后设置"聚光区/光束"为4284mm、"衰减区/区域"为4631mm。

④ 展开"VRay阴影参数"卷展栏，然后勾选"区域阴影"选项，接着设置"U大小""V大小"和"W大小"为10mm。

图4-41

（6）按C键切换到摄影机视图，然后按F9键渲染当前场景，最终效果如图4-42所示。

图4-42

4.3.2 目标聚光灯

目标聚光灯可以产生一个锥形的照射区域，区域以外的对象不会受到灯光的影响，主要用来模拟吊灯、手电筒等发出的灯光。目标聚光灯由透射点和目标点组成，其方向性非常好，对阴影的塑造能力也很强，如图4-43所示，其参数设置面板如图4-44所示。

图4-43　　　图4-44

1.常规参数

展开"常规参数"卷展栏，如图4-45所示。

重要参数解析

灯光类型

启用：控制是否开启灯光。

灯光类型列表：选择灯光的类型，包含"聚光灯""平行光"和"泛光灯"3种类型，如图4-46所示。

图4-45

图4-46

> **提示** 在切换灯光类型时，可以从视图中很直接地观察到灯光外观的变化。但是切换灯光类型后，场景中的灯光就会变成当前选择的灯光。

目标：启用该选项，灯光将成为目标聚光灯；关闭该选项，灯光将变成自由聚光灯。

阴影

启用：控制是否开启灯光阴影。

使用全局设置：启用该选项，该灯光投射的阴影将影响整个场景的阴影效果；关闭该选项，则必须选择渲染器使用哪种方式来生成特定的灯光阴影。

阴影类型：切换阴影的类型来得到不同的阴影效果。

"排除"按钮 ：将选定的对象排除于灯光效果之外。

2.强度/颜色/衰减

展开"强度/颜色/衰减"卷展栏，如图4-47所示。

重要参数解析

倍增

倍增：控制灯光的强弱程度。

颜色：用来设置灯光的颜色。

图4-47

衰退

类型：指定灯光的衰退方式。"无"为不衰退；"倒数"为反向衰退；"平方反比"是以平方反比的方式进行衰退。

> **提示** 如果"平方反比"衰退方式使场景太暗，可以按大键盘上的8键打开"环境和效果"对话框，然后在"全局照明"选项组下适当加大"级别"值来提高场景亮度。

开始：设置灯光开始衰退的距离。

显示：在视口中显示灯光衰退的效果。

近距衰减：该选项组用来设置灯光近距离衰退的参数。

使用：启用灯光近距离衰退。

显示：在视口中显示近距离衰退的范围。

开始：设置灯光开始淡出的距离。

结束：设置灯光达到衰退最远处的距离。

远距衰减：该选项组用来设置灯光远距离衰退的参数。

使用：启用灯光的远距离衰退。

显示：在视口中显示远距离衰退的范围。

开始：设置灯光开始淡出的距离。

结束：设置灯光衰退为0的距离。

3.聚光灯参数

展开"聚光灯参数"卷展栏，如图4-48所示。

图4-48

重要参数解析

显示光锥：控制是否在视图中开启聚光灯的圆锥显示效果，如图4-49所示。

图4-49

泛光化：开启该选项时，灯光将在各个方向投射光线。

聚光区/光束：用来调整灯光圆锥体的角度。

衰减区/区域：设置灯光衰减区的角度，图4-50所示是不同"聚光区/光束"和"衰减区/区域"的光锥对比。

图4-50

圆/矩形：选择聚光区和衰减区的形状。

纵横比：设置矩形光束的纵横比。

"位图拟合"按钮 位图拟合：如果灯光的投影纵横比为矩形，应设置纵横比以匹配特定的位图。

4.高级效果

展开"高级效果"卷展栏，如图4-51所示。

重要参数解析

影响曲面

对比度：调整漫反射区域和环境光区域的对比度。

图4-51

柔化漫反射边：增加该选项的数值可以柔化曲面的漫反射区域和环境光区域的边缘。

漫反射：开启该选项后，灯光将影响曲面的漫反射属性。

高光反射：开启该选项后，灯光将影响曲面的

高光属性。

仅环境光：开启该选项后，灯光仅仅影响照明的环境光。

投影贴图

贴图：为投影加载贴图。

"无"按钮 无 ：单击该按钮可以为投影加载贴图。

4.3.3 自由聚光灯

自由聚光灯与目标聚光灯的参数基本一致，只是它无法对发射点和目标点分别进行调节，如图4-52所示。自由聚光灯特别适合用来模拟一些动画灯光，如舞台上的射灯。

图4-52

4.3.4 目标平行光

目标平行光可以产生一个照射区域，主要用来模拟自然光线的照射效果，如图4-53所示。如果将目标平行光作为体积光来使用的话，那么可以用它模拟出激光束等效果。

图4-53

提示 虽然目标平行光可以用来模拟太阳光，但是它与目标聚光灯的灯光类型却不相同。目标聚光灯的灯光类型是聚光灯，而目标平行光的灯光类型是平行光，从外形上看，目标聚光灯更像锥形，而目标平行光更像简形，如图4-54所示。

图4-54

4.3.5 自由平行光

自由平行光能产生一个平行的照射区域，常用来模拟太阳光，如图4-55所示。

图4-55

提示 自由平行光和自由聚光灯一样，没有目标点，当勾选"目标"选项时，自由平行光会自动变成目标平行光，如图4-56所示。因此这两种灯光之间是相互关联的。

没有目标点　　　　有目标点

图4-56

4.4 VRay的灯光

安装好VRay渲染器后，在"灯光"创建面板中就可以选择VRay灯光。VRay灯光包含4种类型，分别是"VRay灯光""VRayIES""VRay环境灯光"和"VRay太阳"，如图4-57所示。

图4-57

本节灯光介绍

名称	作用	重要程度
VRay灯光	模拟室内环境的任何灯光	高
VRay太阳	模拟真实的室外太阳光	高
VRay天空	用环境光模拟天光	低

4.4.1 课堂案例：制作灯泡照明

场景位置	场景文件>CH04>03.max
实例位置	实例文件>CH04>课堂案例：制作灯泡照明.max
学习目标	学习如何使用VRay球体灯光模拟灯泡照明

灯泡照明的效果如图4-58所示。

图4-58

（1）打开学习资源中的"场景文件>CH04>03.max"文件，如图4-59所示。

图4-59

（2）设置灯光类型为VRay，然后在灯泡内创建一盏VRay灯光，其位置如图4-60所示。

图4-60

（3）选择上一步创建的VRay灯光，然后进入"修改"面板，展开"参数"卷展栏，具体参数设置如图4-61所示。

设置步骤

① 在"常规"选项组下设置"类型"为"球体"。

② 在"强度"选项组下设置"倍增"为40，然后设置"颜色"为黄色（R:255，G:224，B:175）。

③ 在"大小"选项组下设置"半径"为23.164mm。

图4-61

81

（4）按F9键测试渲染当前场景，效果如图4-62所示。

图4-62

（5）在场景上方创建一盏VRay灯光作为辅助灯光，如图4-63所示。

图4-63

（6）选择上一步创建的VRay灯光，然后进入“修改”面板，展开“参数”卷展栏，具体参数设置如图4-64所示。

设置步骤

① 在“常规”选项组下设置“类型”为“平面”。

② 在“强度”选项组下设置“倍增”为0.04，然后设置“颜色”为黄色（R:255，G:232，B:195）。

③ 在“大小”选项组下设置“1/2长”为1563.48mm、“1/2宽”为1383.4mm。

④ 在“选项”选项组下勾选“不可见”选项。

图4-64

提示 注意，在创建VRay平面灯光时，一般都要勾选“不可见”选项，这样在最终渲染的效果中才不会出现灯光的形状。

（7）按C键切换到摄影机视图，然后按F9键渲染当前场景，最终效果如图4-65所示。

图4-65

4.4.2 VRay灯光

VRay灯光主要用来模拟室内灯光，是效果图制作中使用频率最高的一种灯光，其参数设置面板如图4-66所示。

图4-66

1.“常规”卷展栏

展开“常规”卷展栏，如图4-67所示。

图4-67

重要参数解析

开：控制是否开启VRay灯光。

“排除”按钮 排除 **：**用来排除灯光对物体的影响。

类型：设置VRay灯光的类型，共有“平面”“穹顶”“球体”“网格”和“圆形”5种类型，如图4-68所示。

图4-68

平面：将VRay灯光设置成方形平面形状。

穹顶：将VRay灯光设置成穹顶状，类似于3ds Max的天光，光线来自于位于灯光z轴的半球体状圆顶。

球体：将VRay灯光设置成球体形状。

网格：这种灯光是一种以网格为基础的灯光。

圆形：将VRay灯光设置成圆形平面形状。

提示 “平面”“穹顶”“球体”“网格”和“圆形”灯光的形状各不相同，因此它们可以运用在不同的场景中，如图4-69所示。

图4-69

2. "强度"卷展栏

展开"强度"卷展栏，如图4-70所示。

图4-70

重要参数解析

单位：指定VRay灯光的发光单位，共有"默认（图像）""光通量（lm）""发光强度（lm/m2/sr）""辐射量（W）"和"辐射强度（W/m2/sr）"5种。

默认（图像）：VRay默认单位，依靠灯光的颜色和亮度来控制灯光的最后强弱，如果忽略曝光类型的因素，灯光色彩将是物体表面受光的最终色彩。

光通量（lm）：当选择这个单位时，灯光的亮度将和灯光的大小无关（100W的亮度大约等于1500lm）。

发光强度（lm/ m2/sr）：当选择这个单位时，灯光的亮度和它的大小有关系。

辐射量（W）：当选择这个单位时，灯光的亮度和灯光的大小无关。注意，这里的瓦特和物理上的瓦特不一样，如这里的100W大约等于物理上的2W~3W。

辐射强度（W/m2/sr）：当选择这个单位时，灯光的亮度和它的大小有关系。

倍增器：设置VRay灯光的强度。

模式：设置VRay灯光的颜色模式，共有"颜色"和"色温"两种。

颜色：指定灯光的颜色。

色温：以色温模式来设置VRay灯光的颜色。

3. "大小"卷展栏

展开"大小"卷展栏，如图4-71所示。

图4-71

1/2长度：设置灯光的长度。

1/2宽度：设置灯光的宽度。

半径：设置球形和圆形灯光的半径。

V大小：当前这个参数还没有被激活（即不能使用）。

4. "选项"卷展栏

展开"选项"卷展栏，如图4-72所示。

图4-72

投射影阴：控制是否对物体的光照产生阴影。

双面：用来控制是否让灯光的双面都产生照明效果（当灯光类型设置为"平面"时有效，其他灯光类型无效），对比效果如图4-73所示。

图4-73

不可见：这个选项用来控制最终渲染时是否显示VRay灯光的形状，对比效果如图4-74所示。

图4-74

不衰减：在物理世界中，所有的光线都是有衰减的。如果勾选这个选项，那么VRay将不计算灯光的衰减效果，对比效果如图4-75所示。

图4-75

提示 在真实世界中，光线亮度会随着距离的增大而不断变暗，也就是说远离灯光的物体的表面会比靠近灯光的物体表面更暗。

天光入口：这个选项是把VRay灯光转换为天光，这时的VRay灯光就变成了"间接照明（GI）"，失去了直接照明。当勾选这个选项时，"投射影阴影""双面""不可见"等参数将不可用，这些参数将被VRay的天光参数所取代。

储存发光图：勾选这个选项，同时将"间接照明（GI）"里的"首次反弹"引擎设置为"发光贴图"时，VRay灯光的光照信息将保存在"发光贴图"中。在渲染光子的时候将变得更慢，但是在渲染出图时，渲染速度会提高很多。当渲染完光子的时候，可以关闭或删除这个VRay灯光，它对最后的渲染效果没有影响，因为它的光照信息已经保存在了"发光贴图"中。

影响漫反射：这个选项决定灯光是否影响物体材质属性的漫反射。

影响高光：这个选项决定灯光是否影响物体材质属性的高光。

影响反射：勾选该选项时，灯光将对物体的反射区进行光照，物体可以将灯光进行反射。

5. "采样"卷展栏

展开"采样"卷展栏，如图4-76所示。

图4-76

细分：这个参数控制VRay灯光的采样细分。当设置比较低的值时，会增加阴影区域的杂点，但是渲染速度比较快，如图4-77所示；当设置比较高的值时，会减少阴影区域的杂点，但是会减慢渲染速度，如图4-78所示。

图4-77　　　　　　　　　图4-78

阴影偏移：这个参数用来控制物体与阴影的偏移距离，较高的值会使阴影向灯光的方向偏移。

6. "纹理"卷展栏

展开"纹理"卷展栏，如图4-79所示。

使用纹理：控制是否用纹理贴图作为半球灯光。

"无"按钮 ：选择纹理贴图。

图4-79

分辨率：设置纹理贴图的分辨率，最高为2048。

自适应：设置数值后，系统会自动调节纹理贴图的分辨率。

4.4.3　VRay太阳

VRay太阳主要用来模拟真实的室外太阳光。VRay太阳的参数比较简单，只包含一个"VRay太阳参数"卷展栏，如图4-80所示。

重要参数解析

开启：阳光开关。

不可见：开启该选项后，在渲染的图像中将不会出现太阳的形状。

图4-80

影响漫反射：这个选项决定灯光是否影响物体材质属性的漫反射。

影响高光：这个选项决定灯光是否影响物体材质属性的高光。

投射大气阴影：开启该选项以后，可以投射大气的阴影，以得到更加真实的阳光效果。

浊度：这个参数控制空气的混浊度，它影响VRay太阳和VRay天空的颜色。比较小的值表示晴朗干净的空气，此时VRay太阳和VRay天空的颜色比较蓝；较大的值表示灰尘含量重的空气（如沙尘暴），此时VRay太阳和VRay天空的颜色呈现为黄色甚至橘黄色，图4-81~图4-84所示分别是"浊度"值为2、3、5、10时的阳光效果。

图4-81　　　　　　　　　图4-82

图4-83

图4-84

> **提示**　当阳光穿过大气层时，一部分冷光被空气中的浮尘吸收，照射到大地上的光就会变暖。

臭氧：这个参数是指空气中臭氧的含量，较小的值的阳光比较黄，较大的值的阳光比较蓝，图4-85~图4-87所示分别是"臭氧"值为0、0.5、1时的阳光效果。

图4-85

图4-86

图4-87

强度倍增：这个参数是指阳光的亮度，默认值为1。

> **提示**　"浊度"和"强度倍增"是相互影响的，因为当空气中的浮尘多的时候，阳光的强度就会降低。"尺寸倍增"和"阴影细分"也是相互影响的，这主要是因为影子虚边越大，所需的细分越多，也就是说"尺寸倍增"值越大，"阴影细分"的值就要适当增大，因为当影子为虚边阴影（面阴影）的时候，就会需要一定的细分值来增加阴影的采样，不然就会有很多杂点。

大小倍增：这个参数是指太阳的大小，它的作用主要表现在阴影的模糊程度上，较大的值可以使阳光的阴影比较模糊。

阴影细分：这个参数是指阴影的细分，较大的值可以使模糊区域的阴影产生比较光滑的效果，并且没有杂点。

阴影偏移：用来控制物体与阴影的偏移距离，较高的值会使阴影向灯光的方向偏移。

光子发射半径：这个参数和"光子贴图"计算引擎有关。

天空模型：选择天空的模式，可以选晴天也可以选阴天。

"排除"按钮 ［　　排除...　　］：将物体排除于阳光照射范围之外。

4.4.4　VRay天空

VRay天空是VRay灯光系统中的一个非常重要的照明系统。VRay没有真正的天光引擎，只能用环境光来代替，图4-88所示是在"环境贴图"通道中加载了一张"VRay天空"环境贴图，这样就可以得到VRay的天光，再使用鼠标左键将"VRay天空"环境贴图拖曳到一个空白的材质球上就可以调节VRay天空的相关参数。

图4-88

重要参数解析

指定太阳节点：当关闭该选项时，VRay天空的参数将从场景中的VRay太阳的参数里自动匹配；当勾选该选项时，用户就可以从场景中选择不同的灯光，在这种情况下，VRay太阳将不再控制VRay天空的效果，VRay天空将用它自身的参数来改变天光的效果。

太阳光：单击后面的"无"按钮 ［　　无　　］ 可以选择太阳灯光，这里除了可以选择VRay太阳之外，还可以选择其他的灯光。

太阳浊度：与"VRay太阳参数"卷展栏下的"浊度"选项的含义相同。

太阳臭氧：与"VRay太阳参数"卷展栏下的"臭氧"选项的含义相同。

太阳强度倍增：与"VRay太阳参数"卷展栏下的"强度倍增"选项的含义相同。

太阳大小倍增：与"VRay太阳参数"卷展栏下的"尺寸倍增"选项的含义相同。

太阳不可见：与"VRay太阳参数"卷展栏下的

"不可见"选项的含义相同。

天空模型：与"VRay太阳参数"卷展栏下的"天空模式"选项的含义相同。

提示 其实VRay天空是VRay系统中的一个程序贴图，主要用来作为环境贴图或作为天光来照亮场景。在创建VRay太阳时，3ds Max会弹出图4-89所示的对话框，提示是否将"VRay天空"环境贴图自动加载到环境中。

图4-89

4.5 课堂练习

下面准备了两道课堂练习，请大家根据提示完成。

4.5.1 课堂练习：制作日光走廊

场景位置	场景文件>CH04>04.max
实例位置	实例文件>CH04>课堂练习：制作日光走廊.max
学习目标	练习目标平行光的用法

案例效果如图4-90所示，布光参考如图4-91所示。

图4-90   图4-91

4.5.2 课堂练习：制作书房灯光

场景位置	场景文件>CH04>05.max
实例位置	实例文件>CH04>课堂练习：制作书房灯光.max
学习目标	练习VRay灯光的用法

案例效果如图4-92所示，布光参考如图4-93所示。

图4-92

图4-93

4.6 课后习题

下面准备了两道课后习题，请大家根据提示完成。

4.6.1 课后习题：制作卫生间灯光

场景位置	场景文件>CH04>06.max
实例位置	实例文件>CH04>课后习题：制作卫生间灯光.max
学习目标	练习目标灯光和VRay灯光的用法

案例效果如图4-94所示，布光参考如图4-95所示。

图4-94

图4-95

4.6.2 课后习题：制作电梯厅夜景

场景位置	场景文件>CH04>07.max
实例位置	实例文件>CH04>课后习题：制作电梯厅夜景.max
学习目标	练习目标灯光和VRay灯光的用法

案例效果如图4-96所示，布光参考如图4-97所示。

图4-96

图4-97

第5章

摄影机技术

本章将介绍3ds Max 2016的摄影机技术，包括目标摄影机、物理摄影机和VRay物理摄影机这3种摄影机的使用方法。通过对本章的学习，读者可以快速在场景中创建摄影机。

学习目标

● 了解真实摄影机的基本原理
● 掌握目标摄影机的使用方法
● 掌握物理摄影机的使用方法
● 掌握VRay物理摄影机的使用方法

5.1 真实摄影机的结构

在学习摄影机之前，先来了解一下真实摄影机的结构。

如果拆卸掉任何摄影机的电子装置和自动化部件，都会看到如图5-1所示的基本结构。遮光外壳的一端有一个孔穴，用以安装镜头，孔穴的对面有一个容片器，用以承装一段感光胶片。

图5-1

为了在不同的光线强度下都能产生正确的曝光影像，摄影机镜头有一个可变光阑，用来调节直径不断变化的小孔，这就是所谓的光圈。打开快门后，光线才能透射到胶片上，快门给了用户选择准确瞬间曝光的机会，而且通过确定某一快门速度，还可以控制曝光时间的长短。

5.2 摄影机的相关术语

其实3ds Max中的摄影机与真实的摄影机有很多术语都是相同的，如镜头、焦距、曝光、白平衡等。

本节内容介绍

名称	作用	重要程度
镜头	了解摄影机的各种镜头	中
焦平面	了解焦平面的概念	低
光圈	了解光圈的概念	低
快门	了解快门的概念	低
胶片感光度	了解胶片感光度的概念	低

5.2.1 镜头

一个结构简单的镜头可以是一块凸形毛玻璃，它折射来自被摄体上每一点被扩大了的光线，然后

这些光线聚集起来形成连贯的点，即焦平面。当镜头准确聚集时，胶片的位置就会与焦平面互相叠合。镜头一般分为标准镜头、广角镜头、远摄镜头、鱼眼镜头和变焦镜头。

1.标准镜头

标准镜头属于校正精良的正光镜头，也是使用最为广泛的一种镜头，其焦距长度等于或近于所用底片画幅的对角线，视角与人眼的视角相近似，如图5-2所示。凡是要求被摄景物必须符合正常的比例关系，均需依靠标准镜头来拍摄。

图5-2

2.广角镜头

广角镜头的焦距短、视角广、景深长，而且均大于标准镜头，其视角超过人们眼睛视觉的正常范围，如图5-3所示。

图5-3

广角镜头的具体特性与用途表现主要有以下3点。

第1点：景深大，有利于把纵深度大的被摄物体清晰地表现在画面上。

第2点：视角大，有利于在狭窄的环境中，拍摄较广阔的场面。

第3点：景深长，可使纵深景物的近大远小比例强烈，使画面透视感强。

广角镜的缺点是影像畸变差较大，尤其在画面的边缘部分，因此在近距离拍摄中应注意变形失真。

3.远摄镜头

远摄镜头也称长焦距镜头，它具有类似于望远镜的作用，如图5-4所示。这类镜头的焦距长于标准镜头，而视角小于标准镜头。

图5-4

远摄镜头主要有以下4个特点。

第1点：景深小，有利于摄取虚实结合的景物。

第2点：视角小，能远距离摄取景物的较大影像，对不易接近的，如动物、风光、人的自然神态，均能在远处不被干扰的情况下拍摄。

第3点：压缩透视，透视关系被大大压缩，使近大远小的比例缩小，使画面上的前后景物十分紧凑，画面的纵深感从而缩短。

第4点：畸变小，影像畸变差小，这在人像摄影中经常可见。

4.鱼眼镜头

鱼眼镜头是一种极端的超广角镜头，因其巨大的视角如鱼眼而得名，如图5-5所示。它拍摄范围大，可使景物的透视感得到极大的夸张，并且可以使画面严重地桶形畸变，故别有一番情趣。

图5-5

5.变焦镜头

变焦镜头就是可以改变焦点距离的镜头，如图5-6所示。所谓焦点距离，就是从镜头中心到胶片上所形成的清晰影像的距离。焦距决定着被摄体在胶片上所形成的影像的大小。焦点距离越大，所形成的影像越大。变焦镜头是一种很有魅力的镜头，它的镜头焦距可以在较大的幅度内自由调节，这就意味着拍摄者能在不改变拍摄距离的情况下，在较大幅度内调节底片的成像比例，也就是说，一只变焦镜头实际上起到了若干个不同焦距的定焦镜头的作用。

图5-6

5.2.2 焦平面

焦平面是通过镜头折射后的光线聚集起来形成清晰的、上下颠倒的影像的地方。经过离摄影机不同距离的运行，光线被不同程度折射后会聚合在焦平面上，因此需要调节聚焦装置，前后移动镜头距摄影机后背的距离。当镜头聚焦准确时，胶片的位置和焦平面应叠合在一起。

5.2.3 光圈

光圈通常位于镜头的中央，它是一个环形，可以控制圆孔的开口大小，并且控制曝光时光线的亮度。当需要大量的光线来进行曝光时，就需要开大光圈的圆孔；若只需要少量光线曝光时，就需要缩小圆孔，让少量的光线进入。

光圈由镜头内的叶片控制，而叶片是可动的。光圈越大，镜头里的叶片开放越大，所谓"最大光圈"就是叶片毫无动作，让可通过镜头的光源全部跑进来的全开光圈；反之光圈越小，叶片就收缩得越厉害，最后可缩小到只剩小小的一个圆点。

光圈的功能就如同人类眼睛的虹膜，用来控制拍摄时单位时间的进光量，一般以f/5、F5或1:5来表示。以实际而言，较小的f值表示较大的光圈。

光圈的计算单位称为光圈值（f-number）或级数（f-stop）。

1.光圈值

标准的光圈值（f-number）的编号如下。

f/1、f/1.4、f/2、f/2.8、f/4、f/5.6、f/8、f/11、f/16、f/22、f/32、f/45、f/64，其中f/1是进光量最大的光圈号数，光圈值的分母越大，进光量越小。一般镜头会用到的光圈号数为f/2.8～f/22，光圈值越大的镜头，镜片的口径越大。

2.级数

级数（f-stop）是指相邻的两个光圈值的曝光量差距，如f/8与f/11之间相差一级，f/2与f/2.8之间也相差一级。依此类推，f/8与f/16之间相差两级，f/1.4与f/4之间就差了3级。

在职业摄影领域，有时称级数为"挡"或是"格"，如f/8与f/11之间相差了一挡，或是f/8与f/16之间相差两格。

在每一级（光圈号数）之间，后面号数的进光量都是前面号数的一半。如f/5.6的进光量只有f/4的一半，f/16的进光量也只有f/11的一半，号数越靠后，进光量越小，并且以等比级数的方式来递减。

> **提示** 除了考虑进光量之外，光圈的大小还跟景深有关。景深影响物体成像后在相片（图挡中）的清晰程度。光圈越大，景深越浅（清晰的范围较小）；光圈越小，景深就越长（清晰的范围较大）。
>
> 大光圈的镜头非常适合低光量的环境，因为它可以在微亮光的环境下，获取更多的现场光，让我们可以用较快速的快门来拍照，以便保持拍摄时相机的稳定度。但是大光圈的镜头不易制作，必须要花较多的费用才可以获得。
>
> 好的摄影机会根据测光的结果等情况来自动计算出光圈的大小，一般情况下，快门速度越快，光圈越大，以保证有足够的光线通过，所以比较适合拍摄高速运动的物体，如行动中的汽车、落下的水滴等。

5.2.4 快门

快门是摄影机中的一个机械装置，大多设置于机身接近底片的位置（大型摄影机的快门设置在镜头中），用于控制快门的开关速度，并且决定了底片接受光线的时间长短。也就是说，在每一次拍摄时，光圈的大小控制了光线的进入量，快门的速度决定光线进入的时间长短，这样一次的动作便完成了所谓的"曝光"。

快门是镜头前阻挡光线进来的装置，一般而言，快门的时间范围越大越好。秒数低适合拍摄运动中的物体，某款摄影机就强调快门最快能到1/16000秒，可以轻松抓住急速移动的目标。不过当您要拍夜晚的车水马龙时，快门时间就要拉长，常见照片中丝绢般的水流效果也要用慢速快门才能拍到。

快门以"秒"作为单位，它有一定的数字格式，一般在摄影机上可以见到的快门单位有以下15种。

B、1、2、4、8、15、30、60、125、250、500、1000、2000、4000、8000。

上面每一个数字单位都是分母，也就是说每一段快门分别是1秒、1/2秒、1/4秒、1/8秒、1/15秒、1/30秒、1/60秒、1/125秒、1/250秒（以下依此类推）。一般中阶的单眼摄影机快门能达到1/4000秒，高阶的专业摄影机可以到1/8000秒。

B指的是慢快门Bulb，B快门的开关时间由操作者自行控制，可以用快门按钮或是快门线来决定整个曝光的时间。

每一个快门之间数值的差距都是两倍，如1/30是1/60的两倍、1/1000是1/2000的两倍，这个跟光圈值的级数差距计算是一样的。与光圈相同，每一段快门之间的差距也被称之为一级、一格或是一挡。

光圈级数跟快门级数的进光量其实是相同的，也就是说光圈之间相差一级的进光量，其实就等于快门之间相差一级的进光量，这个观念在计算曝光时很重要。

前面提到了光圈决定了景深，快门则决定了被摄物的"时间"。当拍摄一个快速移动的物体时，通常需要比较高速的快门才可以抓到凝结的画面，所以在拍动态画面时，通常都要考虑可以使用的快门速度。

有时要抓取的画面可能需要有连续性的感觉，就像拍摄丝缎般的瀑布或是小河时，就必须要用到速度比较慢的快门，延长曝光的时间来抓取画面的连续动作。

5.2.5 胶片感光度

根据胶片感光度，可以把胶片归纳为3大类，分别是快速胶片、中速胶片和慢速胶片。快速胶片具有较高的ISO（国际标准协会）数值，慢速胶片的ISO数值较低，快速胶片适用于低照度下的摄影。相对而言，当感光性能较低的慢速胶片可能引起曝光不足时，快速胶片获得正确曝光的可能性就更大，但是感光度的提高会降低影像的清晰度，增加反差。慢速胶片在照度良好时，对获取高质量的照片非常有利。

在光照亮度十分低的情况下，例如，在暗弱的室内或黄昏时分的户外，可以选用超快速胶片（即高ISO）进行拍摄。这种胶片对光非常敏感，即使在火柴光下也能获得满意的效果，其产生的景像颗粒度可以营造出画面的戏剧性氛围，以获得引人注目的效果；在光照十分充足的情况下，例如，在阳光明媚的户外，可以选用超慢速胶片（即低ISO）进行拍摄。

5.3 场景构图

场景构图是指在二维平面中去体现三维的透视关系，控制元素之间所占比例的大小关系。具体包括场景给人总的视觉感受，主体与陪体、环境的处理，被摄对象之间相互关系的处理，空间关系处理，影像的虚实控制以及光线、影调、色调的配置，气氛的渲染等。

构图的基础是透视。透视可以分为一点透视、两点透视和三点透视3种，如图5-7所示。

图5-7

室内效果图常用的构图方式有画面比例、长焦/短焦、主次虚实和全景构图4种。以下介绍前3种构图方式。

5.3.1 画面比例

画面比例是指从成图尺寸的长宽去定义画面的构图关系，其中包含横向构图与纵向构图。

1.横向构图

横向构图是效果图中最常用的画面比例，包括4:3、16:9和16:10等。4:3是3ds Max默认的构图比例，如图5-8所示。而后者是满足图片全屏显示的比例，如图5-9和图5-10所示。

图5-8

图5-9

图5-10

2.纵向构图

纵向构图适合表现高度较高或者纵深较大的空间，如图5-11和图5-12所示。

图5-11

图5-12

5.3.2 长焦/短焦

长焦/短焦也就是相机中的焦距，决定了场景透视的强弱。透视强时，画面内容展示得更丰富；透视弱时，画面内容展示得更小，主体更明确。

1.长焦构图

长焦也叫广角，主要用于大空间展示。但广角不能过度，否则会造成严重的镜头畸变，如图5-13所示。

图5-13

2.短焦构图

短焦主要展示场景的柱体对象，透视弱，主题性强，如图5-14所示。

图5-14

5.3.3 主次虚实

主次虚实主要是利用景深效果来突出表达的主体，而减弱次要陪衬的重要程度。当画面的对焦中心在近处目标主体上时，超出目标前后一定范围的内容都将会虚化，这类构图称之为近焦构图，如图5-15所示。当画面的对焦中心在远处目标主体上时，近处的内容则会虚化，这类构图称之为远焦构图，如图5-16所示。

图5-15 图5-16

5.4 3ds Max中的摄影机

3ds Max中的摄影机在制作效果图和动画时非常有用。3ds Max中的摄影机只包含“标准”摄影机，而“标准”摄影机又包含“物理”“目标”和“自由”3种，其中“物理”摄影机是3ds Max 2016中新加入的摄影机，如图5-17所示。

图5-17

安装好VRay渲染器后，摄影机列表中会增加一种VRay摄影机，而VRay摄影机又包含“VRay穹顶像机”和“VRay物理像机”两种，如图5-18所示。

图5-18

本节内容介绍

名称	作用	重要程度
目标摄影机	查看所放置的目标周围的区域	高
VRay物理像机	对场景进行"拍照"	高
物理摄影机	对场景进行"拍照"	中

5.4.1 课堂案例：制作玻璃珠景深特效

场景位置	场景文件>CH05>01.max
实例位置	实例文件>CH05>课堂案例：制作玻璃珠景深特效.max
学习目标	学习如何使用目标摄影机制作景深特效

案例效果如图5-19所示。

图5-19

（1）打开本书学习资源中的"场景文件>CH05>01.max"文件，如图5-20所示。

图5-20

（2）设置摄影机类型为"标准"，然后在前视图中创建一台目标摄影机，使摄影机的查看方向对准玻璃珠，如图5-21所示。

（3）选择目标摄影机，然后在"参数"卷展栏下设置"镜头"为41.167mm、"视野"为47.234°，接着设置"目标距离"为51.231mm，如

图5-22所示。

图5-21　　　　图5-22

（4）在透视图中按C键切换到摄影机视图，如图5-23所示，然后按F9键测试渲染当前场景，效果如图5-24所示。

图5-23　　　　图5-24

提示 从图5-24中可以观察到，虽然创建了目标摄影机，但是并没有产生景深效果，这是没有在渲染中开启景深的原因。

（5）按F10键打开"渲染设置"对话框，然后单击"VR-基项"选项卡，接着展开"摄像机"卷展栏，最后在"景深"选项组下勾选"开启"选项和"从摄影机获得焦点距离"选项，如图5-25所示。

图5-25

（6）按F9键渲染当前场景，最终效果如图5-26所示。

图5-26

5.4.2 目标摄影机

目标摄影机可以查看所放置的目标周围的区域，它比自由摄影机更容易定向，因为只需将目标对象定位在所需位置的中心即可。使用"目标"工具 目标 在场景中拖曳光标可以创建一台目标摄影机，可以观察到目标摄影机包含目标点和摄影机两个部件，如图5-27所示。

图5-27

在默认情况下，目标摄影机的参数包含"参数"和"景深参数"两个卷展栏，如图5-28所示。当在"参数"卷展栏下设置"多过程效果"为"运

动模糊"时，目标摄影机的参数就变成了"参数"和"运动模糊参数"两个卷展栏，如图5-29所示。

图5-28　　　　　　图5-29

1.参数

展开"参数"卷展栏，如图5-30所示。

图5-30

重要参数解析

镜头：以mm为单位来设置摄影机的焦距。

视野：设置摄影机查看区域的宽度视野，有"水平" ↔ 、"垂直" ↕ 和"对角线" ⟋ 3种方式。

正交投影：启用该选项后，摄影机视图为用户视图；关闭该选项后，摄影机视图为标准的透视图。

备用镜头：系统预置的摄影机焦距镜头包含15mm、20mm、24mm、28mm、35mm、50mm、85mm、135mm和200mm。

类型：切换摄影机的类型，包含"目标摄影

机"和"自由摄影机"两种。

显示圆锥体：显示摄影机视野定义的锥形光线（实际上是一个四棱锥）。锥形光线出现在其他视口，但是显示在摄影机视口中。

显示地平线：在摄影机视图中的地平线上显示一条深灰色的线条。

显示：显示在摄影机锥形光线内的矩形。

近距/远距范围：设置大气效果的近距范围和远距范围。

手动剪切：启用该选项可定义剪切的平面。

近距/远距剪切：设置近距和远距平面。对于摄影机，比"近距剪切"平面近或比"远距剪切"平面远的对象是不可见的。

启用：启用该选项后，可以预览渲染效果。

"预览"按钮 预览 ：单击该按钮可以在活动摄影机视图中预览效果。

多过程效果类型：共有"景深（mental ray）""景深"和"运动模糊"3个选项，系统默认为"景深"。

渲染每过程效果：启用该选项后，系统会将渲染效果应用于多重过滤效果的每个过程（景深或运动模糊）。

目标距离：该选项用来设置摄影机与其目标之间的距离。

2.景深参数

景深是摄影机的一个非常重要的功能，在实际工作中的使用频率也非常高，常用于表现画面的中心点，如图5-31所示。

图5-31

当设置"多过程效果"为"景深"时，系统会自动显示出"景深参数"卷展栏，如图5-32所示。

图5-32

重要参数解析

焦点深度

使用目标距离：启用该选项后，系统会将摄影机的目标距离用作每个过程偏移摄影机的点。

焦点深度：当关闭"使用目标距离"选项时，该选项可以用来设置摄影机的偏移深度，其取值范围为0~100。

采样

显示过程：启用该选项后，"渲染帧窗口"对话框中将显示多个渲染通道。

使用初始位置：启用该选项后，第1个渲染过程将位于摄影机的初始位置。

过程总数：设置生成景深效果的过程数。增大该值可以提高效果的真实度，但是会增加渲染时间。

采样半径：设置场景生成的模糊半径。数值越大，模糊效果越明显。

采样偏移：设置模糊靠近或远离"采样半径"的权重。增加该值将增加景深模糊的数量级，从而得到更均匀的景深效果。

过程混合

规格化权重：启用该选项后可以将权重规格化，以获得平滑的结果；当关闭该选项后，效果会变得更加清晰，但颗粒效果也会更明显。

抖动强度：设置应用于渲染通道的抖动程度。增大该值会增加抖动量，并且会生成颗粒状效果，尤其在对象的边缘上最为明显。

平铺大小：设置图案的大小。0表示以最小的方式进行平铺；100表示以最大的方式进行平铺。

扫描线渲染器参数

禁用过滤：启用该选项后，系统将禁用过滤的整个过程。

禁用抗锯齿：启用该选项后，可以禁用抗锯齿功能。

提示　　"景深"就是指拍摄主题前后所能在一张照片上成像的空间层次的深度。简单地说，景深就是聚焦清晰的焦点前后"可接受的清晰区域"，如图5-33所示。

图5-33

下面讲解景深形成的原理。

1.焦点

与光轴平行的光线射入凸透镜时，理想的镜头应该是所有的光线聚集在一点后，再以锥状的形式扩散开，这个聚集所有光线的点就称为"焦点"，如图5-34所示。

图5-34

2.弥散圆

在焦点前后，光线开始聚集和扩散，点的影像会变得模糊，从而形成一个扩大的圆，这个圆就称为"弥散圆"，如图5-35所示。

图5-35

每张照片都有主题和背景之分，景深和摄影机的距离、焦距和光圈之间存在着以下3种关系（这3种关系可以用图5-36来表示）。

第1种：光圈越大，景深越小；光圈越小，景深越大。

第2种：镜头焦距越长，景深越小；焦距越短，景深越大。

第3种：距离越远，景深越大；距离越近，景深越小。

图5-36

景深可以很好地突出主题，不同的景深参数下的效果也不相同，比如，图5-37突出的是蜘蛛的头部，而图5-38突出的是蜘蛛和被捕食的螳螂。

图5-37　　　　　　　　图5-38

3.运动模糊参数

运动模糊一般运用在动画中，常用于表现运动对象高速运动时产生的模糊效果，如图5-39所示。

图5-39

当设置"多过程效果"为"运动模糊"时，系统会自动显示出"运动模糊参数"卷展栏，如图5-40所示。

图5-40

重要参数解析

采样

显示过程：启用该选项后，"渲染帧窗口"对话框中将显示多个渲染通道。

过程总数：设置生成效果的过程数。增大该值可以提高效果的真实度，但是会增加渲染时间。

持续时间（帧）：在制作动画时，该选项用来设置应用运动模糊的帧数。

偏移：设置模糊的偏移距离。

过程混合

规格化权重：启用该选项后，可以将权重规格化，以获得平滑的结果；当关闭该选项后，效果会变得更加清晰，但颗粒效果也会更明显。

抖动强度：设置应用于渲染通道的抖动程度。增大该值会增加抖动量，并且会生成颗粒状的效果，尤其在对象的边缘上最为明显。

瓷砖大小：设置图案的大小。0表示以最小的方式进行平铺；100表示以最大的方式进行平铺。

扫描线渲染器参数组

禁用过滤：启用该选项后，系统将禁用过滤的整个过程。

禁用抗锯齿：启用该选项后，可以禁用抗锯齿功能。

5.4.3 物理摄影机

　　物理摄影机是3ds Max 2016"标准"摄影机中新加入的摄影机。其特点与VRay物理像机类似，使用"物理"工具 物理 在视图中拖曳光标可以创建一台物理像机。可以观察到物理像机同样包含摄影机和目标点两个部件，如图5-41所示。

　　物理摄影机包含8个卷展栏，如图5-42所示。

图5-41　　　　　图5-42

提示 下面只介绍"基本""物理摄影机""曝光"和"透视控制"4个卷展栏的参数。

1.基本

　　展开"基本"卷展栏，如图5-43所示。

图5-43

重要参数解析

　　目标：勾选后摄影机有目标点。

目标距离：目标点离摄影机的距离。

视口显示

显示圆锥体：有"选定时""始终"和"从不"3个选项，如图5-44所示。用来控制摄影机圆锥体的显示方式。

图5-44

显示地平线：勾选后可在摄影机视图中显示地平线。

2.物理摄影机

　　展开"物理摄影机"卷展栏，如图5-45所示。

重要参数解析

　　胶片/传感器

　　预设值：系统设定的镜头类型，如图5-46所示。

图5-45　　　　图5-46

宽度：手动调节镜头范围的大小。

镜头

焦距：设置摄影机的焦长。

指定视野：勾选后可以手动调节视野大小。

缩放：缩放场景。

光圈：设置摄影机的光圈大小，用来控制渲染图像的亮度。

聚焦

使用目标距离：使用目标点的距离。

自定义：手动调节距离。

镜头呼吸：基于焦距更改视野。镜头必须移动，才能在不同的距离聚焦。当聚焦更近时变得更窄；值为0时禁用此效果。

启用景深：勾选后开启景深效果。

快门

类型：按不同的时间单位控制进光时间，如图5-47所示。

图5-47

持续时间：控制光的进光时间。

偏移：勾选后启用快门偏移。

启用运动模糊：勾选后启用运动模糊效果。

3.曝光

展开"曝光"卷展栏，如图5-48所示。

重要参数解析

曝光增益

手动：选择后手动调节曝光值。

目标：摄影机当前使用的曝光值。

白平衡

光源：光源颜色控制白平衡，如图5-49所示。

温度：用色温控制白平衡。

自定义：自定义颜色控制白平衡。

启用渐晕： 开启后镜头有渐晕效果。

图5-48

图5-49

提示 使用物理摄影机的"曝光"功能，需要配合"环境与效果"面板中"物理摄影机曝光控制"卷展栏参数进行调节。

4.透视控制

展开"透视控制"卷展栏，如图5-50所示。

图5-50

详细参数解析

镜头移动： 水平/垂直移动胶片平面，用于使摄影机向上或向下环视，而不必倾斜。

倾斜校正： 垂直/水平倾斜镜头，用于更正摄影机向上或向下倾斜的透视。

自动垂直倾斜校正： 勾选后自动调整垂直倾斜，以便沿z轴对齐透视。

5.4.4 VRay物理摄影机

VRay物理摄影机相当于一台真实的摄影机，有光圈、快门、曝光、ISO等调节功能，它可以对场景进行"拍照"。使用"VRay物理像机"工具 VR_物理像机 在视图中拖曳光标可以创建一台VRay物理像机。可以观察到VRay物理像机同样包含摄影机和目标点两个部件，如图5-51所示。

VRay物理像机的参数包含5个卷展栏，如图5-52所示。

图5-51　　　　图5-52

提示 下面只介绍"基本参数""背景特效"和"采样"3个卷展栏下的参数。

1.基本参数

展开"基本参数"卷展栏，如图5-53所示。

图5-53

重要参数解析

类型: 设置摄影机的类型, 包含"照相机""摄影机(电影)"和"摄影机(DV)"3种类型。

照相机: 用来模拟常规快门的静态画面照相机。

摄影机(电影): 用来模拟圆形快门的电影摄影机。

摄影机(DV): 用来模拟带CCD矩阵快门的摄影机。

目标: 当勾选该选项时, 摄影机的目标点将放在焦平面上; 当关闭该选项时, 可以通过下面的"目标距离"选项来控制摄影机到目标点的位置。

胶片规格(mm): 控制摄影机所看到的景色范围。值越大, 看到的景象越多。

焦距(mm): 设置摄影机的焦长, 同时会影响到画面的感光强度。较大的数值产生的效果类似于长焦效果, 且感光材料(胶片)会变暗, 特别是在胶片的边缘区域; 较小的数值产生的效果类似于广角效果, 其透视感比较强, 当然胶片也会变亮。

视野: 启用该选项后, 可以调整摄影机的可视区域。

缩放因子: 控制摄影机视图的缩放。值越大, 摄影机视图拉得越近。

水平/垂直移动: 控制摄影机视图的水平和垂直方向上的偏移量。

光圈数: 设置摄影机的光圈大小, 主要用来控制渲染图像的最终亮度。值越小, 图像越亮; 值越大, 图像越暗, 图5-54~图5-56所示分别是"光圈"值为10、11和14时的对比渲染效果。注意, 光圈和景深也有关系, 大光圈的景深小, 小光圈的景深大。

图5-55

图5-56

目标距离: 摄影机到目标点的距离, 默认情况下是关闭的。当关闭摄影机的"目标"选项时, 就可以用"目标距离"来控制摄影机到目标点的距离。

垂直/水平倾斜: 制摄影机在垂直/水平方向上的变形, 主要用于纠正三点透视到两点透视。

指定焦点: 开启这个选项后, 可以手动控制焦点。

曝光: 当勾选这个选项后, VRay物理像机中的"光圈数""快门速度(s~-1)"和"胶片速度(ISO)"设置才会起作用。

光晕: 模拟真实摄影机里的光晕效果, 图5-57所示是勾选"光晕"和关闭"光晕"选项时的对比效果。

图5-57

图5-54

白平衡：和真实摄影机的功能一样，控制图像的色偏。例如，在白天的效果中，设置一个桃色的白平衡颜色可以纠正阳光的颜色，从而得到正确的渲染颜色。

快门速度（s^-1）：控制光的进光时间，值越小，进光时间越长，图像越亮；值越大，进光时间就越短，图像越暗，图5-58~图5-60所示分别是"快门速度（s^-1）"值为35、50和100时的对比渲染效果。

图5-58

图5-59

图5-60

快门角度（度）：当摄影机选择"摄影机（电影）"类型的时候，该选项才被激活，其作用和上面的"快门速度（s^-1）"的作用一样，主要用来控制图像的明暗。

快门偏移（度）：当摄影机选择"摄影机（电影）"类型的时候，该选项才被激活，主要用来控制快门角度的偏移。

延迟（秒）：当摄影机选择"摄影机（DV）"类型的时候，该选项才被激活，作用和上面的"快门速度（s^-1）"的作用一样，主要用来控制图像的亮暗，值越大，表示光越充足，图像越亮。

胶片速度（ISO）：控制图像的亮暗，值越大，表示ISO的胶片系数越强，图像越亮。一般白天效果比较适合用较小的ISO，而晚上效果比较适合用较大的ISO，图5-61~图5-63所示分别是"胶片速度（ISO）"值为80、120和160时的对比渲染效果。

图5-61

图5-62

图5-63

2.散景特效

"散景特效"卷展栏下的参数主要用于控制散景效果，如图5-64所示。当渲染景深的时候，或多或少会产生一些散景效果，这主要和散景到摄影机的距离有关，图5-65所示是使用真实摄影机拍摄的散景效果。

图5-64   图5-65

重要参数解析

叶片数：控制散景产生的小圆圈的边，默认值为5，表示散景的小圆圈为正五边形。如果关闭该选项，那么散景就是个圆形。

旋转（度）：散景小圆圈的旋转角度。

中心偏移：散景偏移原物体的距离。

各向异性：控制散景的各向异性，值越大，散景的小圆圈拉得越长，即变成椭圆。

3.采样

展开"采样"卷展栏，如图5-66所示。

图5-66

重要参数解析

景深：控制是否开启景深效果。当某一物体聚焦清晰时，从该物体前面的某一段距离到其后面的某一段距离内的所有景物都是相当清晰的。

运动模糊：控制是否开启运动模糊功能。这个功能只适用于具有运动对象的场景中，对静态场景不起作用。

细分：设置"景深"或"运动模糊"的"细分"采样。数值越高，效果越好，但是会增长渲染时间。

5.5 课堂练习：制作客厅景深特效

场景位置	场景文件>CH05>02.max
实例位置	实例文件>CH05>课堂练习：制作客厅景深特效.max
学习目标	练习使用目标摄影机制作景深特效的方法

案例效果如图5-67所示。摄影机布局如图5-68所示。

图5-67

图5-68

中文版3ds Max 2016基础培训教程

5.6 课后习题：制作运动模糊特效

场景位置	场景文件>CH05>03.max
实例位置	实例文件>CH05>课后习题：制作运动模糊特效.max
学习目标	练习使用目标摄影机制作运动模糊特效的方法

案例效果如图5-69所示。摄影机布局如图5-70所示。

图5-69

图5-70

102

第6章
材质与贴图技术

本章的内容比较重要，读者除了需要完全掌握"材质编辑器"对话框的使用方法以外，还需要掌握常用材质与贴图的使用方法，如"标准"材质、"混合"材质、VRayMtl材质、"不透明度"贴图、"位图"贴图和"衰减"贴图等。

学习目标

● 掌握"材质编辑器"对话框的使用方法
● 掌握常用材质的使用方法
● 掌握常用贴图的使用方法

6.1 初识材质

材质主要用于表现物体的颜色、质地、纹理、透明度和光泽等特性，依靠各种类型的材质可以制作出现实世界中的任何物体，如图6-1所示。

图6-1

通常，在制作新材质并将其应用于对象时，应该遵循以下步骤。

第1步：指定材质的名称。

第2步：选择材质的类型。

第3步：对于标准或光线追踪材质，应选择着色类型。

第4步：设置漫反射颜色、光泽度和不透明度等各种参数。

第5步：将贴图指定给要设置贴图的材质通道，并调整参数。

第6步：将材质应用于对象。

第7步：如有必要，应调整UV贴图坐标，以便正确定位对象的贴图。

第8步：保存材质。

> **提示** 在3ds Max中，创建材质是一件非常简单的事情，任何模型都可以被赋予栩栩如生的材质，比如，在图6-2中，左图为白模，右图为赋予材质后的效果，可以明显观察到右图无论是在质感，还是在光感上都要好于左图。当编辑好材质后，用户还可以随时返回到"材质编辑器"对话框中对材质的细节进行调整，以获得最佳的材质效果。

图6-2

6.2 材质编辑器

"材质编辑器"对话框非常重要，因为所有的材质都在这里完成。打开"材质编辑器"对话框的方法主要有以下两种。

第1种：执行"渲染>材质编辑器>精简材质编辑器"菜单命令或"渲染>材质编辑器>Slate材质编辑器"菜单命令，如图6-3所示。

图6-3

第2种：直接按M键打开"材质编辑器"对话框，这是最常用的方法。

"材质编辑器"对话框分为4大部分，最顶端为菜单栏，充满材质球的窗口为示例窗，示例窗左侧和下部的两排按钮为工具栏，其余的是参数控制区，如图6-4所示。

图6-4

本节内容介绍

名称	作用	重要程度
菜单栏	了解"材质编辑器"的菜单命令	高
材质球示例窗	显示材质效果	高
工具栏	编辑材质	高
参数控制区	调节材质的参数	高

6.2.1 菜单栏

  "材质编辑器"对话框中的菜单栏包含5个菜单，分别是"模式"菜单、"材质"菜单、"导航"菜单、"选项"菜单和"实用程序"菜单，如图6-5所示。

模式(D) 材质(M) 导航(N) 选项(O) 实用程序(U)

图6-5

1.模式

  "模式"菜单主要用来切换"精简材质编辑器"和"Slate材质编辑器"，如图6-6所示。

图6-6

重要参数解析

  精简材质编辑器：这是一个简化了的材质编辑界面，它使用的对话框比"Slate材质编辑器"小，也是3ds Max 2011版本之前唯一的材质编辑器，如图6-7所示。

图6-7

提示 在实际工作中，一般不会用到"Slate材质编辑器"，因此本书都用"精简材质编辑器"来进行讲解。

  Slate材质编辑器：这是一个完整的材质编辑界面，在设计和编辑材质时使用节点和关联以图形方式显示材质的结构，如图6-8所示。

图6-8

提示 虽然"Slate材质编辑器"在设计材质时功能更强大，但"精简材质编辑器"在设置材质时更方便。

2.材质

  "材质"菜单主要用来获取材质、从对象选取材质等，如图6-9所示。

图6-9

重要参数解析

获取材质：执行该命令可以打开"材质/贴图浏览器"对话框，在该对话框中可以选择材质或贴图。

从对象选取：执行该命令可以从场景对象中选择材质。

按材质选择：执行该命令可以基于"材质编辑器"对话框中的活动材质来选择对象。

在ATS对话框中高亮显示资源：如果材质使用的是已跟踪资源的贴图，那么执行该命令可以打开"资源跟踪"对话框，同时资源会高亮显示。

指定给当前选择：执行该命令可以将当前材质应用于场景中的选定对象。

放置到场景：在编辑材质完成后，执行该命令可以更新场景中的材质效果。

放置到库：执行该命令可以将选定的材质添加到材质库中。

更改材质/贴图类型：执行该命令可以更改材质或贴图的类型。

生成材质副本：通过复制自身的材质，生成一个材质副本。

启动放大窗口：将材质示例窗口放大，并在一个单独的窗口中进行显示（双击材质球也可以放大窗口）。

另存为.FX文件：将材质另存为.FX文件。

生成预览：使用动画贴图为场景添加运动，并生成预览。

查看预览：使用动画贴图为场景添加运动，并查看预览。

保存预览：使用动画贴图为场景添加运动，并保存预览。

显示最终结果：查看所在级别的材质。

视口中的材质显示为：选择视图中显示材质的方式，共有"没有贴图的明暗处理材质""有贴图的明暗处理材质""没有贴图的真实材质"和"有贴图的真实材质"4种方式。

重置示例窗旋转：使活动的示例窗对象恢复到默认方向。

更新活动材质：更新示例窗中的活动材质。

3.导航

"导航"菜单主要用来切换材质或贴图的层级，如图6-10所示。

图6-10

重要参数解析

转到父对象（P）向上键：在当前材质中向上移动一个层级。

前进到同级（F）向右键：移动到当前材质中的相同层级的下一个贴图或材质。

后退到同级（B）向左键：与"前进到同级（F）向右键"命令类似，只是导航到前一个同级贴图，而不是导航到后一个同级贴图。

4.选项

"选项"菜单主要来更换材质球的显示背景等，如图6-11所示。

图6-11

重要参数解析

将材质传播到实例：将指定的任何材质传播到场景中对象的所有实例。

手动更新切换：用手动的方式进行更新切换。

复制/旋转 拖动模式切换：切换复制/旋转拖动的模式。

背景：将多颜色的方格背景添加到活动示例窗中。

自定义背景切换：如果已指定了自定义背景，该命令可以用来切换自定义背景的显示效果。

背光：将背光添加到活动示例窗中。

循环3×2、5×3、6×4示例窗：用来切换材质球的显示方式。

选项：打开"材质编辑器选项"对话框，如图6-12所示。在该对话框中可以启用材质动画、加载自定义背景、定义灯光亮度或颜色以及设置示例窗数目等。

图6-12

5.实用程序

"实用程序"菜单主要用来清理多维材质、重置"材质编辑器"对话框等，如图6-13所示。

图6-13

重要参数解析

渲染贴图：对贴图进行渲染。

按材质选择对象：可以基于"材质编辑器"对话框中的活动材质来选择对象。

清理多维材质：对"多维/子对象"材质进行分析，然后在场景中显示所有包含未分配任何材质ID的材质。

实例化重复的贴图：在整个场景中查找具有重复位图贴图的材质，并提供将它们实例化的选项。

重置材质编辑器窗口：用默认的材质类型替换"材质编辑器"对话框中的所有材质。

精简材质编辑器窗口：将"材质编辑器"对话框中所有未使用的材质设置为默认类型。

还原材质编辑器窗口：利用缓冲区的内容还原编辑器的状态。

6.2.2 材质球示例窗

材质球示例窗主要用来显示材质效果，通过它可以很直观地观察出材质的基本属性，如反光、纹理和凹凸等，如图6-14所示。

双击材质球会弹出一个独立的材质球显示窗口，可以将该窗口放大或缩小来观察当前设置的材质效果，如图6-15所示。

图6-14

图6-15

107

提示 在默认情况下，材质球示例窗中一共有12个材质球，可以拖曳滚动条以显示不在窗口中的材质球，也可以用鼠标中键来旋转材质球，这样可以观看到材质球其他位置的效果，如图6-16所示。

图6-16

用鼠标左键可以将一个材质球拖曳到另一个材质球上，这样当前材质就会覆盖原有的材质，如图6-17所示。

图6-17

用鼠标左键可以将材质球中的材质拖曳到场景中的物体上（即将材质指定给对象），如图6-18所示。将材质指定给物体后，材质球上会显示4个缺角的符号，如图6-19所示。

图6-18

图6-19

6.2.3 工具栏

下面讲解"材质编辑器"对话框中的两个工具栏，如图6-20所示。

图6-20

重要参数解析

"获取材质"按钮：为选定的材质打开"材质/贴图浏览器"对话框。

"将材质放入场景"按钮：在编辑好材质后，单击该按钮可以更新已应用于对象的材质。

"将材质指定给选定对象"按钮：将材质指定给选定的对象。

"重置贴图/材质为默认设置"按钮：删除修改的所有属性，将材质属性恢复到默认值。

"生成材质副本"按钮：在选定的示例图中创建当前材质的副本。

"使唯一"按钮：将实例化的材质设置为独立的材质。

"放入库"按钮：重新命名材质并将其保存到当前打开的库中。

"材质ID通道"按钮：为应用后期制作效果设置唯一的ID通道。

"在视口中显示明暗处理材质"按钮：在视口对象上显示2D材质贴图。

"显示最终结果"按钮：在实例图中显示材质以及应用的所有层次。

"转到父对象"按钮：将当前材质上移一级。

"转到下一个同级项"按钮：选定同一层级的下一贴图或材质。

"采样类型"按钮：控制示例窗显示的对象类型，默认为球体类型，还有圆柱体和立方体类型。

"背光"按钮：打开或关闭选定示例窗中的背景灯光。

"背景"按钮：在材质后面显示方格背景图像，这在观察透明材质时非常有用。

"采样UV平铺"按钮：为示例窗中的贴图设置UV平铺显示。

"视频颜色检查"按钮：检查当前材质中NTSC和PAL制式的不支持颜色。

"生成预览"按钮：用于产生、浏览和保存材质预览渲染。

"选项"按钮：打开"材质编辑器选项"对话框，在该对话框中可以启用材质动画、加载自定义背景、定义灯光亮度或颜色以及设置示例窗数目等。

"按材质选择"按钮：选定使用当前材质的

所有对象。

"材质/贴图导航器"按钮 ：单击该按钮可以打开"材质/贴图导航器"对话框，在该对话框中会显示当前材质的所有层级。

6.2.4 参数控制区

参数控制区用于调节材质的参数，基本上所有的材质参数都在这里调节。注意，不同的材质拥有不同的参数控制区，在下面的内容中将对各种重要材质的参数控制区进行详细讲解。

6.3 常用材质

安装好VRay渲染器后，材质类型大致可分为27种。单击Standard（标准）按钮 Standard ，然后在弹出的"材质/贴图浏览器"对话框中可以观察到这27种材质类型，如图6-21所示。

图6-21

本节内容介绍

名称	作用	重要程度
标准材质	几乎可以模拟任何真实材质类型	高
混合材质	在模型的单个面上将两种材质通过一定的百分比进行混合	中
Ink' n Paint（墨水油漆）材质	制作卡通效果	中
多维/子对象材质	采用几何体的子对象级别分配不同的材质	中
VRay发光材质	模拟自发光效果	中
VRay覆盖材质	让用户更广泛地去控制场景的色彩融合、反射、折射等	中
VRay双面材质	使对象的外表面和内表面同时被渲染，并且可以使内外表面拥有不同的纹理贴图	中
VRay混合材质	可以让多个材质以层的方式混合来模拟物理世界中的复杂材质	中
VRayMtl材质	几乎可以模拟任何真实材质类型	高

6.3.1 课堂案例：制作陶瓷材质

场景位置	场景文件>CH06>01.max
实例位置	实例文件>CH06 >课堂案例：制作陶瓷材质max
学习目标	学习如何使用VRayMtl材质制作陶瓷材质

案例效果如图6-22所示。陶瓷材质的模拟效果如图6-23所示。

图6-22

图6-23

（1）打开本书学习资源中的"场景文件>CH06 >01.max"文件，如图6-24所示。

图6-24

（2）打开"材质编辑器"选择一个空白材质球，然后设置材质类型为VRayMtl材质，具体参数设置如图6-25所示。

设置步骤

① 设置"漫反射"颜色为白色。

② 设置"反射"颜色为（R:131, G:131, B:131），然后勾选"菲涅耳反射"选项，接着设置"细分"为12。

③ 设置"折射"颜色为（R:30, G:30, B:30），然后设置"光泽度"为0.95。

④ 设置"半透明"的类型为"硬（蜡）模型"，然后设置"背面颜色"为（R:255, G:255, B:243），并设置"厚度"为0.005mm。

图6-25

提示 本例的陶瓷材质并非全白，如果要制作全白的陶瓷材质，可以将"反射"颜色修改为白色，但同时要将反射的"细分"增大到15左右，如图6-26所示，材质球效果如图6-27所示。

图6-26　　　　图6-27

（3）展开"双向反射分布函数"卷展栏，然后设置明暗器类型为"多面"，接着展开"贴图"卷展栏，并在"凹凸"贴图通道中加载一张本书学习资源中的"实例文件>CH06>课堂案例：制作陶瓷材质> RenderStuff_White_porcelain_tea_set_bump.jpg"文件，最后设置凹凸的强度为11.0，如图6-28所示，制作好的材质球效果如图6-29所示。

图6-28

图6-29

（4）将制作好的材质指定给场景中的模型，然后按F9键渲染当前场景，最终效果如图6-30所示。

图6-30

6.3.2 标准材质

"标准"材质是3ds Max默认的材质,也是使用频率最高的材质之一,它几乎可以模拟真实世界中的任何材质,其参数设置面板如图6-31所示。

图6-31

1.明暗器基本参数

在"明暗器基本参数"卷展栏下可以选择明暗器的类型,还可以设置"线框""双面""面贴图"和"面状"等参数,如图6-32所示。

图6-32

重要参数解析

明暗器列表:在该列表中包含了8种明暗器类型,如图6-33所示。

图6-33

各向异性:这种明暗器通过调节两个垂直于正向上可见高光尺寸之间的差值来提供一种"重折光"的高光效果,这种渲染属性可以很好地表现毛发、玻璃和被擦拭过的金属等物体。

Blinn:这种明暗器以光滑的方式来渲染物体表面,是最常用的一种明暗器。

金属:这种明暗器适用于金属表面,它能提供金属所需的强烈反光。

多层:"多层"明暗器与"各向异性"明暗器很相似,但"多层"明暗器可以控制两个高亮区,因此"多层"明暗器拥有对材质更多的控制能力,第1高光反射层和第2高光反射层具有相同的参数控制,可以对这些参数使用不同的设置。

Oren-Nayar-Blinn:这种明暗器适用于无光表面(如纤维或陶土),与Blinn明暗器几乎相同,通过它附加的"漫反射色级别"和"粗糙度"两个参数可以实现无光效果。

Phong:这种明暗器可以平滑面与面之间的边缘,也可以真实地渲染有光泽和规则曲面的高光,适用于高强度的表面和具有圆形高光的表面。

Strauss:这种明暗器适用于金属和非金属表面,与"金属"明暗器十分相似。

半透明明暗器:这种明暗器与Blinn明暗器类似,它们之间最大的区别在于该明暗器可以设置半透明效果,使光线能够穿透半透明的物体,并且在穿过物体内部时离散。

线框:以线框模式渲染材质,用户可以在"扩展参数"卷展栏下设置线框的"大小"参数,如图6-34所示。

图6-34

双面:将材质应用到选定面,使材质成为双面。

面贴图:将材质应用到几何体的各个面。如果材质是贴图材质,则不需要贴图坐标,因为贴图会自动应用到对象的每一个面。

面状:使对象产生不光滑的明暗效果,把对象的每个面都作为平面来渲染,可以用于制作加工过的钻石、宝石和任何带有硬边的物体表面。

2.Blinn基本参数

下面以Blinn明暗器来讲解明暗器的基本参数。展开"Blinn基本参数"卷展栏,在这里可以设置材质的"环境光""漫反射""高光反射""自发光""不透明度""高光级别""光泽度"和"柔化"等属性,如图6-35所示。

图6-35

111

重要参数解析

环境光：用来模拟间接光，也可以用来模拟光能传递。

漫反射："漫反射"是在光照条件较好的情况下（如在太阳光和人工光直射的情况下）物体反射出来的颜色，又被称作物体的"固有色"，也就是物体本身的颜色。

高光反射：物体表面高光处显示的颜色。

自发光：使用"漫反射"颜色替换曲面上的任意阴影，从而创建出白炽效果。

不透明度：控制材质的不透明度。

高光级别：控制"反射高光"的强度。数值越大，反射强度越强。

光泽度：控制镜面高亮区域的大小，即反光区域的大小。数值越大，反光区域越小。

柔化：设置反光区和无反光区衔接的柔和度。0表示没有柔化效果；1表示应用最大量的柔化效果。

6.3.3 混合材质

"混合"材质可以在模型的单个面上将两种材质通过一定的百分比进行混合，其材质参数设置面板如图6-36所示。

图6-36

重要参数解析

材质1/材质2：可在其后面的材质通道中对两种材质分别进行设置。

遮罩：可以选择一张贴图作为遮罩。利用贴图的灰度值可以决定"材质1"和"材质2"的混合情况。

混合量：控制两种材质混合百分比。如果使用遮罩，则"混合量"选项将不起作用。

交互式：用来选择哪种材质在视图中以实体着色方式显示在物体的表面。

混合曲线：对遮罩贴图中的黑白色过渡区进行调节。

使用曲线：控制是否使用"混合曲线"来调节混合效果。

上部：用于调节"混合曲线"的上部。

下部：用于调节"混合曲线"的下部。

6.3.4 Ink'n Paint（墨水油漆）材质

Ink'n Paint（墨水油漆）材质可以用来制作卡通效果，如图6-37所示，其参数包含"基本材质扩展"卷展栏、"绘制控制"卷展栏和"墨水控制"卷展栏，如图6-38所示。

图6-37

图6-38

重要参数解析

亮区：用来调节材质的固有颜色，可以在后面的贴图通道中加载贴图。

暗区：控制材质的明暗度，可以在后面的贴图通道中加载贴图。

绘制级别：用来调整颜色的色阶。

高光：控制材质的高光区域。

墨水：控制是否开启描边效果。

墨水质量：控制边缘形状和采样值。

墨水宽度：设置描边的宽度。

最小值：设置墨水宽度的最小像素值。

最大值：设置墨水宽度的最大像素值。

可变宽度：勾选该选项后可以使描边的宽度在最大值和最小值之间变化。

钳制：勾选该选项后可以使描边宽度的变化范围限制在最大值与最小值之间。

轮廓：勾选该选项后可以使物体外侧产生轮廓线。

重叠：物体与自身的一部分相交迭时使用。

延伸重叠：与"重叠"类似，但多用在较远的表面上。

小组：用于勾画物体表面光滑组部分的边缘。

材质ID：用于勾画不同材质ID之间的边界。

6.3.5 多维/子对象材质

使用"多维/子对象"材质可以采用几何体的子对象级别分配不同的材质，其参数设置面板如图6-39所示。

图6-39

重要参数解析

数量：显示包含在"多维/子对象"材质中的子材质的数量。

"设置数量"按钮 设置数量 ：单击该按钮可以打开"设置材质数量"对话框，如图6-40所示。在该对话框中可以设置材质的数量。

图6-40

"添加"按钮 添加 ：单击该按钮可以添加子材质。

"删除"按钮 删除 ：单击该按钮可以删除子材质。

ID按钮 ID ：单击该按钮将对列表进行排序，其顺序开始于最低材质ID的子材质，结束于最高材质ID。

"名称"按钮 名称 ：单击该按钮可以用名称进行排序。

"子材质"按钮 子材质 ：单击该按钮可以通过显示于"子材质"按钮上的子材质名称进行排序。

启用/禁用：启用或禁用子材质。

子材质列表：单击子材质后面的"无"按钮 无 ，可以创建或编辑一个子材质。

6.3.6 VRay灯光材质

"VRay灯光材质"主要用来模拟自发光效果，如图6-41所示。当设置渲染器为VRay渲染器后，在"材质/贴图浏览器"对话框中可以找到"VRay灯光材质"，其参数设置面板如图6-42所示。

图6-41

113

图6-42

重要参数解析

颜色：设置对象自发光的颜色，后面的输入框用来设置自发光的"强度"。

不透明度：用贴图来指定发光体的透明度。

背面发光：当勾选该选项时，它可以让材质光源双面发光。

6.3.7　VRay覆盖材质

"VRay覆盖材质"可以让用户更广泛地控制场景的色彩融合、反射、折射等。图6-43所示的效果就是"VRay覆盖材质"的表现，陶瓷瓶在镜子中的反射是红色，是因为使用了"反射材质"；而玻璃瓶子折射的是谈黄色，是因为使用了"折射材质"。

图6-43

"VRay覆盖材质"主要包括5种材质：基本材质、全局光材质、反射材质、折射材质和阴影材质，其参数面板如图6-44所示。

图6-44

重要参数解析

基本材质：这个是物体的基础材质。

全局光材质：这个是物体的全局光材质，当使用这个参数的时候，灯光的反弹将依照这个材质的灰度来控制，而不是基础材质。

反射材质：物体的反射材质，在反射里看到的物体的材质。

折射材质：物体的折射材质，在折射里看到的物体的材质。

阴影材质：基本材质的阴影将用该参数中的材质来控制，而基本材质的阴影将无效。

6.3.8　VRay双面材质

"VRay双面材质"可以使对象的外表面和内表面同时被渲染，并且可以使内外表面拥有不同的纹理贴图，其参数设置面板如图6-45所示。

图6-45

重要参数解析

正面材质：用来设置物体外表面的材质。

背面材质：用来设置物体内表面的材质。

半透明度：用来设置"正面材质"和"背面材质"的混合程度，可以直接设置混合值，可以用贴图来代替。值为0时，"正面材质"在外表面，"背面材质"在内表面；值在0~100之间时，两面材质可以相互混合；值为100时，"背面材质"在外表面，"正面材质"在内表面。

6.3.9　VRay混合材质

"VRay混合材质"可以让多个材质以层的方式混合来模拟物理世界中的复杂材质。"VRay混合材质"和3ds Max里的"混合"材质的效果比较类似，但是其渲染速度比3ds Max的快很多，其参数面板如图6-46所示。

图6-46

重要参数解析

基本材质： 可以理解为最基层的材质。通常在创建"VRay混合材质"的时候会提示"丢弃旧材质？"或"将旧材质保存为子材质？"，如图6-47所示，若保存，则该处材质为原材质；若丢弃，该处就为"无"。

图6-47

表层材质： 表面材质，可以理解为基本材质上面的材质。

混合量： 这个混合数量是表示"镀膜材质"混合多少到"基本材质"上面，如果颜色给白色，那么这个"镀膜材质"将全部混合上去，而下面的"基本材质"将不起作用；如果颜色给黑色，那么这个"镀膜材质"自身就没什么效果。混合数量也可以由后面的贴图通道来代替。

加法（虫漆）模式： 选择这个选项，"VRay混合材质"将和3ds Max里的"虫漆"材质效果类似，一般情况下不勾选它。

6.3.10 VRayMtl材质

VRayMtl材质是使用频率最高的一种材质，也是使用范围最广的一种材质，常用于制作室内外效果图。VRayMtl材质除了能完成一些反射和折射效果

外，还能出色地表现出SSS以及BRDF等效果，其参数设置面板如图6-48所示。

图6-48

1.基本参数

展开"基本参数"卷展栏，如图6-49所示。

图6-49

重要参数解析

漫反射

漫反射： 物体的漫反射用来决定物体的表面颜色。通过单击它的色块，可以调整自身的颜色。单击右边的█按钮可以选择不同的贴图类型。

粗糙度： 数值越大，粗糙效果越明显，可以用该选项来模拟绒布的效果。

反射

反射： 这里的反射靠颜色的灰度来控制，颜色越白反射越亮，越黑反射越弱；而这里选择的颜色则是反射出来的颜色，和反射的强度是分开来计算的。单击旁边的█按钮，可以使用贴图的灰度来控制反射的强弱。

菲涅耳反射： 勾选该选项后，反射强度会与

物体的入射角度有关系，入射角度越小，反射越强烈。当垂直入射的时候，反射强度最弱。同时，菲涅耳反射的效果也和下面的"菲涅耳折射率"有关。当"菲涅耳折射率"为0或100时，将产生完全反射；而当"菲涅耳折射率"从1变化到0时，反射越强烈；同样，当菲涅耳折射率从1变化到100时，反射也越强烈。

提示 "菲涅耳反射"是模拟真实世界中的一种反射现象，反射的强度与摄影机的视点和具有反射功能的物体的角度有关。角度值接近0时，反射最强；当光线垂直于表面时，反射功能最弱，这也是物理世界中的现象。

菲涅耳折射率：在"菲涅耳反射"中，菲涅耳现象的强弱衰减率可以用该选项来调节。

高光光泽：控制材质的高光大小，默认情况下和"反射光泽度"一起关联控制，可以通过单击旁边的"锁"按钮 来解除锁定，从而可以单独调整高光的大小。

反射光泽：通常也被称为"反射模糊"。物理世界中所有的物体都有反射光泽度，只是或多或少而已。默认值1表示没有模糊效果，值越小模糊效果越强烈。单击右边的 按钮，可以通过贴图的灰度来控制反射模糊的强弱。

细分：用来控制"反射光泽度"的品质，较高的值可以取得较平滑的效果，而较低的值可以让模糊区域产生颗粒效果。注意，细分值越大，渲染速度越慢。

使用插值：当勾选该参数时，VRay能够使用类似于"发光贴图"的缓存方式来加快反射模糊的计算。

最大深度：是指反射的次数，数值越大效果越真实，但渲染时间也更长。

提示 渲染室内的玻璃或金属物体时，反射次数需要设置多一些，渲染地面和墙面时，反射次数可以设置少一些，这样可以提高渲染速度。

退出颜色：当物体的反射次数达到最多次数时就会停止计算反射，这时由于反射次数不够造成的反射区域的颜色就用退出色来代替。

折射

折射：和反射的原理一样，颜色越白，物体

越透明，进入物体内部产生折射的光线也就越多；颜色越黑，物体越不透明，产生折射的光线也就越少。单击右边的 按钮，可以通过贴图的灰度来控制折射的强弱。

折射率：设置透明物体的折射率。

提示 真空的折射率是1，水的折射率是1.33，玻璃的折射率是1.5，水晶的折射率是2，钻石的折射率是 2.4，这些都是制作效果图常用的折射率。

光泽度：用来控制物体的折射模糊程度。值越小，模糊程度越明显；默认值1不产生折射模糊。单击右边的按钮 ，可以通过贴图的灰度来控制折射模糊的强弱。

最大深度：和反射中的最大深度原理一样，用来控制折射的最大次数。

细分：用来控制折射模糊的品质，较高的值可以得到比较光滑的效果，但是渲染速度会变慢；而较低的值可以使模糊区域产生杂点，但是渲染速度会变快。

退出颜色：当物体的折射次数达到最多次数时就会停止计算折射，这时由于折射次数不够造成的折射区域的颜色就用退出色来代替。

使用插值：当勾选该选项时，VRay能够使用类似于"发光贴图"的缓存方式来加快"光泽度"的计算。

影响阴影：这个选项用来控制透明物体产生的阴影。勾选该选项时，透明物体将产生真实的阴影。注意，这个选项仅对"VRay光源"和"VRay阴影"有效。

烟雾颜色：这个选项可以让光线通过透明物体后使光线变少，就好像物理世界中的半透明物体。这个颜色值和物体的尺寸有关，厚的物体颜色需要设置谈一点才有效果。

烟雾倍增：可以理解为烟雾的浓度。值越大，雾越浓，光线穿透物体的能力越差。不推荐使用大于1的值。

烟雾偏移：控制烟雾的偏移，较低的值会使烟雾向摄影机的方向偏移。

默认情况下的"烟雾颜色"为白色,是不起任何作用的,也就是说白色的雾对不同厚度的透明物体的效果是一样的。在图6-50中,"烟雾颜色"为淡绿色,"烟雾倍增"为0.08,由于玻璃的侧面比正面尺寸厚,所以侧面的颜色就会深一些,这样的效果与现实中的玻璃效果是一样的。

半透明参数所产生的效果通常也叫3S效果。半透明参数产生的效果与雾参数所产生的效果有一些相似,很多用户分不太清楚。其实半透明参数所得到的效果包括雾参数所产生的效果,更重要的是它还能得到光线的次表面散射效果,也就是说当光线直射到半透明物体时,光线会在半透明物体内部进行分散,然后会从物体的四周发散出来。也可以理解为半透明物体为二次光源,能模拟现实世界中的效果,如图6-51所示。

图6-51

图6-50

半透明

类型:半透明效果(也叫3S效果)的类型有3种,一种是"硬(腊)模型",如蜡烛;一种是"软(水)模型",如海水;还有一种是"混合模型"。

背面颜色:用来控制半透明效果的颜色。

厚度:用来控制光线在物体内部被追踪的深度,也可以理解为光线的最大穿透能力。较大的值,会让整个物体都被光线穿透;较小的值,可以让物体比较薄的地方产生半透明现象。

散布系数:物体内部的散射总量。0表示光线在所有方向被物体内部散射;1表示光线在一个方向被物体内部散射,而不考虑物体内部的曲面。

正/背面系数:控制光线在物体内部的散射方向。0表示光线沿着灯光发射的方向向前散射;1表示光线沿着灯光发射的方向向后散射;0.5表示这两种情况各占一半。

灯光倍增:设置光线穿透能力的倍增值。值越大,散射效果越强。

2.双向反射分布功能

展开"BRDF-双向反射分布功能"卷展栏,如图6-52所示。

图6-52

重要参数解析

明暗器列表:包含4种明暗器类型,分别是"多面""反射""沃德"和Microfacet GTR(GGX),如图6-53所示。"多面"适合硬度很高的物体,高光区很小;"反射"适合大多数物体,高光区适中;"沃德"适合表面柔软或粗糙的物体,高光区最大;Microfacet GTR(GGX)适合金属类材质,高光区域适中。

图6-53

各向异性：控制高光区域的形状，可以用该参数来设置拉丝效果。

旋转：控制高光区的旋转方向。

UV矢量源：控制高光形状的轴向，也可以通过贴图通道来设置。

局部轴：有x、y、z3个轴可供选择。

贴图通道：可以使用不同的贴图通道与UVW贴图进行关联，从而实现一个物体在多个贴图通道中使用不同的UVW贴图，这样可以得到各自相对应的贴图坐标。

> **提示** 关于BRDF现象，在现实世界中随处可见。如在图6-54中，我们可以看到不锈钢锅底的高光形状是由两个锥形构成的，这就是BRDF现象。这是因为不锈钢表面是一个有规律的均匀的凹槽（如常见的拉丝不锈效果），光反射到这样的表面上就会产生BRDF现象。

图6-54

3.选项

展开"选项"卷展栏，如图6-55所示。

图6-55

重要参数解析

跟踪反射：控制光线是否追踪反射。如果不勾选该选项，VRay将不渲染反射效果。

跟踪折射：控制光线是否追踪折射。如果不勾选该选项，VRay将不渲染折射效果。

中止：中止选定材质的反射和折射的最小阈值。

环境优先：控制"环境优先"的数值。

双面：控制VRay渲染的面是否为双面。

背面反射：勾选该选项时，将强制VRay计算反射物体的背面产生反射效果。

使用发光图：控制选定的材质是否使用"发光贴图"。

视有光泽光线为全局照明光线：该选项在效果图制作中一般都默认设置为"仅全局光线"。

能量保存模式：该选项在效果图制作中一般都默认设置为RGB模型，因为这样可以得到彩色效果。

4.贴图

展开"贴图"卷展栏，如图6-56所示。

图6-56

重要参数解析

凸凹：主要用于制作物体的凹凸效果，在后面的通道中可以加载一张凸凹贴图。

置换：主要用于制作物体的置换效果，在后面的通道中可以加载一张置换贴图。

不透明度：主要用于制作透明物体，如窗帘、灯罩等。

环境：主要是针对上面的一些贴图而设定的，如反射、折射等，只是在其贴图的效果上加入了环境贴图效果。

提示　如果制作场景中的某个物体不存在环境效果，就可以用"环境"贴图通道来完成。比如，在图6-57中，如果在"环境"贴图通道中加载一张位图贴图，那么将"坐标"类型设置为"环境"才能正确使用，如图6-58所示。

图6-57

图6-58

5.反射插值

展开"反射插值"卷展栏，如图6-59所示。该卷展栏下的参数只有在"基本参数"卷展栏的"反射"选项组下勾选"使用插值"选项时才起作用。

图6-59

重要参数解析

　　最小速率：在反射对象不丰富（颜色单一）的区域使用该参数所设置的数值进行插补。数值越高，精度越高，反之精度越低。

　　最大速率：在反射对象比较丰富（图像复杂）的区域使用该参数所设置的数值进行插补。数值越高，精度越高，反之精度越低。

　　颜色阈值：指的是插值算法的颜色敏感度。值越大，敏感度越低。

　　法线阈值：指的是物体的交接面或细小的表面的敏感度。值越大，敏感度越低。

插值采样：用于设置反射插值时所用的样本数量。值越大，效果越平滑模糊。

提示　由于"折射插值"卷展栏中的参数与"反射插值"卷展栏中的参数相似，因此这里不再进行讲解。"折射插值"卷展栏中的参数只有在"基本参数"卷展栏的"折射"选项组下勾选"使用插值"选项时才起作用。

6.4　常用贴图

贴图主要用于表现物体材质表面的纹理，利用贴图不用增加模型的复杂程度就可以表现对象的细节，并且可以创建反射、折射、凹凸和镂空等多种效果。通过贴图可以增强模型的质感，完善模型的造型，使三维场景更加接近真实的环境，如图6-60所示。

图6-60

展开VRayMtl材质的"贴图"卷展栏，在该卷展栏下有很多贴图通道，在这些贴图通道中可以加载贴图来表现物体的相应属性，如图6-61所示。

图6-61

随意单击一个通道，在弹出的"材质/贴图浏览器"对话框中可以观察到很多贴图，主要包括"标准"贴图和VRay的贴图，如图6-62所示。

图6-62

重要参数解析

Combustion：可以同时使用Autodesk Combustion软件和 3ds Max以交互方式创建贴图。使用Combustion在位图上进行绘制时，材质将在"材质编辑器"对话框和明暗处理视口中自动更新。

Perlin大理石：通过两种颜色混合，产生类似于珍珠岩的纹理，如图6-63所示。

图6-63

RGB倍增：通常用于凹凸贴图，但是要组合两个贴图，以获得正确的效果。

RGB染色：可以调整图像中3种颜色通道的值。3种色样代表3种通道，更改色样可以调整其相关颜色通道的值。

Substance：使用这个纹理库，可以获得各种范围的材质。

VR-颜色：可以用来设置任何颜色。

VRayHDRI：VRayHDRI可以翻译为高动态范围贴图，主要用来设置场景的环境贴图，即把HDRI当作光源来使用。

VRay多子贴图：根据模型的不同ID号分配相应的贴图。

VRay合成贴图：可以通过两个通道里贴图色度、灰度的不同来进行加、减、乘、除等操作。

VRay线框贴图：是一个非常简单的程序贴图，效果和3ds Max里的线框材质类似，常用于渲染线框图，如图6-64所示。

图6-64

凹痕：这是一种3D程序贴图。在扫描线渲染过程中，"凹痕"贴图会根据分形噪波产生随机图案，如图6-65所示。

斑点：这是一种3D贴图，可以生成斑点状表面图案，如图6-66所示。

图6-65　　　　　　　图6-66

薄壁折射：模拟缓进或偏移效果，如果查看通过一块玻璃的图像就会看到这种效果。

波浪：这是一种可以生成水花或波纹效果的3D贴图，如图6-67所示。

图6-67

大理石：针对彩色背景生成带有彩色纹理的大理石曲面，如图6-68所示。

顶点颜色：根据材质或原始顶点的颜色来调整RGB或RGBA纹理，如图6-69所示。

图6-68　　　　　　　　图6-69

法线凹凸：可以改变曲面上的细节和外观。

反射/折射：可以产生反射与折射效果。

光线追踪：可以模拟真实的完全反射与折射效果。

合成：可以将两个或两个以上的子材质合成在一起。

灰泥：用于制作腐蚀生锈的金属和破败的物体，如图6-70所示。

图6-70

混合：将两种贴图混合在一起，通常用来制作一些多个材质渐变融合或覆盖的效果。

渐变：使用3种颜色创建渐变图像，如图6-71所示。

渐变坡度：可以产生多色渐变效果，如图6-72所示。

图6-71　　　　　　　　图6-72

粒子年龄：专门用于粒子系统，通常用来制作彩色粒子流动的效果。

粒子运动模糊：根据粒子速度产生模糊效果。

每像素摄影机贴图：将渲染后的图像作为物体的纹理贴图，以当前摄影机的方向贴在物体上，可以进行快速渲染。

木材：用于制作木材效果，如图6-73所示。

图6-73

平面镜：使共平面的表面产生类似于镜面反射的效果。

平铺：可以用来制作平铺图像，如地砖，如图6-74所示。

泼溅：产生类似油彩飞溅的效果，如图6-75所示。

图6-74　　　　　　　　图6-75

棋盘格：可以产生黑白交错的棋盘格图案，如图6-76所示。

输出：专门用来弥补某些无输出设置的贴图。

衰减：基于几何体曲面上面法线的角度衰减来生成从白到黑的过渡效果，如图6-77所示。

图6-76　　　　　　　　图6-77

位图：通常在这里加载磁盘中的位图贴图，这是一种最常用的贴图，如图6-78所示。

图6-78

细胞：可以用来模拟细胞图案，如图6-79所示。

向量置换：可以在3个维度上置换网格，与法线贴图类似。

烟雾：产生丝状、雾状或絮状等无序的纹理效果，如图6-80所示。

图6-79   图6-80

颜色修正：用来调节材质的色调、饱和度、亮度和对比度。

噪波：通过两种颜色或贴图的随机混合，产生一种无序的杂点效果，如图6-81所示。

遮罩：使用一张贴图作为遮罩。

漩涡：可以创建两种颜色的漩涡形效果，如图6-82所示。

图6-81   图6-82

VR-法线贴图：可以用来制作真实的凹凸纹理效果。

VRay天空：这是一种环境贴图，用来模拟天空效果。

VR-贴图：因为VRay不支持3ds Max里的光线追踪贴图类型，所以在使用3ds Max的"标准"材质时的反射和折射就用"VRay贴图"来代替。

VR-位图过滤器：是一个非常简单的程序贴图，它可以编辑贴图纹理的x、y轴向。

VR-污垢：可以用来模拟真实物理世界中的物体上的污垢效果，如墙角上的污渍、铁板上的铁锈等效果。

大致介绍完各种贴图的作用以后，下面针对实际工作中最常用的一些贴图进行详细讲解。

本节内容介绍

名称	作用	重要程度
不透明度贴图	控制材质是否透明、不透明或者半透明	高
棋盘格贴图	模拟双色棋盘效果	中
位图贴图	加载各种位图贴图	高
渐变贴图	设置3种颜色的渐变效果	高
平铺贴图	创建类似于瓷砖的贴图	中
衰减贴图	控制材质强烈到柔和的过渡效果	高
噪波贴图	将噪波效果添加到物体的表面	中

6.4.1 课堂案例：制作树叶材质

场景位置	场景文件>CH06>02.max
实例位置	实例文件>CH06>课堂案例:制作树叶材质.max
学习目标	学习"不透明度"贴图的用法

案例效果如图6-83所示。

图6-83

本例共需要制作两种不同的的树叶材质，其模拟效果如图6-84和图6-85所示。

图6-84

图6-85

图6-88

树叶材质的基本属性主要有以下两点。

第1点：带有明显的叶脉纹理。

第2点：有一定的高光反射效果。

（3）选择一个空白材质球，然后设置材质类型为"标准"材质，接着将其命名为"叶子2"，具体参数设置如图6-89所示，制作好的材质球效果如图6-90所示。

设置步骤

① 在"漫反射"贴图通道中加载一张本书配套资源中的"实例文件>CH06>课堂案例：制作树叶材质>archmodels58_001_leaf_diffuse.jpg"文件。

② 在"不透明度"贴图通道中加载一张本书配套资源中的"实例文件>CH06>课堂案例：制作树叶材质>archmodels58_001_leaf_opacity.jpg"文件。

（1）打开本书学习资源中的"场景文件>CH06>02.max"文件，如图6-86所示。

图6-86

（2）选择一个空白材质球，然后设置材质类型为"标准"材质，接着将其命名为"叶子1"，具体参数设置如图6-87所示，制作好的材质球效果如图6-88所示。

设置步骤

① 在"漫反射"贴图通道中加载一张本书配套资源中的"实例文件>CH06>课堂案例：制作树叶材质> oreg_ivy.jpg"文件。

② 在"不透明度"贴图通道中加载一张本书配套资源中的"实例文件>CH06>课堂案例：制作树叶材质>oreg_ivy副本.jpg"文件。

③ 在"反射高光"选项组下设置"高光级别"为40、"光泽度"为50。

图6-89

图6-90

（4）将制作好的材质分别指定给相应的树叶模型，然后按F9键渲染当前场景，最终效果如图6-91所示。

图6-87

图6-91

123

6.4.2 不透明度贴图

"不透明度"贴图主要用于控制材质是否透明、不透明或者半透明，遵循了"黑透、白不透"的原理，如图6-92所示。

图6-92

"不透明度"贴图的原理是通过在"不透明度"贴图通道中加载一张黑白图像，遵循"黑透、白不透"的原理，即黑白图像中黑色部分为透明，白色部分为不透明。在图6-93中，场景中并没有真实的树木模型，只是使用了很多面片和"不透明度"贴图来模拟真实的叶子和花瓣模型。

图6-93

下面详细讲解使用"不透明度"贴图模拟树木模型的制作流程。

（1）在场景中创建一些面片，如图6-94所示。

图6-94

（2）打开"材质编辑器"对话框，然后设置材质类型为"标准"材质，接着在"贴图"卷展栏下的"漫反射颜色"贴图通道中加载一张树贴图，最后在"不透明度"贴图通道中加载一张树的黑白贴图，如图6-95所示，制作好的材质球效果如图6-96所示。

图6-95

图6-96

（3）将制作好的材质指定给面片，如图6-97所示，然后按F9键渲染场景，可以观察到面片已经变成了真实的树木效果，如图6-98所示。

图6-97　　　　　　　　　　图6-98

6.4.3 棋盘格贴图

"棋盘格"贴图可以用来制作双色棋盘效果，也可以用来检测模型的UV是否合理。如果棋盘格有拉伸现象，那么拉伸处的UV也有拉伸现象，如图6-99所示。

太疏

太密

图6-99

下面详细讲解"棋盘格"贴图的使用方法。

（1）在"漫反射"贴图通道中加载一张"棋盘格"贴图，如图6-100所示。

图6-100

（2）加载"棋盘格"贴图后，系统会自动切换到"棋盘格"参数设置面板，如图6-101所示。

图6-101

（3）在这些参数中，使用频率最高的是"瓷砖"选项，该选项可以用来改变棋盘格的平铺数量，如图6-102和图6-103所示。

图6-102

图6-103

（4）"颜色#1"和"颜色#2"参数主要用来控制棋盘格的两个颜色，如图6-104所示。

图6-104

6.4.4 位图贴图

位图贴图是一种最基本的贴图类型，也是最常用的贴图类型。位图贴图支持很多格式，包括FLC、AVI、BMP、GIF、JPEG、PNG、PSD和TIFF等主流图像格式，如图6-105所示。还有一些常见的位图贴图，如图6-106所示。

图6-105

125

图6-106

下面详细讲解位图贴图的使用方法。

（1）在所有的贴图通道中都可以加载位图贴图。在"漫反射"贴图通道中加载一张位图贴图，如图6-107所示，然后将材质指定给一个球体模型，如图6-108所示。

图6-107

图6-108

（2）加载位图后，系统会自动弹出位图的参数设置面板，这里的参数主要用来设置位图的"偏移"值、"瓷砖"值和"角度"值，如图6-109所示。

图6-109

（3）勾选"镜像"选项后，可以看到贴图的方式变成了镜像方式，当贴图不是无缝贴图时，建议勾选"镜像"选项，如图6-110所示。

图6-110

（4）在"位图参数"卷展栏下勾选"应用"选项，然后单击后面的"查看图像"按钮 查看图像 ，在弹出的对话框中可以对位图的应用区域进行调整，如图6-111所示。

图6-111

（5）在"坐标"卷展栏下设置"模糊"为0.01，可以在渲染时得到最精细的贴图效果，如图6-112所示；如果设置为1，则可以得到最模糊的贴图效果，如图6-113所示。

图6-112

图6-113

6.4.5 渐变贴图

使用"渐变"程序贴图可以设置3种颜色的渐变效果，其参数设置面板如图6-114所示。

图6-114

图6-115

6.4.6 平铺贴图

使用"平铺"程序贴图可以创建类似于瓷砖的贴图，通常在制作有很多建筑砖块图案时使用，其参数设置面板如图6-116所示。

图6-116

6.4.7 衰减贴图

"衰减"程序贴图可以用来控制材质强烈到柔和的过渡效果，使用频率比较高，其参数设置面板如图6-117所示。

图6-117

127

重要参数解析

衰减类型：设置衰减的方式，共有以下5种。

垂直/平行：在与衰减方向相垂直的面法线和与衰减方向相平行的法线之间设置角度衰减范围。

朝向/背离：在面向衰减方向的面法线和背离衰减方向的法线之间设置角度衰减范围。

Fresnel：基于IOR（折射率）在面向视图的曲面上产生暗淡反射，而在有角的面上产生较明亮的反射。

阴影/灯光：基于落在对象上的灯光，在两个子纹理之间进行调节。

距离混合：基于"近端距离"值和"远端距离"值，在两个子纹理之间进行调节。

衰减方向：设置衰减的方向。

混合曲线：设置曲线的形状，可以精确地控制由任何衰减类型所产生的渐变。

6.4.8 噪波贴图

使用"噪波"程序贴图可以将噪波效果添加到物体的表面，以突出材质的质感。"噪波"程序贴图通过应用分形噪波函数来扰动像素的UV贴图，从而表现出非常复杂的物体材质，其参数设置面板如图6-118所示。

图6-118

重要参数解析

噪波类型：共有3种类型，分别是"规则""分形"和"湍流"。

规则：生成普通噪波，如图6-119所示。

图6-119

分形：使用分形算法生成噪波，如图6-120所示。

湍流：生成应用绝对值函数来制作故障线条的分形噪波，如图6-121所示。

图6-120   图6-121

大小：以3ds Max为单位设置噪波函数的比例。

噪波阈值：控制噪波的效果，取值范围为0~1。

级别：决定有多少分形能量用于分形和湍流噪波函数。

相位：控制噪波函数的动画速度。

"交换"按钮 交换：交换两个颜色或贴图的位置。

颜色#1/2：可以从两个主要噪波颜色中进行选择，将通过所选的两种颜色来生成中间颜色值。

6.5 课堂练习

下面有两个课堂练习，这些练习都是VRayMtl材质的练习，该材质非常重要，希望读者认真完成。

6.5.1 课堂练习：制作灯罩材质

场景位置	场景文件>CH06>03.max
实例位置	实例文件>CH06 >课堂练习：制作灯罩材质max
学习目标	练习VRayMtl材质的用法

案例效果如图6-122所示，灯罩材质的模拟效果如图6-123所示。

图6-122

图6-123

图6-126　　　　　　　　图6-127

灯罩材质的基本属性主要有以下两点。

第1点：有一定的透光性。

第2点：有一定的折射效果。

灯罩材质参数设置参考如图6-124所示。

玻璃材质的基本属性主要有以下两点。

第1点：颜色很单一。

第2点：具有强烈的反射效果。

酒瓶材质参数设置参考如图6-128所示。

图6-124

6.5.2 课堂练习：制作玻璃材质

场景位置	场景文件>CH06>04.max
实例位置	实例文件>CH06 >课堂练习：制作玻璃材质max
学习目标	练习VRayMtl材质的用法

案例效果如图6-125所示。本例共需要制作两种玻璃材质，分别是酒瓶材质和花瓶材质，其模拟效果如图6-126和图6-127所示。

图6-128

花瓶材质参数设置参考如图6-129所示。

图6-125

图6-129

6.6 课后习题

下面有两道课后习题，通过这些习题读者可以熟悉常用材质的制作方法。

6.6.1 课后习题: 制作卧室材质

场景位置　场景文件>CH06>05.max
实例位置　实例文件>CH06>课后习题: 制作卧室材质max
学习目标　练习各种常用材质的制作方法

案例效果如图6-130所示。

图6-130

6.6.2 课后习题: 制作餐厅材质

场景位置　场景文件>CH06>06.max
实例位置　实例文件>CH06 >课后习题: 制作餐厅材质max
学习目标　练习各种常用材质的制作方法

案例效果如图6-131所示。

图6-131

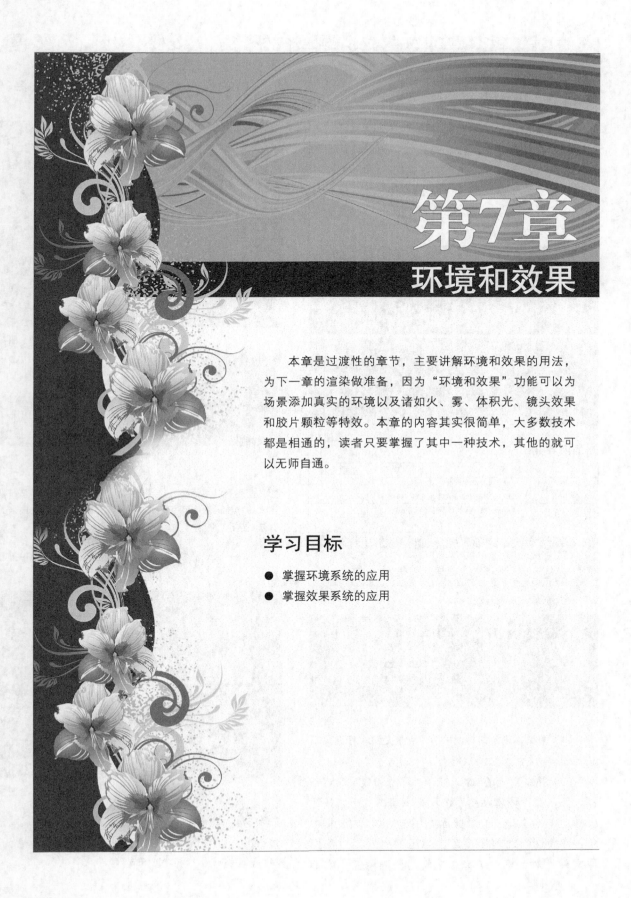

第7章

环境和效果

本章是过渡性的章节，主要讲解环境和效果的用法，为下一章的渲染做准备，因为"环境和效果"功能可以为场景添加真实的环境以及诸如火、雾、体积光、镜头效果和胶片颗粒等特效。本章的内容其实很简单，大多数技术都是相通的，读者只要掌握了其中一种技术，其他的就可以无师自通。

学习目标

● 掌握环境系统的应用
● 掌握效果系统的应用

7.1 环境

在现实世界中，所有物体都不是独立存在的，周围都存在相对应的环境。身边最常见的环境有闪电、大风、沙尘、雾、光束等，如图7-1所示。环境对场景的氛围起到了至关重要的作用。在3ds Max 2016中，可以为场景添加云、雾、火、体积雾和体积光等环境效果。

图7-1

本节内容介绍

名称	作用	重要程度
背景与全局照明	设置场景的环境/背景效果	高
曝光控制	调整渲染的输出级别和颜色范围的插件组件	中
大气	模拟云、雾、火和体积光等环境效果	高

7.1.1 课堂案例：为效果图添加环境贴图

场景位置　　场景文件>CH07>01.max
实例位置　　实例文件>CH07>课堂案例：为效果图添加环境贴图.max
学习目标　　学习如何为场景添加环境贴图

案例效果如图7-2所示。

图7-2

（1）打开本书学习资源中的"场景文件>CH07>01.max.max"文件，如图7-3所示。

（2）按键盘上的8键，打开"环境和效果"对话框，然后在"环境贴图"选项组下单击"无"按钮 无 ，接着在弹出的"材质/贴图浏览器"对话框中单击"位图"选项，最后在弹出的"选择位图图像文件"对话框中选择本书学习资源中的"实例

文件>CH07>课堂案例：为效果图添加环境贴图>背景.jpg文件"，如图7-4所示。

图7-3

图7-4

> **提示** 在默认情况下，背景颜色都是黑色，也就是说渲染出来的背景颜色是黑色。如果更改背景颜色，则渲染出来的背景颜色也会跟着改变。

（3）按C键切换到摄影机视图，然后按F9键渲染当前场景，最终效果如图7-5所示。

图7-5

> **提示** 背景图像可以直接渲染出来，当然也可以在Photoshop中进行合成，不过这样比较麻烦，所以能在3ds Max中完成的尽量在3ds Max中完成。

7.1.2 背景与全局照明

一幅优秀的作品，不仅要有精细的模型、真实的材质和合理的渲染参数，同时还要有符合当前场景的背景和全局照明效果，这样才能烘托出场景的气氛。在3ds Max中，背景与全局照明都在"环境和效果"对话框中进行设定。

打开"环境和效果"对话框的方法主要有以下3种。

第1种：执行"渲染>环境"菜单命令。

第2种：执行"渲染>效果"菜单命令。

第3种：按键盘上的8键。

打开的"环境和效果"对话框如图7-6所示。

图7-6

重要参数解析

背景

颜色：设置环境的背景颜色。

环境贴图：在其贴图通道中加载一张"环境"贴图来作为背景。

使用贴图：使用一张贴图作为背景。

全局照明

染色：如果该颜色不是白色，那么场景中的所有灯光（环境光除外）都将被染色。

级别：增强或减弱场景中所有灯光的亮度。值为1时，所有灯光保持原始设置；增加该值可以加强场景的整体照明；减小该值可以减弱场景的整体照明。

环境光：设置环境光的颜色。

7.1.3 曝光控制

"曝光控制"是用于调整渲染的输出级别和颜色范围的插件组件，就像调整胶片曝光一样。展开"曝光控制"卷展栏，可以观察到3ds Max 2016的曝光控制类型共有7种，如图7-7所示。

图7-7

重要参数解析

mr摄影曝光控制：可以提供像摄影机一样的控制，包括快门速度、光圈和胶片速度以及对高光、中间调和阴影的图像控制。

VRay曝光控制：用来控制VRay的曝光效果，可调节曝光值、快门速度、光圈等数值。

对数曝光控制：用于亮度、对比度以及在有天光照明的室外场景中。"对数曝光控制"类型适用于"动态阈值"非常高的场景。

伪彩色曝光控制：实际上是一个照明分析工具，可以直观地观察和计算场景中的照明级别。

物理摄影机曝光控制：此功能是3ds Max 2016新加入的。用来搭配3ds Max 2016标准摄影机里的物理摄影机使用。

线性曝光控制：可以从渲染中进行采样，并且可以使用场景的平均亮度来将物理值映射为RGB值。"线性曝光控制"最适合用在动态范围很低的场景中。

自动曝光控制：可以从渲染图像中进行采样，并生成一个直方图，以便在渲染的整个动态范围中提供良好的颜色分离。

1.自动曝光控制

在"曝光控制"卷展栏下设置曝光控制类型为

"自动曝光控制",其参数设置面板如图7-8所示。

图7-8

重要参数解析

活动:控制是否在渲染中开启曝光控制。

处理背景与环境贴图:启用该选项时,场景背景贴图和场景环境贴图将受曝光控制的影响。

"渲染预览"按钮 :单击该按钮可以预览要渲染的缩略图。

亮度:调整转换颜色的亮度,范围为0~200,默认值为50。

对比度:调整转换颜色的对比度,范围为0~100,默认值为50。

曝光值:调整渲染的总体亮度,范围为-5~5。负值可以使图像变暗,正值可使图像变亮。

物理比例:设置曝光控制的物理比例,主要用在非物理灯光中。

颜色修正:勾选该选项后,"颜色修正"会改变所有颜色,使色样中的颜色显示为白色。

降低暗区饱和度级别:勾选该选项后,渲染出来的颜色会变暗。

2.对数曝光控制

在"曝光控制"卷展栏下设置曝光控制类型为"对数曝光控制",其参数设置面板如图7-9所示。

图7-9

重要参数解析

仅影响间接照明:启用该选项时,"对数曝光控制"仅应用于间接照明的区域。

室外日光:启用该选项时,可以转换适合室外场景的颜色。

> **提示** "对数曝光控制"的其他参数可以参考"自动曝光控制"。

3.伪彩色曝光控制

在"曝光控制"卷展栏下设置曝光控制类型为"伪彩色曝光控制",其参数设置面板如图7-10所示。

图7-10

重要参数解析

数量:设置所测量的值。

照度:显示曲面上的入射光的值。

亮度:显示曲面上的反射光的值。

样式:选择显示值的方式。

彩色:显示光谱。

灰度:显示从白色到黑色范围的灰色色调。

比例:选择用于映射值的方法。

对数:使用对数比例。

线性:使用线性比例。

最小值:设置在渲染中要测量和表示的最小值。

最大值:设置在渲染中要测量和表示的最大值。

物理比例:设置曝光控制的物理比例,主要用于非物理灯光。

光谱条:显示光谱与强度的映射关系。

4.线性曝光控制

"线性曝光控制"从渲染图像中采样，使用场景的平均亮度将物理值映射为RGB值，非常适合用于动态范围很低的场景，其参数设置面板如图7-11所示。

图7-11

> 提示　"线性曝光控制"的参数与"自动曝光控制"的参数完全相同，因此这里不再重复讲解。

7.1.4　大气

3ds Max中的大气环境效果可以用来模拟自然界中的云、雾、火和体积光等环境效果。使用这些特殊环境效果可以逼真地模拟出自然界的各种气候，还可以增强场景的景深感，使场景显得更为广阔，有时还能起到烘托场景气氛的作用，其参数设置面板如图7-12所示。

图7-12

重要参数解析

效果：显示已添加的效果名称。

名称：为列表中的效果自定义名称。

"添加"按钮　添加... ：单击该按钮可以打开"添加大气效果"对话框，在该对话框中可以添加大气效果，如图7-13所示。

图7-13

"删除"按钮　删除 ：在"效果"列表中选择效果以后，单击该按钮可以删除选中的大气效果。

活动：勾选该选项可以启用添加的大气效果。

"上移"按钮　上移 /**"下移"按钮**　下移 ：更改大气效果的应用顺序。

"合并"按钮　合并 ：合并其他3ds Max场景文件中的效果。

1.火效果

使用"火效果"环境可以制作出火焰、烟雾和爆炸等效果，如图7-14所示。"火效果"不产生任何照明效果，若要模拟产生的灯光效果，可以使用灯光来实现，其参数设置面板如图7-15所示。

图7-14

图7-15

重要参数解析

　　"拾取Gizmo"按钮 拾取 Gizmo ：单击该按钮可以拾取场景中要产生火效果的Gizmo对象。

　　"移除Gizmo"按钮 移除 Gizmo ：单击该按钮可以移除列表中所选的Gizmo。移除Gizmo后，Gizmo仍在场景中，但是不再产生火效果。

　　内部颜色：设置火焰中最密集部分的颜色。

　　外部颜色：设置火焰中最稀薄部分的颜色。

　　烟雾颜色：当勾选"爆炸"选项时，该选项才可以使用，主要用来设置爆炸的烟雾颜色。

　　火焰类型：共有"火舌"和"火球"两种类型。"火舌"是沿着中心使用纹理创建带方向的火焰，这种火焰类似于篝火，其方向沿着火焰装置的局部z轴；"火球"是创建圆形的爆炸火焰。

　　拉伸：将火焰沿着装置的z轴进行缩放，该选项最适合创建"火舌"火焰。

　　规则性：修改火焰填充装置的方式，范围为1~0。

　　火焰大小：设置装置中各个火焰的大小。装置越大，需要的火焰越大，使用15~30内的值可以获得最佳的火焰效果。

　　火焰细节：控制每个火焰中显示的颜色更改量和边缘的尖锐度，范围为0~10。

　　密度：设置火焰效果的不透明度和亮度。

　　采样：设置火焰效果的采样率。值越高，生成的火焰效果越细腻，但是会增加渲染时间。

　　相位：控制火焰效果的速率。

　　漂移：设置火焰沿着火焰装置的z轴的渲染方式。

　　爆炸：勾选该选项后，火焰将产生爆炸效果。

　　"设置爆炸"按钮 设置爆炸... ：单击该按钮可以打开"设置爆炸相位曲线"对话框，在该对话框中可以调整爆炸的"开始时间"和"结束时间"。

　　烟雾：控制爆炸是否产生烟雾。

　　剧烈度：改变"相位"参数的涡流效果。

2.雾

　　使用3ds Max的"雾"环境可以创建出雾、烟雾和蒸汽等特殊环境效果，如图7-16所示。

图7-16

　　"雾"效果的类型分为"标准"和"分层"两种，其参数设置面板如图7-17所示。

图7-17

重要参数解析

　　颜色：设置雾的颜色。

　　环境颜色贴图：从贴图导出雾的颜色。

　　使用贴图：使用贴图来产生雾效果。

　　环境不透明度贴图：使用贴图来更改雾的密度。

　　雾化背景：将雾应用于场景的背景。

　　标准：使用标准雾。

　　分层：使用分层雾。

　　指数：随距离按指数增大密度。

　　近端%：设置雾在近距范围的密度。

　　远端%：设置雾在远距范围的密度。

　　顶：设置雾层的上限（使用世界单位）。

　　底：设置雾层的下限（使用世界单位）。

　　密度：设置雾的总体密度。

　　衰减顶/底/无：添加指数衰减效果。

　　地平线噪波：启用"地平线噪波"系统。"地平线噪波"系统仅影响雾层的地平线，用来增强雾的真实感。

大小：应用于噪波的缩放系数。

角度：确定受影响的雾与地平线的角度。

相位：用来设置噪波动画。

3.体积雾

"体积雾"环境可以允许在一个限定的范围内设置和编辑雾效果。"体积雾"和"雾"最大的一个区别在于"体积雾"是三维的雾，是有体积的。"体积雾"多用来模拟烟云等有体积的气体，其参数设置面板如图7-18所示。

图7-18

重要参数解析

"**拾取Gizmo**"按钮 拾取 Gizmo ：单击该按钮可以拾取场景中要产生体积雾效果的Gizmo对象。

"**移除Gizmo**"按钮 移除 Gizmo ：单击该按钮可以移除列表中所选的Gizmo。移除Gizmo后，Gizmo仍在场景中，但是不再产生体积雾效果。

柔化Gizmo边缘：羽化体积雾效果的边缘。值越大，边缘越柔滑。

颜色：设置雾的颜色。

指数：随距离按指数增大密度。

密度：控制雾的密度，范围为0~20。

步长大小：确定雾采样的粒度，即雾的"细度"。

最大步数：限制采样量，以便雾的计算不会永远执行。该选项适合于雾密度较小的场景。

雾化背景：将体积雾应用于场景的背景。

类型：有"规则""分形""湍流"和"反

转"4种类型可供选择。

噪波阈值：限制噪波效果，范围为0~1。

级别：设置噪波迭代应用的次数，范围为1~6。

大小：设置烟卷或雾卷的大小。

相位：控制风的种子。如果"风力强度"大于0，雾体积会根据风向来产生动画。

风力强度：控制烟雾远离风向（相对于相位）的速度。

风力来源：定义风来自于哪个方向。

4.体积光

"体积光"环境可以用来制作带有光束的光线，可以指定给灯光（部分灯光除外，如VRay太阳）。这种体积光可以被物体遮挡，从而形成光芒透过缝隙的效果，常用来模拟树与树之间的缝隙中透过的光束，如图7-19所示，其参数设置面板如图7-20所示。

图7-19

图7-20

重要参数解析

"拾取灯光"按钮 拾取灯光 ：拾取要产生体积光的光源。

"移除灯光"按钮 移除灯光 ：将灯光从列表中移除。

雾颜色：设置体积光产生的雾的颜色。

衰减颜色：体积光随距离而衰减。

使用衰减颜色：控制是否开启"衰减颜色"功能。

指数：随距离按指数增大密度。

密度：设置雾的密度。

最大/最小亮度%：设置可以达到的最大和最小的光晕效果。

衰减倍增：设置"衰减颜色"的强度。

过滤阴影：通过提高采样率（以增加渲染时间为代价）来获得更高质量的体积光效果，包括"低""中""高" 3个级别。

使用灯光采样范围：根据灯光阴影参数中的"采样范围"值来使体积光中投射的阴影变模糊。

采样体积%：控制体积的采样率。

自动：自动控制"采样体积%"的参数。

开始%/结束%：设置灯光效果开始和结束衰减的百分比。

启用噪波：控制是否启用噪波效果。

数量：应用于雾的噪波的百分比。

链接到灯光：将噪波效果链接到灯光对象。

7.2 效果

在"效果"面板中可以为场景添加"毛发和毛皮""镜头效果""模糊""亮度和对比度""色彩平衡""景深""文件输出""胶片颗粒""照明分析图像叠加""运动模糊"和"VR-镜头效果"等13个效果，如图7-21所示。

图7-21

本节内容介绍

名称	作用	重要程度
镜头效果	模拟照相机拍照时镜头所产生的光晕效果	中
模糊	使渲染画面变得模糊	中
亮度和对比度	调整画面的亮度和对比度	中
色彩平衡	调整画面的色彩	中
胶片颗粒	为场景添加胶片颗粒	中

7.2.1 课堂案例：制作镜头特效

场景位置	场景文件>CH07>02.max
实例位置	实例文件>CH07>课堂案例：制作镜头特效.max
学习目标	学习"镜头效果"的用法

案例效果如图7-22所示。

图7-22

（1）打开本书学习资源中的"场景文件>CH07 >02.max"文件，如图7-23所示。

图7-23

（2）按键盘上的8键，打开"环境和效果"对话框，然后在"效果"选项卡下单击"添加"按钮

138

，接着在弹出的"添加效果"对话框中选择"镜头效果"选项，如图7-24所示。

图7-24

（3）选择"效果"列表中的"镜头效果"选项，然后在"镜头效果参数"卷展栏下的左侧列表中选择"光晕"选项，接着单击 > 按钮将其加载到右侧的列表中，如图7-25所示。

图7-25

（4）展开"镜头效果全局"卷展栏，然后单击"拾取灯光"按钮 拾取灯光 ，接着在视图中拾取两盏泛光灯，如图7-26所示。

图7-26

（5）展开"光晕元素"卷展栏，然后在"参数"选项卡下设置"强度"为60，接着在"径向颜色"选项组下设置"边缘颜色"为（R:255，G:144，B:0），具体参数设置如图7-27所示。

图7-27

（6）返回到"镜头效果参数"卷展栏，然后将左侧的"条纹"效果加载到右侧的列表中，接着在"条纹元素"卷展栏下设置"强度"为5，如图7-28所示。

图7-28

（7）返回到"镜头效果参数"卷展栏，然后将左侧的"射线"效果加载到右侧的列表中，接着在"射线元素"卷展栏下设置"强度"为28，如图7-29所示。

图7-29

（8）返回到"镜头效果参数"卷展栏，然后
将左侧的"手动二级光斑"效果加载到右侧的列表
中，接着在"手动二级光斑元素"卷展栏下设置
"强度"为35，如图7-30所示。最后按F9键渲染当
前场景，效果如图7-31所示。

图7-30

图7-32

图7-33

图7-31

提示 前面的步骤是制作的各种效果的叠加效果，下面制作单个特效。

（9）将前面制作好的场景文件保存好，然后
重新打开"02.max"文件，下面制作射线特效。在
"效果"卷展栏下加载一个"镜头效果"，然后在
"镜头效果参数"卷展栏下将"射线"效果加载到
右侧的列表中，接着在"射线元素"卷展栏下设置
"强度"为80，具体参数设置如图7-32所示。最后
按F9键渲染当前场景，效果如图7-33所示。

提示 注意，这里省略了一个步骤，在加载"镜头效果"以后，同样要拾取两盏泛光灯，否则不会生成射线效果。

（10）下面制作手动二级光斑特效。将上一
步制作好的场景文件保存好，然后重新打开"02.
max"文件。在"效果"卷展栏下加载一个"镜头效
果"，然后在"镜头效果
参数"卷展栏下将"手动
二级光斑"效果加载到右
侧的列表中，接着在"手
动二级光斑元素"卷展栏
下设置"强度"为400、
"边数"为"六"，具体
参数设置如图7-34所示。
最后按F9键渲染当前场
景，效果如图7-35所示。

图7-34

图7-35

（11）下面制作条纹特效。将上一步制作好的场景文件保存好，然后重新打开"02.max"文件。在"效果"卷展栏下加载一个"镜头效果"，然后在"镜头效果参数"卷展栏下将"条纹"效果加载到右侧的列表中，接着在"条纹元素"卷展栏下设置"强度"为300、"角度"为45，具体参数设置如图7-36所示。最后按F9键渲染当前场景，效果如图7-37所示。

图7-36

图7-37

（12）下面制作星形特效。将上一步制作好的场景文件保存好，然后重新打开"02.max"文件。在"效果"卷展栏下加载一个"镜头效果"，然后在"镜头效果参数"卷展栏下将"星形"效果加载到右侧的列表中，接着在"星形元素"卷展栏下设置"强度"为250、"宽度"为1，具体参数设置如图7-38所示。最后按F9键渲染当前场景，效果如图7-39所示。

图7-38

图7-39

（13）下面制作自动二级光斑特效。将上一步制作好的场景文件保存好，然后重新打开"02.max"文件。在"效果"卷展栏下加载一个"镜头效果"，然后在"镜头效果参数"卷展栏下将"自动二级光斑"效果加载到右侧的列表中，接着在"自动二级光斑元素"卷展栏下设置"最大"为

80、"强度"为200、"数量"为4，具体参数设置如图7-40所示。最后按F9键渲染当前场景，效果如图7-41所示。

图7-40

图7-41

7.2.2 镜头效果

使用"镜头效果"可以模拟照相机拍照时镜头所产生的光晕效果，这些效果包括"光晕""光环""射线""自动二级光斑""手动二级光斑""星形"和"条纹"，如图7-42所示。

图7-42

提示 在"镜头效果参数"卷展栏下选择镜头效果，单击按钮可以将其加载到右侧的列表中，以应用镜头效果；单击按钮可以移除加载的镜头效果。

"镜头效果"包含一个"镜头效果全局"卷展栏，该卷展栏分为"参数"和"场景"两大面板，如图7-43所示。

图7-43

重要参数解析

"参数"面板

"加载"按钮 加载 ：单击该按钮可以打开"加载镜头效果文件"对话框，在该对话框中可选择要加载的lzv文件。

"保存"按钮 保存 ：单击该按钮可以打开"保存镜头效果文件"对话框，在该对话框中可以保存lzv文件。

大小：设置镜头效果的总体大小。

强度：设置镜头效果的总体亮度和不透明度。值越大，效果越亮越不透明；值越小，效果越暗越透明。

种子：为"镜头效果"中的随机数生成器提供不同的起点，并创建略有不同的镜头效果。

角度：当效果与摄影机的相对位置发生改变时，该选项用来设置镜头效果从默认位置的旋转量。

挤压：在水平方向或垂直方向挤压镜头效果的总体大小。

"拾取灯光"按钮 拾取灯光 ：单击该按钮可以在场景中拾取灯光。

"移除"按钮 移除 ：单击该按钮可以移除所选择的灯光。

"场景"面板

影响Alpha：如果图像以32位文件格式来渲染，那么该选项用来控制镜头效果是否影响图像的Alpha通道。

影响Z缓冲区：存储对象与摄影机的距离。z缓冲区用于光学效果。

距离影响：控制摄影机或视口的距离对光晕效果的大小和强度的影响。

偏心影响：产生摄影机或视口偏心的效果，影响其大小和或强度。

方向影响：聚光灯相对于摄影机的方向，影响其大小或强度。

内径：设置效果周围的内径，另一个场景对象必须与内径相交才能完全阻挡效果。

外半径：设置效果周围的外径，另一个场景对象必须与外径相交才能开始阻挡效果。

大小：减小所阻挡的效果的大小。

强度：减小所阻挡的效果的强度。

受大气影响：控制是否允许大气效果阻挡镜头效果。

7.2.3　模糊

使用"模糊"效果可以通过3种不同的方法使图像变得模糊，分别是"均匀型""方向型"和"径向型"。"模糊"效果根据"像素选择"选项卡下所选择的对象来应用各个像素，使整个图像变模糊，其参数包含"模糊类型"和"像素选择"两大部分，如图7-44所示。

1. "模糊类型"面板

选择"模糊类型"选项卡，其参数面板如图7-45所示。

图7-44

图7-45

重要参数解析

均匀型：将模糊效果均匀应用在整个渲染图像中。

像素半径：设置模糊效果的半径。

影响Alpha：启用该选项时，可以将"均匀型"模糊效果应用于Alpha通道。

方向型：按照"方向型"参数指定的任意方向应用模糊效果。

U/V向像素半径（%）：设置模糊效果的水平/垂直强度。

U/V向拖痕（%）：通过为u/v轴的某一侧分配更大的模糊权重来为模糊效果添加方向。

旋转（度）：通过"U向像素半径（%）"和"V向像素半径（%）"来应用模糊效果的u向像素和v向像素的轴。

影响Alpha：启用该选项时，可以将"方向型"模糊效果应用于Alpha通道。

径向型：以径向的方式应用模糊效果。

像素半径（%）：设置模糊效果的半径。

拖痕（%）：通过为模糊效果的中心分配更大或更小的模糊权重来为模糊效果添加方向。

X/Y原点：以"像素"为单位，对渲染输出的尺寸指定模糊的中心。

"无"按钮 无 ：指定以中心作为模糊效果中心的对象。

"清除"按钮 清除 ：移除对象。

影响Alpha：启用该选项时，可以将"径向型"模糊效果应用于Alpha通道。

使用对象中心：启用该选项后，"无"按钮 无 指定的对象将作为模糊效果的中心。

2. "像素选择"面板

选择"像素选择"选项卡，其参数面板如图7-46所示。

图7-46

整个图像：启用该选项后，模糊效果将影响整个渲染图像。

加亮（%）：加亮整个图像。

混合（%）：将模糊效果和"整个图像"参数与原始的渲染图像进行混合。

非背景：启用该选项后，模糊效果将影响除背景图像或动画以外的所有元素。

羽化半径（%）：设置应用于场景的非背景元素的羽化模糊效果的百分比。

亮度：影响亮度值介于"最小值（%）"和"最大值（%）"微调器之间的所有像素。

最小/大值（%）：设置每个像素要应用模糊效果所需的最小和最大亮度值。

贴图遮罩：通过在"材质/贴图浏览器"对话框选择的通道和应用的遮罩来应用模糊效果。

对象ID：如果对象匹配过滤器设置，会将模糊效果应用于对象或对象中具有特定对象ID的部分

（在G缓冲区中）。

材质ID：如果材质匹配过滤器设置，会将模糊效果应用于该材质或材质中具有特定材质效果通道的部分。

常规设置羽化衰减：使用曲线来确定基于图形的模糊效果的羽化衰减区域。

7.2.4 亮度和对比度

使用"亮度和对比度"效果可以调整图像的亮度和对比度，其参数设置面板如图7-47所示。

图7-47

重要参数解析

亮度：增加或减少所有色元（红色、绿色和蓝色）的亮度，取值范围为0~1。

对比度：压缩或扩展最大黑色和最大白色之间的范围，其取值范围为0~1。

忽略背景：是否将效果应用于除背景以外的所有元素。

7.2.5 色彩平衡

使用"色彩平衡"效果可以通过调节"青-红""洋红-绿""黄-蓝"3个通道来改变场景或图像的色调，其参数设置面板如图7-48所示。

图7-48

重要参数解析

青-红：调整"青-红"通道。

洋红-绿：调整"洋红-绿"通道。

黄-蓝：调整"黄-蓝"通道。

保持发光度：启用该选项后，在修正颜色的同时将保留图像的发光度。

忽略背景：启用该选项后，可以在修正图像时不影响背景。

7.2.6 胶片颗粒

"胶片颗粒"效果主要用于在渲染场景中重新创建胶片颗粒，还可以作为背景的源材质与软件中创建的渲染场景相匹配，其参数设置面板如图7-49所示。

图7-49

重要参数解析

颗粒：设置添加到图像中的颗粒数，其取值范围为0~1。

忽略背景：屏蔽背景，使颗粒仅应用于场景中的几何体对象。

7.3 课堂练习

下面有两个课堂练习，这两个练习是关于雾效果和特效的制作实例，读者可以参考前面的课堂案例完成练习。

7.3.1 课堂练习：制作沙尘雾

场景位置	场景文件>CH07>03.max
实例位置	实例文件>CH07 >课堂练习：制作沙尘雾.max
学习目标	练习"体积雾"效果的用法

案例效果如图7-50所示。

图7-50

7.3.2 课堂练习：制作奇幻特效

场景位置	场景文件>CH07>04.max
实例位置	实例文件>CH07 >课堂练习：制作奇幻特效.max
学习目标	练习"模糊"效果的用法

案例效果如图7-51所示。

图7-51

7.4 课后习题

下面提供了两道课后习题，读者可以参考环境的知识来完成习题。

7.4.1 课后习题：加载环境贴图

场景位置	场景文件>CH07>05.max
实例位置	实例文件>CH07 >课后习题：加载环境贴图.max
学习目标	练习环境贴图的加载方法

案例效果如图7-52所示。

图7-52

7.4.2 课后习题：制作雪山雾

场景位置	场景文件>CH07>06.max
实例位置	实例文件>CH07 >课后习题：制作雪山雾.max
学习目标	练习"雾"效果的用法

案例效果如图7-53所示。

图7-53

第8章

渲染技术

    本章将进入制作静帧作品的最后一个环节——渲染。这个章节的重要性不言而喻，如果没有合理的渲染参数，即使有再良好的光照、再精美的材质，依然得不到优秀的渲染作品。本章主讲VRay渲染技术，并结合两个综合课堂案例来全面介绍VRay灯光、VRay材质和VRay渲染参数的设置方法与技巧。本章内容非常重要，请读者务必对VRay的各种重要技术多加领会、勤加练习。

学习目标

- 全面掌握VRay重要参数的含义及渲染参数的设置方法
- 掌握家装效果图的制作思路及相关技巧

8.1 渲染的基本常识

前面曾介绍过，使用3ds Max创作作品时，一般都遵循"建模→灯光→材质→渲染"这个步骤，渲染是最后一道工序（后期处理除外）。渲染的英文是Render，翻译为"着色"，也就是对场景进行着色的过程，它是通过复杂的运算，将虚拟的三维场景投射到二维平面上，这个过程需要对渲染器进行复杂的设置，图8-1所示是一些比较优秀的渲染作品。

图8-1

本节内容介绍

名称	作用	重要程度
渲染器的类型	了解各种类型的渲染器	低
渲染工具	了解各个渲染工具	中

8.1.1 渲染器的类型

渲染场景的引擎有很多种，如VRay渲染器、Renderman渲染器、mental ray渲染器、Brazil渲染器、FinalRender渲染器、Maxwell渲染器和Lightscape渲染器等。

3ds Max 2016默认的渲染器有"iray渲染器""mental ray渲染器""Quicksilver硬件渲染器""默认扫描线渲染器"和"VUE文件渲染器"，在安装好VRay渲染器之后也可以使用VRay渲染器来渲染场景。当然也可以安装一些其他的渲染插件，如Renderman、Brazil、FinalRender、Maxwell和Lightscape等。

提示 在众多的渲染器当中，以VRay渲染器最为重要（3ds Max以VRay渲染器为主），这也是本书主讲的渲染器。

8.1.2 渲染工具

在"主工具栏"右侧提供了多个渲染工具，如图8-2所示。

图8-2

重要参数解析

"渲染设置"按钮：单击该按钮可以打开"渲染设置"对话框，基本上所有的渲染参数都在该对话框中完成。

"渲染帧窗口"按钮：单击该按钮可以打开"渲染帧窗口"对话框，如图8-3所示。在该对话框中可以选择渲染区域、切换通道和储存渲染图像等任务。

图8-3

要渲染的区域：该下拉列表中提供了要渲染的区域选项，包括"视图""选定""区域""裁剪"和"放大"。

"编辑区域"按钮：可以调整控制手柄来重新调整渲染图像的大小。

"自动选定对象区域"按钮：激活该按钮后，系统会将"区域""裁剪"和"放大"自动设置为当前选择。

视口：显示当前渲染的视图。若渲染的是透视图，那么在这里就显示为透视图。

"锁定到视口"按钮🔒：激活该按钮后，系统就只渲染视图列表中的视图。

渲染预设：可以从下拉列表中选择与预设渲染相关的选项。

"渲染设置"按钮📷：单击该按钮可以打开"渲染设置"对话框。

"环境和效果对话框（曝光控制）"按钮⊙：单击该按钮可以打开"环境和效果"对话框，在该对话框中可以调整曝光控制的类型。

产品级/迭代："产品级"是使用"渲染帧窗口"对话框、"渲染设置"对话框等所有当前设置进行渲染；"迭代"是忽略网络渲染、多帧渲染、文件输出、导出至MI文件以及电子邮件通知，同时使用扫描线渲染器进行渲染。

"渲染"按钮 渲染 ：单击该按钮可以使用当前设置来渲染场景。

"保存图像"按钮💾：单击该按钮可以打开"保存图像"对话框，在该对话框中可以保存多种格式的渲染图像。

"复制图像"按钮📋：单击该按钮可以将渲染图像复制到剪贴板上。

"克隆渲染帧窗口"按钮▦：单击该按钮可以克隆一个"渲染帧窗口"对话框。

"打印图像"按钮🖨：将渲染图像发送到Windows定义的打印机中。

"清除"按钮✕：清除"渲染帧窗口"对话框中的渲染图像。

"启用红色/绿色/蓝色通道"按钮●●●：显示渲染图像的红/绿/蓝通道，图8-4、图8-5和图8-6所示分别是单独开启红色、绿色、蓝色通道的图像效果。

图8-4

图8-5

图8-6

"显示Alpha通道"按钮◐：显示图像的Aplha通道。

"单色"按钮◉：单击该按钮可以将渲染图像以8位灰度的模式显示出来，如图8-7所示。

图8-7

"切换UI叠加"按钮▣：激活该按钮后，如果"区域""裁剪"或"放大"区域中有一个选项处于活动状态，则会显示表示相应区域的帧。

"切换UI"按钮▣：激活该按钮后，"渲染帧窗口"对话框中的所有工具与选项均可使用；关闭该按钮后，不会显示对话框顶部的渲染控件以及对话框下部单独面板上的mental ray控件，如图8-8所示。

图8-8

"渲染产品"按钮▣：单击该按钮可以使用当前的产品级渲染设置来渲染场景。

"渲染迭代"按钮▣：单击该按钮可以在迭代模式下渲染场景。

"ActiveShade（动态着色）"按钮▣：单击该按钮可以在浮动的窗口中执行"动态着色"渲染。

8.2 VRay渲染器

VRay渲染器是Chaos Group公司开发的一款高质量渲染引擎，主要以插件的形式应用在3ds Max、Maya、SketchUp等软件中。由于VRay渲染器可以真实地模拟现实光照，并且操作简单，可控性也很强，因此被广泛应用于建筑表现、工业设计和动画制作等领域。

VRay的渲染速度与渲染质量比较均衡，也就是说在保证较高渲染质量的前提下也具有较快的渲染速度，所以它是目前效果图制作领域最为流行的渲染器，如图8-9所示。

安装好VRay渲染器之后，若想使用该渲染器来渲染场景，按F10键打开"渲染设置"对话框，然后在"公用"选项卡下展开"指定渲染器"卷展栏，

接着单击"产品级"选项后面的"选择渲染器"按钮▣，最后在弹出的"选择渲染器"对话框中选择VRay渲染器即可，如图8-10所示。

图8-9

图8-10

VRay渲染器参数主要包括"公用"、VRay、GI、"设置"和Render Elements（渲染元素）5大选项卡。下面重点讲解VRay、GI和"设置"这3个选项卡下的参数和"VRay快速设置"面板。

本节内容介绍

名称	作用	重要程度
VRay	设置"帧缓存""全局开关""图像采样器（抗锯齿）""渐进图像采样器""环境"和"颜色贴图"等功能	高
GI	设置"间接照明""发光图""灯光缓存"和"焦散"等功能	高
设置	设置"默认置换"和"系统"等功能	高
VRay快速设置	各种预设渲染参数	中

8.2.1 VRay

"VRay"选项卡下包含10个卷展栏，如图8-11所示。

图8-11

> **提示** 注意"渐进图像采样器"卷展栏根据图像采样器的"类型"设置有不同的名称，如果设置为"固定采样器"，那么下方卷展栏名称会自动变为"固定图像采样器"，如图8-12所示。

图8-12

1."关于VRay"卷展栏

在这个卷展栏中，用户可以看到关于VRay的当前渲染器版本编号、logo等，如图8-13所示。本书所采用的VRay版本为VRay3.20.03。

图8-13

2.帧缓冲区

"帧缓冲区"卷展栏下的参数可以代替3ds Max自身的帧缓存窗口。这里可以设置渲染图像的大小

以及保存渲染图像等，如图8-14所示。

图8-14

重要参数解析

启用内置帧缓冲区：当选择这个选项的时候，用户就可以使用VRay自身的渲染窗口。同时需要注意，应该关闭3ds Max默认的"渲染帧窗口"选项，这样可以节约一些内存资源，如图8-15所示。

图8-15

> **提示** 在"帧缓冲区"卷展栏下勾选"启用内置帧缓冲区"选项后，按F9键渲染场景，3ds Max会弹出"VRay帧缓存"对话框，如图8-16所示。

图8-16

内存帧缓冲区： 当勾选该选项时，可以将图像渲染到内存中，然后再由帧缓存窗口显示出来，这样可以方便用户观察渲染的过程；当关闭该选项时，不会出现渲染框，而直接保存到指定的硬盘文件夹中，这样的好处是可以节约内存资源。

从Max获取分辨率： 当勾选该选项时，将从"公用"选项卡的"输出大小"选项组中获取渲染尺寸；当关闭该选项时，将从VRay渲染器的"输出分辨率"选项组中获取渲染尺寸。

宽度： 设置像素的宽度。

高度： 设置像素的高度。

"交换"按钮 交换 ：交换"宽度"和"高度"的数值。

图像纵横比： 设置图像的长宽比例，单击后面的"锁"按钮 锁 可以锁定图像的长宽比。

像素纵横比： 控制渲染图像的像素长宽比。

V-Ray Raw图像文件： 控制是否将渲染后的文件保存到所指定的路径中。勾选该选项后渲染的图像将以Raw格式进行保存。

> **提示** 在渲染较大的场景时，计算机会负担很大的渲染压力，而勾选"渲染为VRay原始格式图像"选项后（需要设置好渲染图像的保存路径），渲染图像会自动保存到设置的路径中。

单独的渲染通道： 控制是否单独保存渲染通道。

保存RGB： 控制是否保存RGB色彩。

保存Alpha： 控制是否保存Alpha通道。

3.全局开关

"全局开关"展卷栏下的参数主要用来对场景中的灯光、材质、置换等进行全局设置，如是否使用默认灯光、是否开启阴影、是否开启模糊等，如图8-17所示。

图8-17

重要参数解析

置换： 控制是否开启场景中的置换效果。在VRay的置换系统中，一共有两种置换方式，分别是材质置换方式和VRay置换修改器方式，如图8-18所示。当关闭该选项时，场景中的两种置换都不会起作用。

图8-18

强制背面消隐： 执行3ds Max中的"自定义>首选项"菜单命令，在弹出的对话框中的"视口"选项卡下有一个"创建对象时背面消隐"选项，如图8-19所示。"强制背面消隐"与"创建对象时背面消隐"选项相似，但"创建对象时背面消隐"只用于视图，对渲染没有影响，而"强制背面消隐"是针对渲染而言的，勾选该选项后反法线的物体将不可见。

图8-19

灯光： 控制是否开启场景中的光照效果。当关闭该选项时，场景中放置的灯光将不起作用。

隐藏灯光： 控制场景是否让隐藏的灯光产生光照。这个选项对于调节场景中的光照非常方便。

阴影： 控制场景是否产生阴影。

仅显示全局照明： 当勾选该选项时，场景渲染结果只显示全局照明的光照效果。虽然如此，渲染过程中也是计算了直接光照的。

不渲染最终的图像：控制是否渲染最终图像。如果勾选该选项，VRay将在计算完光子以后，不再渲染最终图像，这对渲染小光子图非常方便。

反射/折射：控制是否开启场景中的材质的反射和折射效果。

覆盖深度：控制整个场景中的反射、折射的最大深度，后面的输入框数值表示反射、折射的次数。

贴图：控制是否让场景中的物体的程序贴图和纹理贴图渲染出来。如果关闭该选项，那么渲染出来的图像就不会显示贴图，取而代之的是漫反射通道里的颜色。

过滤贴图：这个选项用来控制VRay渲染时是否使用贴图纹理过滤。如果勾选该选项，VRay将用自身的"抗锯齿过滤器"来对贴图纹理进行过滤，如图8-20所示；如果关闭该选项，将以原始图像进行渲染。

图8-20

过滤GI：控制是否在全局照明中过滤贴图。

最大透明级别：控制透明材质被光线追踪的最大深度。值越高，被光线追踪的深度越深，效果越好，但渲染速度会变慢。

透明中止：控制VRay渲染器对透明材质的追踪终止值。当光线透明度的累计比当前设定的阈值低时，将停止光线透明追踪。

覆盖材质：是否给场景赋予一个全局材质。当在后面的通道中设置了一个材质后，那么场景中所有的物体都将使用该材质进行渲染，这在测试阳光的方向时非常有用。

光泽效果：是否开启反射或折射模糊效果。当关闭该选项时，场景中带模糊的材质将不会渲染出反射或折射模糊效果。

二次光线偏移：这个选项主要用来控制有重面的物体在渲染时不会产生黑斑。如果场景中有重面，那么在默认值0的情况下将会产生黑斑，一般通过设置一个比较小的值来纠正渲染错误，如0.0001。

但是如果这个值设置得比较大，如10，那么场景中的间接照明将变得不正常。例如，在图8-21中，地板上放了一个长方体，它的位置刚好和地板重合，当"二次光线偏移"数值为0的时候渲染结果不正确，出现黑块；当"二次光线偏移"数值为0.001的时候，渲染结果正常，没有黑斑。

二次光线偏移=0   二次光线偏移=0.001

图8-21

4.图像采样器（抗锯齿）

抗锯齿在渲染设置中是一个必须调整的参数，其数值的大小决定了图像的渲染精度和渲染时间，但抗锯齿与全局照明精度的高低没有关系，只作用于场景物体的图像和物体的边缘精度，其参数设置面板如图8-22所示。

图8-22

重要参数解析

类型：用来设置"图像采样器"的类型，包括"固定""自适应""自适应细分"和"渐进"4种类型。

固定：对每个像素使用一个固定的细分值。该采样方式适合拥有大量的模糊效果（如运动模糊、景深模糊、反射模糊、折射模糊等）或者具有高细节纹理贴图的场景。在这种情况下，使用"固定"方式能够兼顾渲染品质和渲染时间。

自适应：这是最常用的一种采样器，在下面的内容中还要单独介绍，其采样方式可以根据每个像素以及与它相邻像素的明暗差异来使不同像素使用不同的样本数量。在角落部分使用较高的样本数量，在平坦部分使用较低的样本数量。该采样方式适合拥有少量的模糊效果或者具有高细节的纹理贴图以及具有大量几何体面的场景。

　　自适应细分：这个采样器具有负值采样的高级抗锯齿功能，适用于没有或者有少量的模糊效果的场景中，在这种情况下，它的渲染速度最快，但是在具有大量细节和模糊效果的场景中，它的渲染速度会非常慢，渲染品质也不高，这是因为它需要去优化模糊和大量的细节，这样就需要对模糊和大量细节进行预计算，从而把渲染速度降低。同时该采样方式是3种采样类型中最占内存资源的一种，而"固定"采样器占的内存资源最少。

　　渐进：这是VRay3.0之后添加的采样器，其采样过程不再是"跑格子"，而是全局性地由粗糙到精细，直到满足阀值或最大样本数为止。对于采样的样本投射单位，是每一个像素点，而不是全图，采样的结果决定了该像素是什么颜色的，所以采样越准确，相邻像素点的过渡越自然，各种模糊效果也越精确。

　　图像过滤器：当勾选以后，可以从后面的下拉列表中选择一个抗锯齿过滤器来对场景进行抗锯齿处理；如果不勾选该选项，那么渲染时将使用纹理抗锯齿过滤器。

　　区域：用区域大小来计算抗锯齿，如图8-23所示。

图8-23

　　清晰四方形：来自Neslon Max算法的清晰9像素重组过滤器，如图8-24所示。

　　Catmull-Rom：一种具有边缘增强的过滤器，可以产生较清晰的图像效果，如图8-25所示。

图8-24　　　　　　　　　　　　　图8-25

　　图版匹配/MAX R2：使用3ds Max R2的方法（无贴图过滤）将摄影机和场景或"无光/投影"元素与未过滤的背景图像相匹配，如图8-26所示。

　　四方形：和"清晰四方形"相似，能产生一定的模糊效果，如图8-27所示。

图8-26　　　　　　　　　　　　　图8-27

　　立方体：基于立方体的25像素过滤器，能产生一定的模糊效果，如图8-28所示。

图8-28

视频：适合制作视频动画的一种抗锯齿过滤器，如图8-29所示。

柔化：用于程度模糊效果的一种抗锯齿过滤器，如图8-30所示。

图8-29　　　　　　　　图8-30

Cook变量：一种通用过滤器，较小的数值可以得到清晰的图像效果，如图8-31所示。

混合：一种用混合值来确定图像清晰或模糊的抗锯齿过滤器，如图8-32所示。

图8-31　　　　　　　　图8-32

Blackman：一种没有边缘增强效果的抗锯齿过滤器，如图8-33所示。

图8-33

Mitchell-Netravali：一种常用的过滤器，能产生微量模糊的图像效果，如图8-34所示。

VRayLanczos/VRaySinc过滤器：VRay新版本中的两个新抗锯齿过滤器，可以很好地平衡渲染速度和渲染质量，如图8-35示。

图8-34　　　　　　　　图8-35

VRay盒子过滤器/VRay三角形过滤器：这也是VRay新版本中的抗锯齿过滤器，它们以"盒子"和"三角形"的方式进行抗锯齿。

大小：设置过滤器的大小。

5.自适应图像采样器

"自适应"采样器是一种高级抗锯齿采样器。展开"图像采样器（抗锯齿）"卷展栏，然后在"图像采样器"选项组下设置"类型"为"自适应"，此时系统会增加一个"自适应图像采样器"卷展栏，如图8-36所示。

图8-36

重要参数解析

最小细分：定义每个像素使用样本的最小数量。

最大细分：定义每个像素使用样本的最大数量。

颜色阈值：色彩的最小判断值，当色彩的判断达到这个值以后，就停止对色彩的判断。具体一点就是分辨哪些是平坦区域，哪些是角落区域。这里的色彩应该理解为色彩的灰度。

6.全局确定性蒙特卡洛

"全局确定性蒙特卡洛"卷展栏下的参数可以

用来控制整体的渲染质量和速度，其参数设置面板如图8-37所示。

图8-37

重要参数解析

锁定噪波图案：在动画制作时，强制所有动画帧为相同的噪波图案。该设置不做勾选。

自适应数量：主要用来控制自适应的百分比。

噪波阈值：控制渲染中所有产生噪点的极限值，包括灯光细分、抗锯齿等。数值越小，渲染品质越高，渲染速度越慢。

最小采样：设置样本及样本插补中使用的最少样本数量。数值越小，渲染品质越低，速度越快。

全局细分倍增：VRay渲染器有很多"细分"选项，该选项是用来控制所有细分的百分比。

7.环境

"环境"卷展栏分为"全局照明（GI）环境""反射/折射环境""折射环境"和"二次天光环境"4个选项组，如图8-38所示。在该卷展栏下可以设置天光的亮度、反射、折射和颜色等。

图8-38

重要参数解析

全局照明（GI）环境：控制是否开启VRay的天光。使用这个选项以后，3ds Max默认的天光效果将不起光照作用。

颜色：设置天光的颜色。

倍增器：设置天光亮度的倍增。值越高，天光的亮度越高。

"无"按钮 ▊▊▊ 无 ▊▊▊：选择贴图来作为天光的光照。

反射/折射环境：勾选该选项后，当前场景中的反射环境将由它来控制。

颜色：设置反射环境的颜色。

倍增器：设置反射环境亮度的倍增。值越高，反射环境的亮度越高。

"无"按钮 ▊▊▊ 无 ▊▊▊：选择贴图来作为反射环境。

折射环境：勾选该选项后，当前场景中的折射环境由它来控制。

颜色：设置折射环境的颜色。

倍增器：设置折射环境亮度的倍增。值越高，折射环境的亮度越高。

"无"按钮 ▊▊▊ 无 ▊▊▊：选择贴图来作为折射环境。

8.颜色贴图

"颜色贴图"卷展栏下的参数主要用来控制整个场景的颜色和曝光方式，如图8-39所示。

图8-39

重要参数解析

类型：提供不同的曝光模式，包括"线性倍增""指数""HSV指数""强度指数""伽玛校正""强度伽玛"和"莱因哈德"这7种模式，如图8-40所示。

莱因哈德
线性倍增
指数
HSV 指数
强度指数
伽玛校正
强度伽玛
莱因哈德

图8-40

线性倍增：这种模式将基于最终色彩亮度来进行线性的倍增，可能会导致靠近光源的点过分明亮，如图8-41所示。"VRay线性倍增"模式包括3个局部参数，"暗倍增"是对暗部的亮度进行控制，加大该值可以提高暗部的亮度；"亮倍增"是对亮部的亮度进行控制，加大该值可以提高亮部的亮度；"伽玛值"主要用来控制图像的伽玛值。

指数：这种曝光采用指数模式，它可以降低靠近光源处表面的曝光效果，同时场景颜色的饱和度会降低，如图8-42所示。"VRay指数"模式的局部参数与"VRay线性倍增"一样。

图8-45

图8-41   图8-42

HSV指数：与"VRay指数"曝光比较相似，不同点在于它可以保持场景物体的颜色饱和度，但是这种方式会取消高光的计算，如图8-43所示。"VRayHSV指数"模式的局部参数与"VRay线性倍增"一样。

强度指数：这种方式是上面两种指数曝光的结合，既抑制了光源附近的曝光效果，又保持了场景中物体的颜色饱和度，如图8-44所示。"VRay亮度指数"模式的局部参数与"VRay线性倍增"相同。

强度伽玛：这种曝光模式不仅拥有"伽玛校正"的优点，还可以修正场景灯光的亮度，如图8-46所示。

莱因哈德：这种曝光方式可以把"线性倍增"和"指数"曝光混合起来，如图8-47所示。它包括一个"加深值"局部参数，主要用来控制"线性倍增"和"指数"曝光的混合值，0表示"线性倍增"不参与混合，如图8-48所示；1表示"指数"不参与混合，如图8-49所示。

图8-43   图8-44

图8-46   图8-47

伽玛校正：采用伽玛来修正场景中的灯光衰减和贴图色彩，其效果和"VRay线性倍增"曝光模式类似，如图8-45所示。"伽玛校正"模式包括"倍增"和"反转伽玛"两个局部参数，"倍增"主要用来控制图像的整体亮度倍增；"反转伽玛"是VRay内部转化的，如输入2.2就是和显示器的伽玛2.2相同。

图8-48   图8-49

子像素贴图：实际渲染时，物体的高光区与非高光区的界限处会有明显的黑边，而开启"子像素映射"选项后就可以缓解这种现象。

钳制输出：勾选这个选项后，在渲染图中有些无法表现出来的色彩会通过限制来自动纠正。但是使用HDRI（高动态范围贴图）的时候，如果限制了色彩的输出会出现一些问题。

影响背景：控制是否让曝光模式影响背景。关闭该选项时，背景不受曝光模式的影响。

不影响颜色（仅自适应）：使用HDRI（高动态范围贴图）和"VRay发光材质"时，若不开启该选项，"颜色映射"卷展栏下的参数将对这些具有发光功能的材质或贴图产生影响。

8.2.2 GI

GI选项卡下包含4个卷展栏，如图8-50所示。

图8-50

1.全局照明

在VRay渲染器中，没有开启全局照明时的效果就是直接照明效果，开启后就可以得到间接照明效果。开启全局照明后，光线会在物体与物体间互相反弹，因此光线计算会更加准确，图像也更加真实，其参数设置面板如图8-51所示。

图8-51

开启全局照明（GI）：勾选该选项后，将开启间接照明效果。

首次引擎：包含"发光图""光子图""BF算法"和"灯光缓存"四个引擎，如图8-52所示。

图8-52

倍增：控制"首次引擎"的光的倍增值。值越高，"首次引擎"的光的能量越强，渲染场景越亮，默认情况下为1。

二次引擎：包含"无""光子图""BF算法"和"灯光缓存"四个引擎，如图8-53所示。

图8-53

倍增：控制"二次引擎"的光的倍增值。值越高，"二次引擎"的光的能量越强，渲染场景越亮，默认情况下为1。

提示 在真实世界中，光线的反弹一次比一次减弱。VRay渲染器中的全局照明有"首次引擎"和"二次引擎"，但并不是说光线只反射两次，"首次引擎"可以理解为直接照明的反弹，光线照射到A物体后反射到B物体，B物体所接收到的光就是"首次反弹"，B物体再将光线反射到D物体，D物体再将光线反射到E物体……，D物体以后的物体所得到的光的反射就是"二次引擎"，如图8-54所示。

图8-54

反射全局照明（GI）焦散：控制是否开启反射焦散效果。

折射全局照明（GI）焦散：控制是否开启折射焦散效果。

饱和度：可以用来控制色溢，降低该数值可以降低色溢效果，图8-55和图8-56所示分别是"饱和度"数值为0和2时的效果对比。

图8-55

图8-56

对比度：控制色彩的对比度。数值越高，色彩对比越强；数值越低，色彩对比越弱。

对比度基准：控制"饱和度"和"对比度"的基数。数值越高，"饱和度"和"对比度"效果越明显。

环境阻光（AO）：控制是否开启"环境阻光"功能。

半径：设置环境阻光的半径。

细分：设置环境阻光的细分值。数值越高，阻光越好，反之越差。

2.发光图

"发光图"中的"发光"描述了三维空间中的任意一点以及全部可能照射到这点的光线，它是一种常用的全局光引擎，只存在于"首次引擎"引擎中，其参数设置面板如图8-57所示。

图8-57

重要参数解析

当前预置：设置发光贴图的预设类型，共有以下8种。

自定义：选择该模式时，可以手动调节参数。

非常低：这是一种非常低的精度模式，主要用于测试阶段。

低：一种比较低的精度模式，不适合用于保存光子贴图。

中：是一种中级品质的预设模式。

中-动画：用于渲染动画效果，可以解决动画闪烁的问题。

高：一种高精度模式，一般用在光子贴图中。

高-动画：比中等品质效果更好的一种动画渲染预设模式。

非常高：是预设模式中精度最高的一种，可以用来渲染高品质的效果图。

最小速率：控制场景中平坦区域的采样数量。0表示计算区域的每个点都有样本；-1表示计算区域的1/2是样本；-2表示计算区域的1/4是样本，图8-58和图8-59所示分别是"最小采样比"为-2和-5时的对比效果。

图8-58

图8-59

最大速率：控制场景中的物体边线、角落、阴影等细节的采样数量。0表示计算区域的每个点都有样本；-1表示计算区域的1/2是样本；-2表示计算区域的1/4是样本，图8-60和图8-61所示分别是"最大采样比"为0和-1时的效果对比。

图8-60

图8-61

细分：因为VRay采用的是几何光学，所以它可以模拟光线的条数。这个参数用来模拟光线的数量，值越高，表现的光线越多，样本精度也就越高，渲染的品质也越好，同时渲染时间也会增加，图8-62和图8-63所示分别是"半球细分"为20和100时的效果对比。

图8-62

图8-63

插值采样：这个参数是对样本进行模糊处理，较大的值可以得到比较模糊的效果，较小的值可以得到比较锐利的效果，图8-64和图8-65所示分别是"插值采样值"为2和20时的效果对比。

图8-64

图8-65

颜色阈值：这个值主要是让渲染器分辨哪些是平坦区域，哪些不是平坦区域，它是按照颜色的灰度来区分的。值越小，对灰度的敏感度越高，区分能力越强。

法线阈值：这个值主要是让渲染器分辨哪些是交叉区域，哪些不是交叉区域，它是按照法线的方向来区分的。值越小,对法线方向的敏感度越高,区分能力越强。

距离阈值: 这个值主要是让渲染器分辨哪些是弯曲表面区域,哪些不是弯曲表面区域,它是按照表面距离和表面弧度的比较来区分的。值越高,表示弯曲表面的样本越多,区分能力越强。

显示计算相位: 勾选这个选项后,用户可以看到渲染帧里的GI预计算过程,同时会占用一定的内存资源。

显示直接光: 在预计算的时候显示直接照明,以方便用户观察直接光照的位置。

显示采样: 显示采样的分布以及分布的密度,帮助用户分析GI的精度够不够。

细节增强: 勾选该选项后,光子图的细节将增强。

比例: 半径的单位依据,有"屏幕"和"世界"两个单位选项。"屏幕"是指用渲染图的最后尺寸来作为单位;"世界"是用3ds Max系统中的单位来定义的,如图8-66所示。

屏幕
屏幕
世界

图8-66

半径: 表示细节部分有多大区域使用"细节增强"功能。"半径"值越大,使用"细部增强"功能的区域就越大,同时渲染时间也越慢。

细分倍增: 控制细部的细分,但是这个值和"发光贴图"里的"细分"有关系,0.3代表细分是"细分"的30%;1代表和"细分"的值一样。值越低,细部就会产生杂点,渲染速度比较快;值越高,细部就可以避免产生杂点,同时渲染速度会变慢。

插补类型: VRay提供了4种样本插补方式,为"发光贴图"的样本的相似点进行插补,如图8-67所示。

最小平方拟合(好/平滑)
权重平均值(好/强)
最小平方拟合(好/平滑)
Delone 三角剖分(好/精确)
最小平方权重/泰森多边形权

图8-67

权重平均值(好/强): 一种简单的插补方法,可以将插补采样以一种平均值的方法进行计算,能得到较好的光滑效果。

最小平方拟合(好/平滑): 默认的插补类型,可以对样本进行最适合的插补采样,能得到比"加权平均值(好/强)"更光滑的效果。

Delone三角剖分(好/精确): 最精确的插补算法,可以得到非常精确的效果,但是要有更多的"细分"才不会出现斑驳效果,且渲染时间较长。

最小平方权重/泰森多边形权重: 结合了"加权平均值(好/强)"和"最小平方拟合(好/平滑)"两种类型的优点,但渲染时间较长。

查找采样: 它主要控制哪些位置的采样点是适合用来作为基础插补的采样点。VRay内部提供了以下4种样本查找方式,如图8-68所示。

基于密度(最好)
平衡嵌块(好)
最近(草稿)
重叠(很好/快速)
基于密度(最好)

图8-68

平衡嵌块(好): 它将插补点的空间划分为4个区域,然后尽量在它们中寻找相等数量的样本,它的渲染效果比"最近(草图)"效果好,但是渲染速度比"临近采样(草图)"慢。

最近(草图): 这种方式是一种草图方式,它简单地使用"发光贴图"里的最靠近的插补点样本来渲染图形,渲染速度比较快。

重叠(很好/快速): 这种查找方式需要对"发光贴图"进行预处理,然后对每个样本半径进行计算。低密度区域样本半径比较大,而高密度区域样本半径比较小。渲染速度比其他3种都快。

基于密度(最好): 它基于总体密度来进行样本查找,不但物体边缘处理得非常好,而且物体表面也处理得十分均匀。它的效果比"重叠(很好/快速)"更好,其速度也是4种查找方式中最慢的一种。

多过程: 当勾选该选项时,VRay会根据"最大采样比"和"最小采样比"进行多次计算。如果关闭该选项,那么就强制一次性计算完。一般多次计算以后的样本分布会均匀合理一些。

随机采样: 控制"发光贴图"的样本是否随机分配。如果勾选该选项,那么样本将随机分配,如图8-69所示;如果关闭该选项,那么样本将以网格方式来进行排列,如图8-70所示。

图8-69

图8-70

检查采样可见性：在灯光通过比较薄的物体时，很有可能会产生漏光现象，勾选该选项可以解决这个问题，但是渲染时间就会长一些。通常在比较高的GI情况下，也不会漏光，所以一般情况下不勾选该选项。当出现漏光现象时，可以试着勾选该选项，图8-71所示是右边的薄片出现漏光现象，图8-72所示是勾选了"检查采样可见性"以后的效果，从图中可以观察到没有了漏光现象。

模式：一共有以下8种模式，如图8-73所示。

图8-71

图8-72

图8-73

单帧：一般用来渲染静帧图像。

多帧增量：这个模式用于渲染仅有摄影机移动的动画。当VRay计算完第1帧的光子以后，在后面的帧里根据第1帧里没有的光子信息进行新计算，这样就节约了渲染时间。

从文件：当渲染完光子以后，可以将其保存起来，这个选项就是调用保存的光子图进行动画计算（静帧同样也可以这样）。

添加到当前贴图：当渲染完一个角度的时候，可以把摄影机转一个角度再全新计算新角度的光子，最后把这两次的光子叠加起来，这样的光子信息更丰富、更准确，同时也可以进行多次叠加。

增量添加到当前贴图：这个模式和"添加到当前贴图"相似，只不过它不是全新计算新角度的光子，而是只对没有计算过的区域进行新的计算。

块模式：把整个图分成块来计算，渲染完一个块再进行下一个块的计算，但是在低GI的情况下，渲染出来的块会出现错位的情况。它主要用于网络渲染，速度比其他方式快。

动画（预通过）：适合动画预览，使用这种模式要预先保存好光子贴图。

动画（渲染）：适合最终动画渲染，使用这种模式要预先保存好光子贴图。

"保存"按钮 保存 ：将光子图保存到硬盘。

"重置"按钮 重置 ：将光子图从内存中清除。

"文件"按钮 … ：设置光子图文件的保存路径。

"浏览"按钮 … ：从硬盘中调用需要的光子图进行渲染。

不删除：当光子渲染完以后，不把光子从内存中删掉。

自动保存：当光子渲染完以后，自动保存在硬盘中，单击"浏览"按钮 浏览 就可以选择保存位置。

切换到保存的贴图：当勾选了"自动保存"选项后，在渲染结束时会自动进入"从文件"模式并调用光子贴图。

3.灯光缓存

"灯光缓存"与"发光贴图"比较相似，都是将最后的光发散到摄影机后得到最终图像，只是"灯光缓存"与"发光贴图"的光线路径是相反的，"发光贴图"的光线追踪方向是从光源发射到场景的模型中，最后再反弹到摄影机，而"灯光缓存"是从摄影机开始追踪光线到光源，摄影机追踪光线的数量就是"灯光缓存"的最后精度。由于"灯光缓存"是从摄影机方向开始追踪光线的，所以最后的渲染时间与渲染的图像的像素没有关系，只与其中的参数有关，一般适用于"二次引擎"，其参数设置面板如图8-74所示。

图8-74

重要参数解析

细分：用来决定"灯光缓存"的样本数量。值越高，样本总量越多，渲染效果越好，渲染时间越慢，图8-75和图8-76所示分别是"细分"值为200和800时的渲染效果对比。

图8-75

图8-76

采样大小：用来控制"灯光缓存"的样本大小，比较小的样本可以得到更多的细节，但是同时需要更多的样本，图8-77和图8-78所示分别是"采样大小"为0.04和0.01时的渲染效果对比。

图8-77

图8-78

比例：主要用来确定样本的大小依靠什么单位，这里提供了以下两种单位。一般在效果图中使用"屏幕"选项，在动画中使用"世界"选项。

折回：这个参数由CPU的个数来确定，如果是单CUP单核单线程，那么就可以设定为1；如果是双核，就可以设定为2。注意，这个值设定得太大会让渲染的图像有点模糊。

显示计算相位：勾选该选项以后，可以显示"灯光缓存"的计算过程，方便观察。

预滤器：当勾选该选项以后，可以对"灯光缓存"样本进行提前过滤，它主要是查找样本边界，然后对其进行模糊处理。后面的值越高，对样本进行模糊处理的程度越深，图8-79和图8-80所示分别是"预先过滤"为10和50时的对比渲染效果。

图8-79

图8-80

使用光泽光线：是否使用平滑的灯光缓存，开启该功能后会使渲染效果更加平滑，但会影响到细节效果。

过滤器：该选项是在渲染最后成图时，对样本进行过滤，其下拉列表中共有以下3个选项，如图8-81所示。

图8-81

无：对样本不进行过滤。

最近：当使用这个过滤方式时，过滤器会对样本的边界进行查找，然后对色彩进行均化处理，从而得到一个模糊效果。当选择该选项以后，下面会出现一个"插补采样"参数，其值越高，模糊程度越深，图8-82和图8-83所示分别是"过滤器"都为"邻近"，而"插补采样"为10和50时的对比渲染效果。

图8-82

图8-83

固定：这个方式和"最近"方式的不同点在于，它采用距离的判断来对样本进行模糊处理。同时它也附带一个"过滤大小"参数，其值越大，表示模糊的半径越大，图像的模糊程度越深，图8-84和图8-85所示分别是"过滤器"方式都为"固定"，而"过滤大小"为0.02和0.06时的对比渲染效果。

图8-84

图8-85

图8-87

自适应跟踪： 勾选该选项以后，会提高对场景中反射和折射模糊效果的渲染速度。

模式： 设置光子图的使用模式，共有以下4种，如图8-86所示。

图8-86

单帧： 一般用来渲染静帧图像。

穿行： 这个模式用在动画方面，它把第1帧到最后1帧的所有样本都融合在一起。

从文件： 使用这种模式，VRay要导入一个预先渲染好的光子贴图，该功能只渲染光影追踪。

渐进路径跟踪： 这个模式就是常说的PPT，它是一种新的计算方式，和"自适应"一样是一个精确的计算方式。不同的是，它不停地去计算样本，不对任何样本进行优化，直到样本计算完毕为止。

"保存"按钮 保存 **：** 将保存在内存中的光子贴图再次进行保存。

"浏览"按钮 … **：** 从硬盘中浏览保存好的光子图。

不删除： 当光子渲染完以后，不把光子从内存中删掉。

自动保存： 当光子渲染完以后，自动保存在硬盘中，单击"浏览"按钮 浏览 可以选择保存位置。

切换到被保存的缓存： 当勾选"自动保存"选项以后，这个选项才被激活。当勾选该选项以后，系统会自动使用最新渲染的光子图来进行大图渲染。

4.焦散

"焦散"是一种特殊的物理现象，在VRay渲染器里有专门的焦散功能，其参数面板如图8-87所示。

重要参数解析

焦散： 勾选该选项后，就可以渲染焦散效果。

倍增： 焦散的亮度倍增。值越高，焦散效果越亮，图8-88和图8-89所示分别是"倍增"为4和12时的对比渲染效果。

图8-88

图8-89

搜索距离： 当光子追踪撞击在物体表面的时候，会自动搜寻位于周围区域同一平面的其他光子，实际上这个搜寻区域是一个以撞击光子为中心的圆形区域，其半径就是由这个搜寻距离确定的。较小的值容易产生斑点；较大的值会产生模糊焦散效果，图8-90和图8-91所示分别是"搜索距离"为0.1mm和2mm时的对比渲染效果。

图8-90

图8-91

最大光子：定义单位区域内的最大光子数量，然后根据单位区域内的光子数量来均分照明。较小的值不容易得到焦散效果；而较大的值会使焦散效果产生模糊现象，图8-92和图8-93所示分别是"最大光子数"为1和200时的对比渲染效果。

图8-92

图8-93

最大密度：控制光子的最大密度，默认值0表示使用VRay内部确定的密度，较小的值会让焦散效果比较锐利，图8-94和图8-95所示分别是"最大密度"为0.01mm和5mm时的对比渲染效果。

图8-94

图8-95

8.2.3 设置

"设置"选项卡下包含2个卷展栏，分别是

"默认置换"和"系统"卷展栏,如图8-96所示。

图8-96

1.默认置换

"默认置换"卷展栏下的参数用灰度贴图来实现物体表面的凸凹效果,它对材质中的置换起作用,而不作用于物体表面,其参数设置面板如图8-97所示。

图8-97

重要参数解析

覆盖MAX设置: 控制是否用"默认置换"卷展栏下的参数来替代3ds Max中的置换参数。

边长: 设置3D置换中产生最小的三角面长度。数值越小,精度越高,渲染速度越慢。

依赖于视图: 控制是否将渲染图像中的像素长度设置为"边长度"的单位。若不开启该选项,系统将以3ds Max中的单位为准。

最大细分: 设置物体表面置换后可产生的最大细分值。

数量: 设置置换的强度总量。数值越大,置换效果越明显。

相对于边界框: 控制是否在置换时关联(缝合)边界。若不开启该选项,在物体的转角处可能会产生裂面现象。

紧密边界: 控制是否对置换进行预先计算。

2.系统

"系统"卷展栏下的参数不仅对渲染速度有影响,而且还会影响渲染的显示和提示功能,同时还可以完成联机渲染,其参数设置面板如图8-98所示。

重要参数解析

最大树向深度: 控制根节点的最大分支数量。较高的值会加快渲染速度,同时会占用较多的内存。

图8-98

最小叶片尺寸: 控制叶节点的最小尺寸,当达到叶节点尺寸以后,系统停止计算场景。0表示考虑计算所有的叶节点,这个参数对速度的影响不大。

面/级别系数: 控制一个节点中的最大三角面数量,当未超过临近点时计算速度较快;当超过临近点以后,渲染速度会减慢。所以,这个值要根据不同的场景来设定,进而提高渲染速度。

动态内存限制(MB): 控制动态内存的总量。注意,这里的动态内存被分配给每个线程,如果是双线程,那么每个线程各占一半的动态内存。如果这个值较小,那么系统经常会在内存中加载并释放一些信息,这样就减慢了渲染速度。用户应该根据自己的内存情况来确定该值。

默认几何体: 控制内存的使用方式,共有以下3种方式,如图8-99所示。

图8-99

自动: VRay会根据使用内存的情况自动调整使用静态或动态的方式。

静态: 在渲染过程中采用静态内存会加快渲染速度,同时在复杂场景中,由于需要的内存资源较多,经常会出现3ds Max跳出的情况。这是因为系统需要更多的内存资源,这时应该选择动态内存。

动态: 使用内存资源交换技术,当渲染完一个

167

块后就会释放占用的内存资源，同时开始下个块的计算。这样就有效地扩展了内存的使用。注意，动态内存的渲染速度比静态内存慢。

渲染块宽度：当在后面的列表中选择"区域宽/高"时，它表示渲染块的像素宽度；当后面的选择框里选择"区域数量"时，它表示水平方向一共有多少个渲染块。

渲染块高度：当后面的列表中选择"区域宽/高"时，它表示渲染块的像素高度；当后面的选择框里选择"区域数量"时，它表示垂直方向一共有多少个渲染块。

"锁"按钮 L：当单击该按钮使其凹陷后，将强制"渲染块宽度"和"渲染块高度"的值相同。

反向排序：当勾选该选项以后，渲染顺序将和设定的顺序相反。

序列：控制渲染块的渲染顺序，共有以下6种方式，如图8-100所示。

图8-100

从上–>下：渲染块将按照从上到下的渲染顺序渲染。

从左–>右：渲染块将按照从左到右的渲染顺序渲染。

棋格：渲染块将按照棋格方式的渲染顺序渲染。

螺旋：渲染块将按照从里到外的渲染顺序渲染。

三角剖分：这是VRay默认的渲染方式，它将图形分为两个三角形依次进行渲染。

希耳伯特：渲染块将按照"希耳伯特曲线"方式的渲染顺序渲染。

上次渲染：这个参数确定在渲染开始的时候，在3ds Max默认的帧缓存框中以什么样的方式处理先前的渲染图像。这些参数的设置不会影响最终渲染效果，系统提供了以下6种方式，如图8-101所示。

图8-101

无变化：与前一次渲染的图像保持一致。

交叉：每隔2个像素图像被设置为黑色。

场：每隔一条线设置为黑色。

变暗：图像的颜色设置为黑色。

蓝色：图像的颜色设置为蓝色。

清除：在帧缓冲区完成上一帧图像。

"帧标记" ☑ 帧标记 | V-Ray 高级渲染器 %vrayversion | 文件: %f ：当勾选该选项后，就可以显示水印。

"字体"按钮 字体... ：修改水印里的字体属性。

全宽度：水印的最大宽度。当勾选该选项后，它的宽度和渲染图像的宽度相当。

对齐：控制水印里的字体排列位置，有"左""中""右"3个选项。

分布式渲染：当勾选该选项后，可以开启"分布式渲染"功能。

"设置"按钮 设置... ：控制网络中的计算机的添加、删除等。

日志窗口：可以选择"VRay日志"的类型。

详细级别：控制"VRay日志"的显示内容，一共分为4个级别。1表示仅显示错误信息；2表示显示错误和警告信息；3表示显示错误、警告和情报信息；4表示显示错误、警告、情报和调试信息。

c:\VRayLog.txt ... ：可以选择保存"VRay日志"文件的位置。

"显示日志"按钮 显示日志 ：单击按钮后显示VRay日志的窗口。

摄像机空间着色关联：有些3ds Max插件（如大气等）是采用摄影机空间来进行计算的，因为它们都是针对默认的扫描线渲染器而开发的。为了保持与这些插件的兼容性，VRay通过转换来自这些插件的点或向量的数据，模拟在摄影机空间计算。

检查缺少文件：当勾选该选项时，VRay会自己寻找场景中丢失的文件，并将它们进行列表，然后保存到C:\VRayLog.txt中。

优化大气求值：当场景中拥有大气效果，并且大气比较稀薄的时候，勾选这个选项可以得到比较优秀的大气效果。

低线程优先权：当勾选该选项时，VRay将使用低线程进行渲染。

"对象设置"按钮 对象设置... ：单击该按钮会弹出"VRay对象属性"对话框，在该对话框中可以设置场景物体的局部参数。

"灯光设置"按钮 灯光设置... ：单击该按钮会弹出"VRay光源属性"对话框，在该对话框中可以设置场景灯光的一些参数。

"预设"按钮 预设 ：单击该按钮会打开"VRay预置"对话框，在该对话框中可以保持当前VRay渲染参数的各种属性，方便以后调用。

8.2.4 VRay快速设置

"VRay快速设置"是VRay3.0版本开发的新功能。允许用户进行极速调整，还可以选择根据场景预制的各种预设参数，非常方便。给初学者带来了速度与质量的高平衡点。

"VRay快速设置"按钮位于VRay Toolbar，如图8-102所示。具体参数面板如图8-103所示。

图8-102

图8-103

重要参数解析

渲染预设按钮："VRay快速设置"提供4种类型场景的渲染预设参数按钮，分别是"室外" "室内" "VFX特效风格"和"工作室风格"。用户可根据场景类别选择适合的按钮。不选择任何按钮时，面板默认为"自定义"。

全局照明（GI）质量：根据渲染引擎的搭配，快速设置渲染参数。共提供了4种引擎搭配，如图8-104所示。

图8-104

BF＋BF（精确）："首次引擎"和"二次引擎"都为"BF算法"。是渲染质量最高的引擎搭配，但速度较慢。拖动上方滑条可选择合适的渲染参数。

BF＋LC（精确）："首次引擎"为"BF算法"，"二次引擎"为"灯光缓存"。渲染质量高，速度优于第一种搭配。

IM＋LC（快速）："首次引擎"为"发光图"，"二次引擎"为"灯光缓存"。渲染质量和速度都适中。可拖动上方滑条适当加大渲染参数提高质量，是常用的室内场景渲染引擎搭配。

IM＋BF（快速）："首次引擎"为"发光图"，"二次引擎"为"BF算法"。渲染质量和速度都适中，是常用的室外场景渲染引擎搭配。

着色质量：控制"图像采样器（抗锯齿）"中"最小着色速率"，默认为6。

抗锯齿质量：包含两种模式"渲染块"和"渐进"，如图8-105所示。

图8-105

渲染块：即"图像采样器（抗锯齿）"的"自适应"采样器。下方滑块控制"自适应图像采样器"的"最小细分"和"最大细分"以及"全局确定性蒙特卡洛"中的"噪波阈值"的数值。

渐进：即"图像采样器（抗锯齿）"的"渐进"采样器。下方滑块控制"渐进图像采样器"的"最大细分"数值。

8.3 课堂案例：日光客厅

场景位置　　场景文件>CH08>01.max
实例位置　　实例文件>CH08>课堂案例：日光客厅.max
学习目标　　练习材质的制作方法，渲染参数的设置方法

本例是一个日光客厅空间，皮革材质、金属材质、木地板材质、地毯材质、玻璃材质都是本案的重点，案例效果如图8-106所示。

图8-106

8.3.1 材质制作

本例的场景对象材质主要包括皮革材质、金属材质、木地板材质、地毯材质、玻璃材质、乳胶漆材质和塑料材质等，如图8-107所示。下面将重点讲解4种材质。

图8-107

1.制作皮革材质

（1）打开本书学习资源中的"场景文件>CH08>01.max"文件，如图8-108所示。

图8-108

（2）选择一个空白材质球，然后设置材质类型为VRayMtl材质，具体参数设置如图8-109所示，制作好的材质球效果如图8-110所示。

设置步骤

① 在"漫反射"通道加载一张本书学习资源中的"实例文件>CH08>课堂案例：日光客厅>贴图> 30703235.jpg"贴图。

② 设置"反射"颜色为黑色（R:35，G:35，B:35），接着设置"高光光泽"为0.6、"反射光泽"为0.7，最后设置"细分"为20。

③ 展开"贴图"卷展栏，将"漫反射"通道中加载的贴图复制到"凹凸"贴图通道，接着设置凹凸的强度为60。

图8-109

图8-110

2.制作金属材质

选择一个空白材质球，然后设置材质类型为VRayMtl材质，具体参数设置如图8-111所示，制作好的材质球效果如图8-112所示。

设置步骤

① 设置"漫反射"为黑色（R:0，G:0，B:0）。

② 设置"反射"颜色为金色（R:192，G:141，B:74），接着设置"高光光泽"为0.85、"反射光泽"为0.9，最后设置"细分"为20。

③ 展开"双向反射分布函数"卷展栏，设置反射类型为"沃德"。

图8-111

图8-114

4.制作木地板材质

选择一个空白材质球，然后设置材质类型为VRayMtl材质，具体参数设置如图8-115所示，制作好的材质球效果如图8-116所示。

设置步骤

① 在"漫反射"通道上加载一张本书学习资源中的"实例文件>CH08>课堂案例：日光客厅>贴图>2005921154346404PS.jpg"贴图。

② 在"反射"通道中加载一张"衰减"贴图，接着设置"侧"颜色为灰色（R:150，G:150，B:150），接着设置"衰减类型"为Fresnel，再设置"高光光泽"和"反射光泽"都为0.65，最后设置"细分"为15。

③ 展开"贴图"卷展栏，将"漫反射"通道中加载的贴图复制到"凹凸"贴图通道，接着设置凹凸的强度为30。

图8-112

3.制作玻璃材质

选择一个空白材质球，然后设置材质类型为VRayMtl材质，具体参数设置如图8-113所示，制作好的材质球效果如图8-114所示。

设置步骤

① 设置"漫反射"为灰色（R:128，G:128，B:128）。

② 在"反射"通道中加载一张"衰减"贴图，并设置"衰减类型"为Fresnel。

③ 设置"折射"颜色为白色（R:0，G:0，B:0），接着设置"折射率"为1.5，最后勾选"影响阴影"选项。

④ 设置"烟雾颜色"为绿色（R:251，G:255，B:253），再设置"烟雾倍增"为0.8。

图8-115

图8-113

图8-116

5.制作吊顶材质

选择一个空白材质球，然后设置材质类型为

VRayMtl材质，具体参数设置如图8-117所示，制作好的材质球效果如图8-118所示。

设置步骤

① 设置"漫反射"颜色为白色（R:250，G:250，B:250）

② 在"反射"通道中加载一张"衰减"贴图，接着设置"侧"颜色为灰色（R:200，G:200，B:200），设置"衰减类型"为Fresnel，再设置"高光光泽"为0.7、"反射光泽"为0.6，最后设置"细分"为20。

图8-117

图8-118

6.制作木质材质

选择一个空白材质球，然后设置材质类型为VRayMtl材质，具体参数设置如图8-119所示，制作好的材质球效果如图8-120所示。

设置步骤

① 在"漫反射"通道加载一张本书学习资源中的"实例文件>CH08>课堂案例：日光客厅>贴图> 精品（70）.jpg"贴图

② 在"反射"通道中加载一张"衰减"贴图，接着设置"侧"颜色为灰色（R:160，G:160，B:160），设置"衰减类型"为Fresnel，再设置"高光光泽"为0.65、"反射光泽"为0.7，最后设置"细分"为20。

③ 展开"贴图"卷展栏，将"漫反射"通道中加载的贴图复制到"凹凸"贴图通道，接着设置凹凸的强度为25。

图8-119

图8-120

其余的材质较为简单，读者可以参考学习资源"实例文件>CH08>课堂案例：日光客厅.max"学习。

8.3.2 设置测试渲染参数

（1）按F10键打开"渲染设置"对话框，然后设置渲染器为VRay渲染器，接着在"公用参数"卷展栏下设置"宽度"为500、"高度"为357，最后单击"图像纵横比"选项后面的"锁定"按钮🔒，锁定渲染图像的纵横比，如图8-121所示。

图8-121

（2）单击V-Ray选项卡，然后在"图像采样器（抗锯齿）"卷展栏下设置"类型"为"固定"，接着设置"过滤器"类型为"区域"，如图8-122所示。

图8-122

（3）展开"颜色贴图"卷展栏，然后设置"类型"为"指数"，如图8-123所示。

图8-123

（4）单击GI选项卡，然后在"全局照明"卷展栏下勾选"启用全局照明（GI）"选项，接着设置"首次引擎"为"发光图"、"二次引擎"为"灯光缓存"，如图8-124所示。

图8-124

（5）展开"发光图"卷展栏，然后设置"当前预设"为"自定义"，接着设置"最小速率"和"最大速率"都为-4，再设置"细分"为20，最后设置"插值采样"为10，如图8-125所示。

图8-125

（6）展开"灯光缓存"卷展栏，然后设置"细分"为200，接着勾选"显示计算相位"选项，如图8-126所示。

图8-126

（7）单击"设置"选项卡，然后在"系统"卷展栏下设置"序列"为"上->下"，接着选择"日志窗口"选项为"从不"，如图8-127所示。

图8-127

8.3.3 灯光设置

本场景的光源稍多，需要用VRay灯光来模拟天光效果和灯泡效果，用VRay太阳来模拟日光效果，目标灯光用来模拟射灯效果。

提示 当场景灯光种类较多时，可以遵循"从外到内，从大到小"的原则进行灯光建立。本案例场景灯光建立的顺序为：VRay太阳——VRay灯光——目标灯光。

（1）设置灯光类型为VRay，然后在场景中创建出一盏VRay太阳作为太阳光，其位置如图8-128所示。

图8-128

提示 在场景中创建出VRay太阳后，系统会自动弹出对话框，如图8-129所示。单击"是"选项，给场景添加一张"VRay天空"环境贴图。

图8-129

（2）按8键，打开"环境与天空"面板，将系统自动添加的"VRay天空"贴图以"实例"的形式复制到一个新的材质球上。在"VRay天空参数"卷展栏中设置"太阳强度倍增"为0.6，如图8-130所示。

8-130

（3）按F10键打开"渲染设置"面板，展开V-Ray选项卡下的"环境"卷展栏，单击鼠标左键，将"VRay天空"材质球以"实例"方式拖曳到"反射/折射环境"和"折射环境"后的通道中，如图8-131所示。

图8-131

（4）选择上一步创建的VRay太阳，然后展开"VRay太阳参数"卷展栏，设置"强度倍增"为0.2、"大小倍增"为3.0、"阴影细分"为8，具体参数设置如图8-132所示。

图8-132

（5）设置灯光类型为VRay，然后在场景左侧窗口位置创建一盏VRay灯光作为天光，其位置如图8-133所示。

图8-133

（6）选择上一步创建的VRay灯光，然后展开"参数"卷展栏，具体参数设置如图8-134所示。

设置步骤

① 在"常规"选项组下设置"类型"为"平面"。

② 在"强度"选项组下设置"倍增"为5，然后设置"颜色"为蓝色（R:170，G:210，B:255）。

③ 在"大小"选项组下设置"1/2长"为1035mm，然后设置"1/2宽"为850mm。

④ 在"选项"选项组下勾选"不可见"选项。

⑤ 在"采样"选项组下设置"细分"为20。

（7）在镜头正面窗口位置以"实例"的形式复制出刚创建的VRay灯光，其参数设置不变，位置如图8-135所示。

图8-134

图8-135

（8）在灯罩中创建出一个VRay灯光作为灯泡，其位置如图8-136所示。

图8-136

（9）选择上一步创建的VRay灯光，然后展开"参数"卷展栏，具体参数设置如图8-137所示。

设置步骤

① 在"常规"选项组下设置"类型"为"球体"。

② 在"强度"选项组下设置"倍增"为20，然后设置"颜色"为橙色（R:255，G:150，B:72）。

③ 在"大小"选项组下设置"半径"为50mm。

④ 在"选项"选项组下勾选"不可见"选项。

⑤ 在"采样"选项组下设置"细分"为15。

图8-137

（10）设置灯光类型为"光度学"，然后在射灯下创建出"目标灯光"作为射灯，其位置如图8-138所示。

图8-138

（11）选择上一步创建的"目标灯光"，然后展开"参数"卷展栏，具体参数设置如图8-139所示。

设置步骤

① 在"阴影"选项组下勾选"启用"选项，设置类型为"VR-阴影"。

② 在"灯光分布（类型）"选项组下设置为"光度学Web"。

③ 在"光度学Web"选项组下加载本书学习资源中"实例文件>CH08>课堂案例：日光客厅>贴图>00.ies"光域网文件。

④ 在"颜色"选项组下设置"过滤颜色"为黄色（R:255，G:188，B:101）。

⑤ 在"强度"选项组下设置"强度"为10000。

图8-139

（12）将创建出的"目标灯光"依次以"实例"的形式复制到其他射灯的位置，如图8-140所示。

图8-140

8.3.4 设置最终渲染参数

（1）按F10键打开"渲染设置"对话框，然后在"公用参数"卷展栏下设置"宽度"为1400、"高度"为1000，如图8-141所示。

图8-141

（2）单击V-Ray选项卡，然后在"图像采样器（抗锯齿）"卷展栏下设置"类型"为"自适应"，最后设置"过滤器"类型为Catmull-Rom，具体参数设置如图8-142所示。

图8-142

（3）展开"自适应图像采样器"卷展栏，然后设置"最小细分"为1、"最大细分"为4，如图8-143所示。

图8-143

（4）单击GI选项卡，然后展开"发光图"卷展栏，接着设置"当前预设"为"中"，最后设置"细分"为50、"插值采样"为20，具体参数设置如图8-144所示。

图8-144

（5）展开"灯光缓存"卷展栏，然后设置"细分"1200，如图8-145所示。

图8-145

（6）展开"全局确定性蒙特卡洛"卷展栏，然后设置"自适应数量"为0.75、"噪波阈值"为0.001、"最小采样"为16，如图8-146所示。

图8-146

（7）按F9键渲染当前场景，最终效果如图8-147所示。

图8-147

8.4 课堂案例: 仓库CG表现

场景位置 场景文件>CH08>02.max
实例位置 实例文件>CH08>课堂案例:仓库CG表现.max
学习目标 练习CG场景材质、灯光和渲染参数设置方法

本章将介绍写实类CG效果的渲染方法,其制作方法与效果图类似,但更偏重于颜色与氛围的把握。案例效果如图8-148所示。

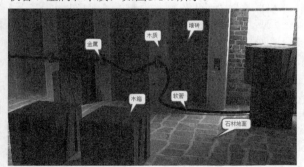

图8-148

8.4.1 材质制作

本例的材质主要包括石材地面、墙砖、木箱、软管、金属和木质,如图8-149所示。

图8-149

1.制作石材地面

(1)打开本书学习资源中的"场景文件>CH08 >02.max"文件,如图8-150所示。

图8-150

(2)选择一个空白材质球,然后设置材质类型为VRayMtl材质,具体参数设置如图8-151所示,制作好的材质球效果如图8-152所示。

设置步骤

① 在"漫反射"通道加载一张本书学习资源中的"实例文件>CH08>课堂案例:仓库CG表现>贴图> flag09L.jpg"贴图。

② 设置"反射"颜色为黑色(R:20,G:20,B:20),接着设置"反射光泽"为0.6,最后设置"细分"为16。

③ 展开"贴图"卷展栏,将"漫反射"通道中加载的贴图复制到"凹凸"贴图通道,接着设置凹凸的强度为-45。

图8-151

图8-152

2.制作墙砖材质

选择一个空白材质球,然后设置材质类型为VRayMtl材质,具体参数设置如图8-153所示,制作好的材质球效果如图8-154所示。

设置步骤

① 在"漫反射"通道加载一张本书学习资源中的"实例文件>CH08>课堂案例:仓库CG表现>贴图> 94x58PICp5S.jpg"贴图。

② 设置"反射"颜色为黑色(R:20,G:20,B:20),接着设置"高光光泽"为0.7、"反射光泽"为0.62,最后设置"细分"为16。

③ 展开"贴图"卷展栏,将"漫反射"通道中加载的贴图复制到"凹凸"贴图通道,接着设置凹凸的强度为-30。

图8-153

图8-154

3.制作木箱材质

选择一个空白材质球，然后设置材质类型为
VRayMtl材质，具体参数设置如图8-155所示，制作
好的材质球效果如图8-156所示。

设置步骤

① 在"漫反射"通道加载一张本书学习资源中的
"实例文件>CH08>课堂案例: 仓库CG表现>贴图>木料材
质246.jpg"贴图。

② 设置"反射"颜色为黑色（R:32，G:32，B:32），
接着设置"高光光泽"为0.7、"反射光泽"为0.6，最后设
置"细分"为16。

③ 展开"贴图"卷展栏，将"漫反射"通道中加载
的贴图复制到"凹凸"贴图通道，接着设置凹凸的强度
为15。

图8-155

图8-156

4.制作软管材质

选择一个空白材质球，然后设置材质类型为
VRayMtl材质，具体参数设置如图8-157所示，制作
好的材质球效果如图8-158所示。

设置步骤

① 设置"漫反射"颜色为黑色（R:5，G:5，B:5）。

② 设置"反射"颜色为灰色（R:121，G:121，
B:121），接着设置"高光光泽"为0.8、"反射光泽"为
0.85，最后设置"细分"为16。

图8-157

图8-158

5.制作金属材质

选择一个空白材质球，然后设置材质类型为
VRayMtl材质，具体参数设置如图8-159所示，制作
好的材质球效果如图8-160所示。

设置步骤

① 在"漫反射"通道加载一张本书学习资源中

的"实例文件>CH08>课堂案例：仓库CG表现>贴图>
640637046994156305.jpg"贴图。

② 设置"反射"颜色为灰色（R:218，G:218，
B:218），接着设置"反射光泽"为0.7。

图8-159

图8-160

6.制作木质材质

选择一个空白材质球，然后设置材质类型为
VRayMtl材质，具体参数设置如图8-161所示，制作
好的材质球效果如图8-162所示。

设置步骤

① 在"漫反射"通道加载一张本书学习资源中的"实例
文件>CH08>课堂案例：仓库CG表现>贴图> a1.jpg"贴图。

② 设置"反射"颜色为黑色（R:45，G:45，
B:45），接着设置"高光光泽"为0.7，最后设置"反射
光泽"为0.6。

③ 展开"贴图"卷展栏，将"漫反射"通道中加载
的贴图复制到"凹凸"贴图通道，接着设置凹凸的强度
为45。

图8-161

图8-162

8.4.2 设置测试渲染参数

（1）按F10键打开"渲染设置"对话框，然后设
置渲染器为V-Ray渲染器，接着在"公用参数"卷展
栏下设置"宽度"为720、"高度"为405，最后单
击"图像纵横比"选项后面的"锁定"按钮，锁
定渲染图像的纵横比，如图8-163所示。

（2）单击V-Ray选项卡，然后在"图像采样器
（抗锯齿）"卷展栏下设置"类型"为"固定"，接
着设置"过滤器"类型为"区域"，如图8-164所示。

图8-163　　　　图8-164

（3）展开"颜色贴图"卷展栏，然后设置"类
型"为"指数"，如图8-165所示。

（4）单击GI选项卡，然后在"全局照明"卷展栏
下勾选"启用全局照明（GI）"选项，接着设置"首
次引擎"为"发光图"、"二次引擎"为"灯光缓
存"，如图8-166所示。

图8-165　　　　图8-166

（5）展开"发光图"卷展栏，然后设置"当
前预设"为"自定义"，接着设置"最小速率"和
"最大速率"都为-4，再设置"细分"为20，最后
设置"插值采样"为10，如图8-167所示。

（6）展开"灯光缓存"卷展栏，然后设置"细

179

分"为200，接着勾选"显示计算相位"选项，如图8-168所示。

图8-167

图8-168

（7）单击"设置"选项卡，然后在"系统"卷展栏下设置"序列"为"上->下"，接着选择"日志窗口"选项为"从不"，如图8-169所示。

图8-169

8.4.3 灯光设置

本场景的光源很少，需要用VRay灯光来模拟天光效果，用"目标聚光灯"来模拟灯光效果。

（1）设置灯光类型为VRay，然后在场景中创建出一盏VRay灯光作为天光，其位置如图8-170所示。

图8-170

（2）选择上一步创建的VRay灯光，然后展开"参数"卷展栏，具体参数设置如图8-171所示。

设置步骤

① 在"常规"选项组下设置"类型"为"平面"。

② 在"强度"选项组下设置"倍增"为30，然后设

置"颜色"为蓝色（R:117，G:179，B:255）。

③ 在"大小"选项组下设置"1/2长"为300.928mm，然后设置"1/2宽"为246.761mm。

④ 在"选项"选项组下勾选"不可见"选项，然后取消勾选"影响高光"和"影响反射"选项。

⑤ 在"采样"选项组下设置"细分"为16。

图8-171

（3）设置灯光类型为"标准"，然后在场景中创建出一盏"目标聚光灯"作为灯光，其位置如图8-172所示。

图8-172

（4）选择上一步创建的"目标聚光灯"，然后展开"参数"卷展栏，具体参数设置如图8-173所示。

设置步骤

① 在"常规参数"卷展栏下勾选"启用"阴影，并设置阴影类型为"VR-阴影"。

② 在"强度/颜色/衰减"卷展栏下设置"倍增"为0.6，然后设置"颜色"为橙色（R:255，G:157，B:69）。

③ 在"聚光灯参数"卷展栏下设置"聚光区/光束"为17.1，然后设置"衰减区/区域"为98.9。

④ 在"VRay阴影参数"卷栅栏下勾选"区域阴影"选项，然后设置"U大小""V大小"和"W大小"均为100mm，最后设置"细分"为16。

图8-173

8.4.4 设置最终渲染参数

（1）按F10键打开"渲染设置"对话框，然后在"公用参数"卷展栏下设置"宽度"为1280、"高度"为720，如图8-174所示。

图8-174

（2）单击V-Ray选项卡，然后在"图像采样器（抗锯齿）"卷展栏下设置"类型"为"自适应"，最后设置"过滤器"类型为Catmull-Rom，具体参数设置如图8-175所示。

图8-175

（3）展开"自适应图像采样器"卷展栏，然后设置"最小细分"为1、"最大细分"为4，如图8-176所示。

图8-176

（4）单击GI选项卡，然后展开"发光图"卷展栏，接着设置"当前预设"为"中"，最后设置"细分"为50、"插值采样"为20，具体参数设置如图8-177所示。

图8-177

（5）展开"灯光缓存"卷展栏，然后设置"细分"1200，如图8-178所示。

图8-178

（6）展开"全局确定性蒙特卡洛"卷展栏，然后设置"自适应数量"为0.75、"噪波阈值"为0.001、"最小采样"为16，如图8-179所示。

图8-179

（7）按F9键渲染当前场景，最终效果如图8-180所示。

图8-180

8.5 课堂练习：家装卧室日光表现

场景位置	场景文件>CH08>03.max
实例位置	实例文件>CH08>课堂练习：家装卧室日光表现.max
学习目标	练习材质的制作方法，渲染参数的设置方法

案例效果如图8-181所示。

图8-181

布光参考如图8-182所示。

图8-182

8.6 课后习题：工装日光走廊表现

场景位置　场景文件>CH08>04.max
实例位置　实例文件>CH08>课后习题：工装日光走廊表现.max
学习目标　练习材质的制作方法，渲染参数的设置方法

案例效果如图8-183所示。

图8-183

布光参考如图8-184所示。

图8-184

第9章

粒子系统与空间扭曲

本章将介绍3ds Max 2016的粒子系统与空间扭曲，其中重点讲解粒子系统。在内容方面，读者需要重点掌握"粒子流源""喷射"粒子、"雪"粒子和"超级喷射"粒子的用法。关于空间扭曲，读者只需要了解其作用即可。

学习目标

- 掌握粒子系统的使用方法
- 了解空间扭曲的作用

9.1 粒子系统

3ds Max 2016的粒子系统是一种很强大的动画制作工具，可以通过设置粒子系统来控制密集对象群的运动效果。粒子系统通常用于制作云、雨、风、火、烟雾、暴风雪以及爆炸等动画效果，如图9-1所示。

粒子系统作为单一的实体来管理特定的成组对象，通过将所有粒子对象组合成单一的可控系统，可以很容易地使用一个参数来修改所有对象，而且拥有良好的"可控性"和"随机性"。在创建粒子时会占用很大的内存空间，而且渲染速度相当慢。

3ds Max 2016包含7种粒子，分别是"粒子流源""喷射""雪""超级喷射""暴风雪、"粒子阵列"和"粒子云"，如图9-2所示。这7种粒子在顶视图中的显示效果如图9-3所示。

图9-1

图9-2

图9-3

本节内容介绍

名称	作用	重要程度
粒子流源	作为默认的发射器	高
喷射	模拟雨和喷泉等动画效果	中
雪	模拟飘落的雪花或撒落的纸屑等动画效果	中
超级喷射	模拟暴雨和喷泉等动画效果	高
暴风雪	模拟暴风雪等动画效果	低
粒子阵列	模拟对象的爆炸效果	低
粒子云	创建类似体积雾的粒子群	低

9.1.1 课堂案例：制作影视包装文字动画

场景位置　场景文件>CH09>01.max
实例位置　实例文件>CH09>课堂案例：制作影视包装文字动画.max
学习目标　学习"粒子流源"的用法

案例效果如图9-4所示。

图9-4

（1）打开本书学习资源中的"场景文件>CH09 >01.max"文件，如图9-5所示。

图9-5

（2）在"创建"面板中单击"几何体"按钮，设置几何体类型为"粒子系统"，然后单击"粒子流源"按钮 ，如图9-6所示，接着在前视图中拖曳光标创建一个粒子流源，如图9-7所示。

图9-6

图9-7

（3）进入"修改"面板，在"设置"卷展栏下单击"粒子视图"按钮 粒子视图 ，打开"粒子视图"对话框，然后单击"出生001"操作符，接着在"出生001"卷展栏下设置"发射停止"为100、"数量"为1000，如图9-8所示。

图9-8

（4）单击"速度001"操作符，然后在"速度001"卷展栏下设置"速度"为500mm，如图9-9所示。

图9-9

（5）单击"形状001"操作符，然后在"形状001"卷展栏下设置"大小"为5mm，如图9-10所示。

图9-10

185

（6）单击"显示001"操作符，然后在"显示001"卷展栏下设置"类型"为"几何体"，接着设置显示颜色为黄色（R:255，G:182，B:26），如图9-11所示。

图9-11

（7）在下面的操作符列表中选择"位置对象"操作符，然后用鼠标左键将其拖曳到"显示001"操作符的下面，如图9-12所示。

图9-12

（8）单击"位置对象001"操作符，然后在"位置对象001"卷展栏下单击"添加"按钮 添加 ，接着在视图中拾取文字模型，最后设置"位置"为"曲面"，如图9-13所示。

图9-13

（9）选择动画效果最明显的一些帧，然后单独渲染出这些单帧动画，最终效果如图9-14所示。

图9-14

9.1.2 粒子流源

"粒子流源"是每个流的视口图标，也可以作为默认的发射器。在默认情况下，它显示为带有中心徽标的矩形，如图9-15所示。

进入"修改"面板，可以观察到"粒子流源"的参数包括"设置""发射""选择""系统管理"和"脚本"5个卷展栏，如图9-16所示。

图9-15　　　　图9-16

1.设置

展开"设置"卷展栏，如图9-17所示。

图9-17

重要参数解析

启用粒子发射：控制是否开启粒子系统。

"粒子视图"按钮 粒子视图 ：单击该按钮可以打开"粒子视图"对话框，如图9-18所示。

图9-18

2.发射

展开"发射"卷展栏，如图9-19所示。

图9-19

重要参数解析

徽标大小：主要用来设置粒子流中心徽标的尺寸，其大小对粒子的发射没有任何影响。

图标类型：主要用来设置图标在视图中的显示方式，有"长方形""长方体""圆形"和"球体"4种方式，默认为"长方形"。

长度：当"图标类型"设置为"长方形"或"长方体"时，显示的是"长度"参数；当"图标类型"设置为"圆形"或"球体"时，显示的是"直径"参数。

宽度：用来设置"长方形"和"长方体"徽标的宽度。

高度：用来设置"长方体"徽标的高度。

显示：主要用来控制是否显示标志或徽标。

视口%：主要用来设置视图中显示的粒子数量，该参数的值不会影响最终渲染的粒子数量，其取值范围为0~10000。

渲染%：主要用来设置最终渲染的粒子的数量百分比，该参数的大小会直接影响到最终渲染的粒子数量，其取值范围为0~10000。

3.选择

展开"选择"卷展栏，如图9-20所示。

图9-20

重要参数解析

"粒子"按钮：激活该按钮以后，可以选择粒子。

"事件"按钮：激活该按钮以后，可以按事件来选择粒子。

ID：使用该选项可以设置要选择的粒子的ID号。注意，每次只能设置一个数字。

提示 每个粒子都有唯一的ID号，从第1个粒子使用1开始，并递增计数。使用这些控件可按粒子ID号选择和取消选择粒子，但只能在"粒子"级别使用。

"添加"按钮 添加 ：设置完要选择的粒子的ID号后，单击该按钮可以将其添加到选择中。

"移除"按钮 移除 ：设置完要取消选择的粒子的ID号后，单击该按钮可以将其从选择中移除。

清除选定内容：启用该选项以后，单击"添加"按钮选择粒子会取消选择所有其他粒子。

从事件级别获取：单击该按钮可以将"事件"级别选择转换为"粒子"级别。

按事件选择：该列表显示粒子流中的所有事件，并高亮显示选定事件。

4.系统管理

展开"系统管理"卷展栏，如图9-21所示。

图9-21

重要参数解析

上限：用来限制粒子的最大数量，默认值为100000，其取值范围为0~10000000。

视口：设置视图中的动画回放的综合步幅。

渲染：用来设置渲染时的综合步幅。

5.脚本

展开"脚本"卷展栏，如图9-22所示。该卷展栏可以将脚本应用于每个积分步长以及查看的每帧的最后一个积分步长处的粒子系统。

图9-22

重要参数解析

每步更新："每步更新"脚本在每个积分步长的末尾，计算完粒子系统中所有动作后和所有粒子后，最终会在各自的事件中进行计算。

启用脚本：启用该选项后，可以引起按每积分步长执行内存中的脚本。

"编辑"按钮 编辑 ：单击该按钮可以打开具有当前脚本的文本编辑器对话框，如图9-23所示。

图9-23

使用脚本文件：启用该选项以后，可以通过单击下面的"无"按钮 无 来加载脚本文件。

"无"按钮 无 ：单击该按钮可以打开"打开"对话框，在该对话框中可以指定要从磁盘中加载的脚本文件。

最后一步更新：当完成所查看（或渲染）的每帧的最后一个积分步长后，系统会执行"最后一步更新"脚本。

启用脚本：启用该选项以后，可以引起在最后的积分步长后执行内存中的脚本。

"编辑"按钮 编辑 ：单击该按钮可以打开具有当前脚本的文本编辑器对话框。

使用脚本文件：启用该选项以后，可以通过单击下面的"无"按钮 无 来加载脚本文件。

"无"按钮 无 ：单击该按钮可以打开"打开"对话框，在该对话框中可以指定要从磁盘中加载的脚本文件。

9.1.3 喷射

"喷射"粒子常用来模拟雨和喷泉等效果，其参数设置面板如图9-24所示。

图9-24

重要参数解析

粒子

视口计数：在指定的帧处，设置视图中显示的最大粒子数量。

渲染计数：在渲染某一帧时设置可以显示的最大粒子数量（与"计时"选项组下的参数配合使用）。

水滴大小：设置水滴粒子的大小。

速度：设置每个粒子离开发射器时的初始速度。

变化：设置粒子的初始速度和方向。数值越大，喷射越强，范围越广。

水滴/圆点/十字叉：设置粒子在视图中的显示方式。

渲染

四面体：将粒子渲染为四面体。

面：将粒子渲染为正方形面。

计时

开始：设置第1个出现的粒子的帧编号。

寿命：设置每个粒子的寿命。

出生速率：设置每一帧产生的新粒子数。

恒定：启用该选项后，"出生速率"选项将不可用，此时的"出生速率"等于最大可持续速率。

发射器

宽度/长度：设置发射器的长度和宽度。

隐藏：启用该选项后，发射器将不会显示在视图中（发射器不会被渲染出来）。

9.1.4 雪

"雪"粒子主要用来模拟飘落的雪花或撒落的纸屑等动画效果，其参数设置面板如图9-25所示。

图9-25

重要参数解析

雪花大小：设置粒子的大小。

翻滚：设置雪花粒子的随机旋转量。

翻滚速率：设置雪花的旋转速度。

雪花/圆点/十字叉：设置粒子在视图中的显示方式。

六角形：将粒子渲染为六角形。

三角形：将粒子渲染为三角形。

面：将粒子渲染为正方形面。

> **提示** "雪"粒子的其他参数与"喷射"粒子完全相同，大家可参考"喷射"粒子的相关参数。

9.1.5 超级喷射

"超级喷射"粒子可以用来制作暴雨和喷泉等效果，若将其绑定到"路径跟随"空间扭曲上，还可以生成瀑布效果，其参数设置面板如图9-26所示。

图9-26

9.1.6 暴风雪

"暴风雪"粒子是"雪"粒子的升级版，可以用来制作暴风雪等动画效果，其参数设置面板如图9-27所示。

图9-27

> **提示** "暴风雪"粒子的参数非常复杂，但在实际工作中并不常用，因此这里不再介绍。同样，下面的"粒子阵列"粒子与"粒子云"粒子也不常用。

9.1.7 粒子阵列

"粒子阵列"粒子可以用来创建复制对象的爆

炸效果，其参数设置面板如图9-28所示。

+	基本参数
+	粒子生成
+	粒子类型
+	旋转和碰撞
+	对象运动继承
+	气泡运动
+	粒子繁殖
+	加载/保存预设

图9-28

9.1.8 粒子云

"粒子云"粒子可以用来创建类似体积雾效果的粒子群。使用"粒子云"能够将粒子限定在一个长方体、球体、圆柱体之内，或限定在场景中拾取的对象的外形范围之内（二维对象不能使用"粒子云"），其参数设置面板如图9-29所示。

+	基本参数
+	粒子生成
+	粒子类型
+	旋转和碰撞
+	对象运动继承
+	气泡运动
+	粒子繁殖
+	加载/保存预设

图9-29

9.2 空间扭曲

"空间扭曲"从字面意思来看比较难懂，可以将其比喻为一种控制场景对象运动的无形力量，如重力、风力和推力等。使用"空间扭曲"可以模拟真实世界中存在的"力"效果，当然"空间扭曲"需要与"粒子系统"一起配合使用才能制作出动画效果。

"空间扭曲"包括5种类型，分别是"力""导向器""几何/可变形""基于修改器"和"粒子和动力学"，如图9-30所示。

图9-30

本节内容介绍

名称	作用	重要程度
力	为粒子系统提供外力影响	中
导向器	为粒子系统提供导向功能	中
几何/可变形	变形对象的几何形状	低

9.2.1 力

"力"可以为粒子系统提供外力影响，共有9种类型，分别是"推力""马达""漩涡""阻力""粒子爆炸""路径跟随""重力""风"和"置换"，如图9-31所示。

图9-31

重要参数解析

"推力"工具 推力 ：可以为粒子系统提供正向或负向的均匀单向力。

"马达"工具 马达 ：对受影响的粒子或对象应用传统的马达驱动力（不是定向力）。

"漩涡"工具 漩涡 ：可以将力应用于粒子，使粒子在急转的漩涡中进行旋转，然后让它们向下移动成一个长而窄的喷流或漩涡井，常用来创建黑洞、涡流和龙卷风。

"阻力"工具 阻力 ：这是一种在指定范围内按照指定量来降低粒子速率的粒子运动阻尼器。应用阻尼的方式可以是"线性""球形"或"圆柱形"。

"粒子爆炸"工具 粒子爆炸 ：可以创建一种使粒子系统发生爆炸的冲击波。

"路径跟随"工具 路径跟随 ：可以强制粒子沿指定的路径进行运动。路径通常为单一的样条线，也可以是具有多条样条线的图形，但粒子只会沿其中一条样条线运动。

"重力"工具 重力 ：用来模拟粒子受到的

自然重力。重力具有方向性，沿重力箭头方向的粒子为加速运动，沿重力箭头逆向的粒子为减速运动。

"风"工具 风：用来模拟风吹动粒子所产生的飘动效果。

"置换"工具 置换：以力场的形式推动和重塑对象的几何外形，对几何体和粒子系统都会产生影响。

9.2.2 导向器

"导向器"可以为粒子系统提供导向功能，共有6种类型，分别是"泛方向导向板""泛方向导向球""全泛方向导向""全导向器""导向球"和"导向板"，如图9-32所示。

图9-32

重要参数解析

"泛方向导向板"工具 泛方向导向板：这是空间扭曲的一种平面泛方向导向器。它能提供比原始导向器空间扭曲更强大的功能，包括折射和繁殖能力。

"泛方向导向球"工具 泛方向导向球：这是空间扭曲的一种球形泛方向导向器。它提供的选项比原始的导向球更多。

"全泛方向导向"工具 全泛方向导向：这个导向器比原始的"全导向器"更强大，可以使用任意几何对象作为粒子导向器。

"全导向器"工具 全导向器：这是一种可以使用任意对象作为粒子导向器的全导向器。

"导向球"工具 导向球：这个空间扭曲起着球形粒子导向器的作用。

"导向板"工具 导向板：这是一种平面装的导向器，是一种特殊类型的空间扭曲，它能让粒子影响动力学状态下的对象。

9.2.3 几何/可变形

"几何/可变形"空间扭曲主要用于变形对象的几何形状，包括7种类型，分别是"FFD（长方体）""FFD（圆柱体）""波浪""涟漪""置换""一致"和"爆炸"，如图9-33所示。

图9-33

重要参数解析

"FFD（长方体）"工具 FFD(长方体)：这是一种类似于原始FFD修改器的长方体形状的晶格FFD对象，它既可以作为一种对象修改器也可以作为一种空间扭曲。

"FFD（圆柱体）"工具 FFD(圆柱体)：该空间扭曲在其晶格中使用柱形控制点阵列，它既可以作为一种对象修改器也可以作为一种空间扭曲。

"波浪"工具 波浪：该空间扭曲可以在整个世界空间中创建线性波浪。

"涟漪"工具 涟漪：该空间扭曲可以在整个世界空间中创建同心波纹。

"置换"工具 置换：该空间扭曲的工作方式和"置换"修改器类似。

"一致"工具 一致：该空间扭曲修改绑定对象的方法是按照空间扭曲图标所指示的方向推动其顶点，直至这些顶点碰到指定目标对象，或从原始位置移动到指定距离。

"爆炸"工具 爆炸：该空间扭曲可以把对象炸成许多单独的面。

9.3 课堂练习：制作下雨动画

场景位置　场景文件>CH09>02.max
实例位置　实例文件>CH09>课堂练习：制作下雨动画.max
学习目标　练习"超级喷射"粒子的用法

案例效果如图9-34所示。

图9-34

9.4 课后习题：制作烟花爆炸动画

场景位置　场景文件>CH09>03.max
实例位置　实例文件>CH09>课后习题：制作烟花爆炸动画.max
学习目标　练习"超级喷射"粒子的用法

案例效果如图9-35所示。

图9-35

第10章

动力学

本章将介绍3ds Max 2016的动力学技术，其中重点讲解动力学MassFX技术。在内容方面，读者需要重点掌握刚体动画的制作方法。

学习目标

● 掌握打开动力学工具栏的方法

● 掌握刚体动画制作方法

10.1 动力学MassFX概述

3ds Max 2016中的动力学系统非常强大，远远超越了之前的任何一个版本，可以快速地制作出物体与物体之间真实的物理作用效果，是制作动画必不可少的一部分。动力学可以用于定义物理属性和外力，当对象遵循物理定律进行相互作用时，可以让场景自动生成最终的动画关键帧。

在3ds Max 2016之前的版本中，动画设计师一直使用Reactor来制作动力学效果，但是Reactor动力学存在很多漏洞，如卡机、容易出错等。而在3ds Max 2016版本中，在尘封了多年的动力学Reactor之后，终于加入了新的刚体动力学——MassFX。这套刚体动力学系统，可以配合多线程的Nvidia显示引擎来进行MAX视图里的实时运算，并能得到更为真实的动力学效果。MassFX的主要优势在于操作简单，可以实时运算，并解决了由于模型面数多而无法运算的问题，因此Autodesk公司将3ds Max 2016进行了"减法计划"，将没有多大用处的功能直接去掉，换上更好的工具。但是对于习惯Reactor的老用户也不必担心，因为MassFX与Reactor在参数、操作等方面还是比较相近的。

动力学支持刚体和软体动力学、布料模拟和流体模拟，并且它拥有物理属性，如质量、摩擦力和弹力等，可用来模拟真实的碰撞、绳索、布料、马达和汽车运动等效果，图10-1所示是一些很优秀的动力学作品。

图10-1

在"主工具栏"的空白处单击鼠标右键，然后在弹出的菜单中选择"MassFX工具栏"命令，可以调出"MassFX工具栏"，如图10-2所示，调出的"MassFX工具栏"如图10-3所示。

图10-2

图10-3

提示 为了方便操作，可以将"MassFX工具栏"拖曳到操作界面的左侧，使其停靠于此，如图10-4所示。另外，在"MassFX工具栏"上单击鼠标右键，在弹出的菜单中选择"停靠"菜单中的子命令可以选择停靠在其他的地方，如图10-5所示。

图10-4

图10-5

10.2 创建动力学MassFX

本节将针对"MassFX工具栏"中的"MassFX工具"、刚体创建工具以及模拟工具进行讲解。刚体是物理模拟中的对象，其形状和大小不会更改，它可能会反弹、滚动和四处滑动，但无论施加了多大的力，它都不会弯曲或折断。

本节工具介绍

名称	作用	重要程度
MassFX工具	设置刚体的所有参数	中
模拟工具	了解MassFX工具中的模拟工具	高
创建刚体	了解MassFX工具中的刚体创建工具	高

10.2.1 课堂案例：制作多米诺骨牌动力学刚体动画

场景位置　场景文件>CH10>01.max
实例位置　实例文件>CH10>课堂案例：制作多米诺骨牌动力学刚体动画.max
学习目标　学习动力学刚体动画的制作方法

案例效果如图10-6所示。

图10-6

（1）打开本书学习资源中的"场景文件>CH10 >01.max"文件，如图10-7所示。

图10-7

（2）在"主工具栏"的空白处单击鼠标右键，然后在弹出的菜单中选择"MassFX工具栏"命令调出"MassFX工具栏"，如图10-8所示。

图10-8

（3）选择图10-9所示的骨牌，然后在"MassFX工具栏"中单击"将选定项设置为动力学刚体"按钮 ，这样可以将这个骨牌设置为动力学刚体，如图10-10所示。

图10-9　　　　　　　　　　图10-10

提示 由于本场景中的骨牌是通过"实例"复制方式制作的，因此只需要将其中一个骨牌设置为动力学刚体，其他的骨牌就会自动变成动力学刚体。

（4）在"MassFX工具栏"中单击"开始模拟"按钮 ，可以发现已经产生了骨牌动画，效果如图10-11所示。

图10-11

（5）单击"开始模拟"按钮 停止模拟，然后选择第1个骨牌，接着在"刚体属性"卷展栏下单击"烘焙"按钮 烘焙 ，此时会在时间尺上自动生成关键帧，如图10-12所示。

图10-12

（6）选择动画效果最明显的一些帧，然后单独渲染出这些单帧动画，最终效果如图10-13所示。

图10-13

10.2.2 MassFX工具

在"MassFX工具栏"中单击"MassFX工具"按钮，打开"MassFX工具"对话框，如图10-14所示。"MassFX工具"对话框分为"世界参数""模拟工具""多对象编辑器"和"显示选项"4个面板，下面对这4个面板分别进行讲解。

图10-14

1."世界参数"选项卡

"世界参数"面板包含3个卷展栏，分别是"场景设置""高级设置"和"引擎"卷展栏，如图10-15所示。

展开"场景设置"卷展栏，如图10-16所示。

图10-15

图10-16

重要参数解析

环境

使用地面碰撞：如果启用该选项，MassFX将使用（不可见）无限静态刚体（即$z=0$），也就是说与主栅格共面，此时刚体的摩擦力和反弹力值为固定值。

重力方向：如果启用该选项，则应用"使用重力"的所有刚体都将受到重力的影响。

轴：设置应用重力的全局轴，一般设置为z轴。

无加速：设置重力的加速度。使用z轴时，正值可使对象向上拉，负值可使对象向下拉。

强制对象的重力：可以使用重力空间扭曲将重力应用于刚体。首先将空间扭曲添加到场景中，然后使用"拾取重力"按钮将其指定为在模拟中使用。

拾取重力：拾取要作为全局重力的重力对象。

没有重力：选取时，重力不会影响模拟。

刚体：该选项组包含下列重要参数。

子步数：设置每个图形更新之间执行的模拟步数。

解算器迭代数：全局设置约束解算器强制执行碰撞和约束的次数。

使用高速碰撞：全局设置用于切换连续的碰撞检测。

使用自适应力：启用时，MassFX会根据需要收缩组合防穿透力来减少堆叠和紧密聚合刚体中的抖动。

按照元素生成图形：启用并将"MassFX刚体"修改器应用于对象后，MassFX会为对象中的每个元素创建一个单独的物理图形。禁用时，MassFX会为整个对象创建单个物理图形。后一个选项可能不太精确，但模拟速度更快。

展开"高级设置"卷展栏，如图10-17所示。

图10-17

重要参数解析

睡眠设置：该选项组包含下列重要参数。

睡眠能量：模拟中移动速度低于某个速度的刚体会自动进入"睡眠"模式并停止移动。

自动：MassFX自动计算合理的线速度和角速度

ОК

ОК

ОК

ー

睡眠阈值，高于该阈值即应用睡眠。

手动：勾选该选项后，可以覆盖速度和自旋的试探式值。

高速碰撞：该选项组包含下列重要参数。

自动：MassFX使用试探式算法来计算合理的速度阈值，高于该值即应用高速碰撞方法。

手动：勾选该选项后，可以覆盖速度的自动值。

最低速度：模拟中移动速度高于该速度的刚体将自动进入高速碰撞模式。

反弹设置：该选项组包含下列重要参数。

自动：MassFX使用试探式算法来计算合理的最低速度阈值，高于该值即应用反弹。

手动：勾选该选项后，可以覆盖速度的试探式值。

最低速度：模拟中移动速度高于该速度的刚体将相互反弹。

接触壳：该选项组包含下列重要参数。

接触距离：允许移动刚体重叠的距离。

支撑台深度：允许支撑体重叠的距离。

展开"引擎"卷展栏，如图10-18所示。

重要参数解析

选项：该选项组包含下列重要参数。

图10-18

使用多线程：启用该选项时，如果CPU具有多个内核，CPU可以执行多线程，以加快模拟的计算速度。

硬件加速：启用该选项时，如果系统配备了Nvidia GPU，即可使用硬件加速来执行某些计算。

关于MassFX 关于MassFX...：单击该按钮可以打开"关于MassFX"对话框，该对话框中显示的是MassFX的基本信息，如图10-19所示。

图10-19

2. "模拟工具"选项卡

"工具"面板包含"模拟""模拟设置"和"实用程序"3个卷展栏，如图10-20所示。

展开"模拟"卷展栏，如图10-21所示。

图10-20　　　　　图10-21

重要参数解析

"重置模拟"按钮 ：单击该按钮可以停止模拟，并将时间线滑块移动到第1帧，同时将任意动力学刚体设置为其初始变换。

"开始模拟"按钮 ：从当前帧运行模拟，时间线滑块为每个模拟步长前进一帧，从而让运动学刚体作为模拟的一部分进行移动。

"开始没有动画的模拟"按钮 ：当模拟运行时，时间线滑块不会前进，这样可以使动力学刚体移动到固定点。

"逐帧模拟"按钮 ：运行一个帧的模拟，并使时间线滑块前进相同的量。

"烘焙所有"按钮 烘焙所有 ：将所有动力学刚体的变换存储为动画关键帧时重置模拟。

"烘焙选定项"按钮 烘焙选定项 ：与"烘焙所有"类似，只不过烘焙仅应用于选定的动力学刚体。

"取消烘焙所有"按钮 取消烘焙所有 ：删除烘焙时设置为运动学的所有刚体的关键帧，从而将这些刚体恢复为动力学刚体。

"取消烘焙选定项"按钮 取消烘焙选定项 ：与"取消烘焙所有"类似，只不过取消烘焙仅应用于选定的适用刚体。

"捕获变换"按钮 捕获变换 ：将每个选定的动力学刚体的初始变换设置为其变换。

展开"模拟设置"卷展栏，如图10-22所示。

图10-22

重要参数解析

在最后一帧：选择当动画进行到最后一帧时，是否继续进行模拟。

继续模拟：即使时间线滑块达到最后一帧也继续运行模拟。

停止模拟：当时间线滑块达到最后一帧时停止模拟。

循环动画并且：在时间线滑块达到最后一帧时重复播放动画。

重置模拟：当时间线滑块达到最后一帧时，重置模拟且动画滑块跳到动画播放的第1帧。

继续模拟：当时间线滑块达到最后一帧时，模拟继续运行，但动画循环播放到第1帧。

展开"实用程序"卷展栏，如图10-23所示。

图10-23

重要参数解析

"浏览场景"按钮 浏览场景 ：单击该按钮打开"场景资源管理器-MassFX资源管理器"对话框，如图10-24所示。

图10-24

"验证场景"按钮 验证场景 ：单击该按钮可以打开"验证PhysX场景"对话框，在该对话框中可以验证各种场景元素是否违反模拟要求，如图10-25所示。

图10-25

"导出场景"按钮 导出场景 ：单击该按钮可以打开Select File to Export对话框，在该对话框中可以导出MassFX，以使模拟用于其他程序，如图10-26所示。

图10-26

3. "多对象编辑器"选项卡

"多对象编辑器"面板包含7个卷展栏，分别是"刚体属性""物理材质""物理材质属性""物理网格""物理网格参数""力"和"高级"卷展栏，如图10-27所示。

图10-27

展开"刚体属性"卷展栏，如图10-28所示。

图10-28

重要参数解析

刚体类型：设置刚体的模拟类型，包含"动力学""运动学"和"静态"3种类型。

直到帧：设置"刚体类型"为"运动学"时该选项才可用。启用该选项时，MassFX会在指定帧处将选定的运动学刚体转换为动态刚体。

"烘焙"按钮 ：将未烘焙的选定刚体的模拟运动转换为标准动画关键帧。

使用重力：如果启用该选项，同时又在"世界"面板中启用了"已启用重力"选项，那么重力将应用于选定刚体。

使用高速碰撞：如果启用该选项，同时又在"世界"面板中启用了"使用高速碰撞"选项，那么"高速碰撞"设置将应用于选定刚体。

在睡眠模式中启动：如果启用该选项，选定刚体将使用全局睡眠设置，同时以睡眠模式开始模拟。

与刚体碰撞：如果启用该选项，选定的刚体将与场景中的其他刚体发生碰撞。

展开"物理材质"卷展栏，如图10-29所示。

图10-29

重要参数解析

预设：选择预设的材质类型。使用后面的"吸管" 可以吸取场景中的材质。

"创建预设"按钮 创建预设 ：基于当前值创建新的物理材质预设。

"删除预设"按钮 删除预设 ：从列表中移除当前预设。

展开"物理材质属性"卷展栏，如图10-30所示。

图10-30

重要参数解析

密度：设置刚体的密度。

质量：设置刚体的重量。

静摩擦力：设置两个刚体开始互相滑动的难度系数。

动摩擦力：设置两个刚体保持互相滑动的难度系数。

反弹力：设置对象撞击到其他刚体时反弹的轻松程度和高度。

展开"物理网格"卷展栏，如图10-31所示。

图10-31

重要参数解析

网格类型：选择刚体物理网格的类型，包含"球体""长方体""胶囊""凸面""凹面"和"自定义"6种。

展开"物理网格参数"卷展栏，如图10-32所示。

图10-32

> **提示** "物理网格参数"卷展栏的内容是由"网格类型"决定的，图10-31所示的"网格类型"是长方体，网格参数内容，如图10-32所示。当用户选择不同的网格类型时，"物理网格参数"卷展栏的内容也会不同。

展开"力"卷展栏，如图10-33所示。

图10-33

重要参数解析

使用世界重力：禁用后，选定的刚体将仅使用在此处应用的力，并忽略全局重力设置。启用后，刚体将使用全局重力设置。

应用的场景力：列举出场景中可以影响模拟物体的力空间扭曲。

添加：将场景中的力空间扭曲应用到模拟中选定的刚体。将空间扭曲添加到场景后，单击"添加"，然后单击视口中的空间扭曲。

移除：可防止应用的空间扭曲影响选择。首先在列表中将其高亮显示，然后单击移除。

展开"高级"卷展栏，如图10-34所示。

图10-34

重要参数解析

模拟

覆盖解算器迭代次数: 如果启用该选项,将为选定刚体使用在这里指定的解算器迭代次数设置,而不使用全局设置。

启用背面碰撞: 仅可用于静态刚体。为凹面静态刚体指定原始图形类型时,启用此选项可确保模拟中的动力学对象与其背面碰撞。

接触壳

覆盖全局: 启用后,MassFX 将为选定刚体使用在此处指定的碰撞重叠设置,而不是使用全局设置。

接触距离: 允许移动刚体重叠的距离。

支撑台深度: 允许支撑体重叠的距离。当使用捕获变换设置对象在模拟中的初始位置时,此设置可以发挥作用。

初始运动

绝对/相对: 这两个选项只适用于开始时为运动学类型(通常已设置动画)的对象。设定为"绝对"时,将使用"初始速度"和"初始自旋"的值替换基于动画的值;设置为"相对"时,指定值将添加到根据动画计算得出的值。

初始速度: 设置刚体在变为动态类型时的起始方向和速度。

初始自旋: 设置刚体在变为动态类型时旋转的起始轴和速度。

质心

从网格计算: 基于刚体的几何体自动为刚体确定适当的质心。

使用轴: 使用对象的轴作为其质心。

局部偏移: 用于设置与用作质心的 x 轴、y 轴和 z 轴上对象轴的距离。

阻尼

线性: 设置为减慢移动对象的速度所施加的力大小。

角度: 设置为减慢旋转对象的速度所施加的力大小。

4. "显示选项"选项卡

"显示选项"面板包含两个卷展栏,分别是"刚体"和"MassFX 可视化工具"卷展栏,如图10-35所示。

图10-35

展开"刚体"卷展栏,如图10-36所示。

图10-36

重要参数解析

显示物理网格: 启用该选项时,物理网格会显示在视口中。

仅选定对象: 启用该选项时,仅选定对象的物理网格会显示在视口中。

展开"MassFX可视化工具"卷展栏,如图10-37所示。

图10-37

重要参数解析

启用可视化工具: 启用该选项时,"MassFX 可视化工具"卷展栏中的其余设置才起作用。

缩放: 设置基于视口的指示器的相对大小。

10.2.3 模拟工具

MassFX工具中的模拟工具分为4种,分别是"将模拟实体重置为其原始状态"工具、"开始模拟"工具、"开始没有动画的模拟"工具和"将模拟前进一帧"工具,如图10-38所示。

图10-38

重要参数解析

"将模拟实体重置为其原始状态"工具: 将时间线滑块返回到第1个动画帧,并将任何动力学刚体移动回其初始变换。

"开始模拟"工具: 单击该按钮可以模拟刚

体动画，并更新场景中动力学刚体对象的位置。

"**开始没有动画的模拟**"工具 ：单击该按钮可以仅运行模拟而不推进时间线滑块，同时不更新运动学刚体的位置。

"**将模拟前进一帧**"工具 ：单击该按钮可以与标准动画一起运行单个帧的模拟，然后停止模拟。

10.2.4 创建刚体

MassFX工具中的刚体创建工具分为3种，分别是"将选定项设置为动力学刚体"工具 、"将选定项设置为运动学刚体"工具 和"将选定项设置为静态刚体"工具 ，如图10-39所示。

图10-39

> **提示** 下面重点讲解"将选定项设置为动力学刚体"工具 和"将选定项设置为运动学刚体"工具 。由于"将选定项设置为静态刚体"工具 经常用于辅助前两个工具，因此不对其进行讲解。

1.将选定项设置为动力学刚体

使用"将选定项设置为动力学刚体"工具 可以将未实例化的MassFX刚体修改器应用到每个选定对象，并将刚体类型设置为"动力学"，然后为每个对象创建一个"凸面"物理网格，如图10-40所示。如果选定对象已经具有MassFX刚体修改器，则现有修改器将更改为动力学，而不重新应用。

图10-40

MassFX Rigid Body（MassFX刚体）修改器的参数分为6个卷展栏，分别是"刚体属性""物理材质""物理图形""物理网格参数""力"和"高

级"卷展栏，如图10-41所示。

展开"刚体属性"卷展栏，如图10-42。

图10-41   图10-42

重要参数解析

刚体类型：设置选定刚体的模拟类型，包含"动力学""运动学"和"静态"3种类型。

直到帧：如果启用该选项，MassFX会在指定帧处将选定的运动学刚体转换为动态刚体。该选项只有在将"刚体类型"设置为"运动学"时才可用。

烘焙 ：将选定刚体的模拟运动转换为标准动画关键帧，以便进行渲染（仅应用于动态刚体）。

使用高速碰撞：如果启用该选项以及"世界"面板中的"使用高速碰撞"选项，则这里的"使用高速碰撞"设置将应用于选定刚体。

在睡眠模式下启动：如果启用该选项，刚体将使用全局睡眠设置以睡眠模式开始模拟。

与刚体碰撞：启用该选项后，刚体将与场景中的其他刚体发生碰撞。

展开"物理材质"卷展栏，如图10-43示。

重要参数解析

网格：选择要更改其材质参数的刚体的物理网格。

预设值：从列表中选择一个预设，以指定所有的物理材质属性。

图10-43

密度：设置刚体的密度，度量单位为g/cm^3（克每立方厘米）。

质量：此刚体的重量，度量单位为kg（千克）。

静摩擦力：设置两个刚体开始互相滑动的难度系数。

动摩擦力：设置两个刚体保持互相滑动的难度系数。

反弹力：设置对象撞击到其他刚体时反弹的轻松程度和高度。

展开"物理图形"卷展栏，如图10-44示。

重要参数解析

修改图形：该列表用于显示添加到刚体的每个物理图形。

添加 添加：将新的物理图形添加到刚体。

重命名 重命名：更改物理图形的名称。

删除 删除：删除选定的物理图形。

复制图形 复制图形：将物理图形复制到剪贴板以便随后粘贴。

粘贴图形 粘贴图形：将之前复制的物理图形粘贴到当前刚体中。

镜像图形 镜像图形：围绕指定轴翻转图形几何体。

镜像图形设置 …：打开一个对话框，用于设置沿哪个轴对图形进行镜像，以及是使用局部轴还是世界轴。

重新生成选定对象 重新生成选定对象：使列表中高亮显示的图形自适应图形网格的当前状态。使用此选项可使物理图形重新适应编辑后的图形网格。

图形类型：为图形列表中高亮显示的图形选定应用的物理图形类型，包含6种类型，分别是"球体""框""胶囊""凸面""凹面"和"自定义"。

图形元素：使"图形"列表中高亮显示的图形适合从"图形元素"列表中选择的元素。

转换为自定义图形 转换为自定义图形：单击该按钮时，将基于高亮显示的物理图形在场景中创建一个新的可编辑网格对象，并将物理网格类型设置为"自定义"。

覆盖物理材质：在默认情况下，刚体中的每个物理图形使用"物理材质"卷展栏中的材质设置。但是可能使用的是由多个物理图形组成的复杂刚体，需要为某些物理图形使用不同的设置。

显示明暗处理外壳：启用时，将物理图形作为明暗处理视口中的明暗处理实体对象（而不是线框）进行渲染。

> **提示** "力""高级"卷展栏的参数在前面"多对象编辑器"中已经介绍过，这里就不再介绍。

2.将选定项设置为运动学刚体

使用"将选定项设置为运动学刚体"工具 可以

图10-44

将未实例化的MassFX刚体修改器应用到每个选定对象，并将刚体类型设置为"运动学"，然后为每个对象创建一个"凸面"物理网格，如图10-45所示。如果选定对象已经具有MassFX刚体修改器，则现有修改器将更改为运动学，而不重新应用。

图10-45

> **提示** "将选定项设置为运动学刚体"工具 的相关参数在前面的"MassFX工具"对话框中已经介绍过，因此这里不再重复讲解。

10.3 课堂练习：制作汽车碰撞运动学刚体动画

场景位置	场景文件>CH10>02.max
实例位置	实例文件>CH10>课堂练习：制作汽车碰撞运动学刚体动画.max
学习目标	练习碰撞动画的制作方法

案例效果如图10-46所示。

图10-46

10.4 课后习题：制作弹力球动力学刚体动画

场景位置	场景文件>CH10>03.max
实例位置	实例文件>CH10>课后习题：制作弹力球动力学刚体动画.max
学习目标	练习运动学刚体动画的制作方法

案例效果如图10-47所示。

图10-47

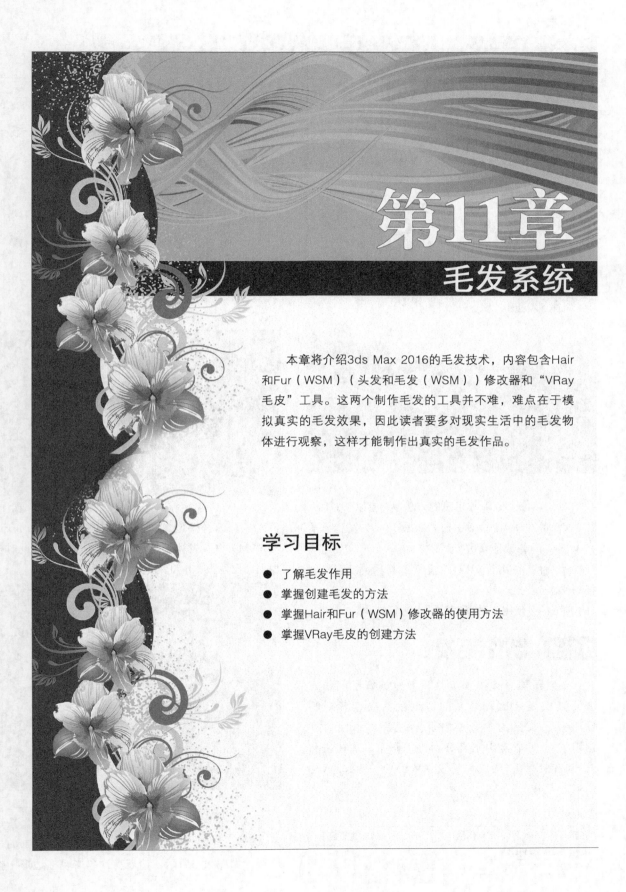

第11章

毛发系统

本章将介绍3ds Max 2016的毛发技术，内容包含Hair和Fur（WSM）（头发和毛发（WSM））修改器和"VRay毛皮"工具。这两个制作毛发的工具并不难，难点在于模拟真实的毛发效果，因此读者要多对现实生活中的毛发物体进行观察，这样才能制作出真实的毛发作品。

学习目标

- 了解毛发作用
- 掌握创建毛发的方法
- 掌握Hair和Fur（WSM）修改器的使用方法
- 掌握VRay毛皮的创建方法

11.1 毛发系统概述

毛发在静帧和角色动画制作中非常重要，同时毛发也是动画制作中最难模拟的，图11-1所示是比较优秀的毛发作品。

图11-1

在3ds Max中，制作毛发的方法主要有以下3种。

第1种：使用Hair和Fur（WSM）（头发和毛发（WSM））修改器来进行制作。

第2种：使用"VRay毛皮"工具 VR-毛皮 来进行制作。

第3种：使用不透明度贴图来进行制作。

11.2 制作毛发

毛发虽然难模拟，但是只要掌握好了制作方法，其实还是比较容易的，这就需要读者对制作毛发的工具的参数有着深刻理解。下面对制作毛发的两个常用工具分别进行介绍，即Hair和Fur（WSM）（头发和毛发（WSM））修改器与"VRay毛皮"工具。

本节内容介绍

名称	作用	重要程度
Hair和Fur（WSM）修改器	可以在任何对象上生长毛发	高
VRay毛皮	制作地毯、草地和毛制品等	高

11.2.1 课堂案例：制作化妆刷

场景位置	场景文件>CH11>01.max
实例位置	实例文件>CH11>课堂案例：制作化妆刷.max
学习目标	学习如何使用Hair和Fur（WSN）修改器制作毛发

案例效果如图11-2所示。

图11-2

（1）打开本书学习资源中的"场景文件>CH11>01.max"文件，如图11-3所示。

图11-3

（2）选择模型，然后为其加载一个Hair和Fur（WSM）（头发和毛发（WSM））修改器，此时模型上会出现很多凌乱的毛发，如图11-4所示。

图11-4

（3）在"选择"卷展栏下单击"多边形"按钮 ，进入"多边形"级别，然后选择笔尖底部的多边形，如图11-5所示，接着再次单击"多边形"按

钮■退出"多边形"级别，此时毛发只生长在这个
选定的多边形上，如图11-6所示。

图11-5

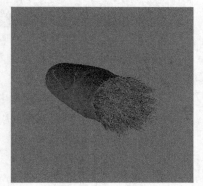

图11-6

（4）展开"常规参数"卷展栏，然后设置"头
发数量"为8000、"毛发过程数"为5，接着设置
"随机比例"为0、"根厚度"为3、"梢厚度"为
2.5，如图11-7所示。

（5）展开"卷发参数"卷展栏，然后设置"卷
发根"和"卷发梢"为0，如图11-8所示。

图11-7

图11-8

（6）展开"多股参数"卷展栏，然后设置"数
量"为1、"梢展开"为0.2，如图11-9所示，此时的
毛发效果如图11-10所示。

图11-9

图11-10

（7）按F9键
渲染当前场景，最
终效果如图11-11
所示。

图11-11

提示 需要特别注意的是很多情况下使用毛发制作作品并
进行渲染时，可能会提示出现错误，这很大的原因是由于毛
发的数量太多造成的，因此假若用户计算机配置较低，渲染
时可以适当地降低毛发的个数。

11.2.2 Hair和Fur（WSM）修改器

Hair和Fur（WSM）（头发和毛发（WSM））修
改器是毛发系统的核心。该修改器可以应用在要生长
毛发的任何对象上（包括网格对象和样条线对象）。
如果是网格对象，毛发将从整个曲面上生长出来；如
果是样条线对象，毛发将在样条线之间生长出来。

创建一个物体，然后为其加载一个Hair和Fur
（WSM）（头发和毛发（WSM））修改器，可以
观察到加载修
改器之后，物
体表面就生
长出了毛发
效果，如图
11-12所示。

图11-12

Hair和Fur（WSM）（头发和毛发（WSM））修改器的参数非常多，一共有14个卷展栏。下面依次对各卷展栏中的重要参数进行介绍。

1.选择

展开"选择"卷展栏，如图11-13所示。

图11-13

重要参数解析

"导向"按钮：这是一个子对象层级，单击该按钮后，"设计"卷展栏中的"设计发型"工具 设计发型 将自动启用。

"面"按钮：这是一个子对象层级，可以选择三角形面。

"多边形"按钮：这是一个子对象层级，可以选择多边形。

"元素"按钮：这是一个子对象层级，可以通过单击一次鼠标左键来选择对象中的所有连续多边形。

按顶点：该选项只在"面""多边形"和"元素"级别中使用。启用该选项后，只需要选择子对象的顶点就可以选中子对象。

忽略背面：该选项只在"面""多边形"和"元素"级别中使用。启用该选项后，选择子对象时只影响面对着用户的面。

"复制"按钮 复制 ：将命名选择集放置到复制缓冲区。

"粘贴"按钮 粘贴 ：从复制缓冲区中粘贴命名的选择集。

"更新选择"按钮 更新选择 ：根据当前子对象来选择重新要计算毛发生长的区域，然后更新显示。

2.工具

展开"工具"卷展栏，如图11-14所示。

图11-14

重要参数解析

"从样条线重梳"按钮 从样条线重梳 ：创建样条线以后，使用该工具在视图中拾取样条线，可以从样条线重梳毛发，如图11-15所示。

图11-15

样条线变形：可以用样条线来控制发型与动态效果。

"重置其余"按钮 重置其余 ：在曲面上重新分布头发的数量，以得到较为均匀的结果。

"重生头发"按钮 重生头发 ：忽略全部样式信息，将头发复位到默认状态。

"加载"按钮 加载 ：单击该按钮可以打开"Hair和Fur预设值"对话框，在该对话框中可以加载预设的毛发样式，如图11-16所示。

图11-16

"保存"按钮 保存 ：调整好毛发以后，单击该按钮可以将当前的毛发保存为预设的毛发样式。

"复制"按钮 复制 ：将所有毛发设置和样式信

息复制到粘贴缓冲区。

"粘贴"按钮 粘贴：将所有毛发设置和样式信息粘贴到当前的毛发修改对象中。

"无"按钮 无：如果要指定毛发对象，可以单击该按钮，然后拾取要应用毛发的对象。

×按钮 ×：如果要停止使用实例节点，可以单击该按钮。

混合材质：启用该选项后，应用于生长对象的材质以及应用于毛发对象的材质将合并为单一的多子对象材质，并应用于生长对象。

"导向->样条线"按钮 导向->样条线：将所有导向复制为新的单一样条线对象。

"毛发->样条线"按钮 毛发->样条线：将所有毛发复制为新的单一样条线对象。

"毛发->网格"按钮 毛发->网格：将所有毛发复制为新的单一网格对象。

"渲染设置"按钮 渲染设置...：单击该按钮可以打开"环境和效果"对话框，在该对话框中可以对毛发的渲染效果进行更多的设置。

3.设计

展开"设计"卷展栏，如图11-17所示。

重要参数解析

"设计发型"按钮 设计发型：单击该按钮可以设计毛发的发型，此时该按钮会变成凹陷的"完成设计"按钮 完成设计，单击"完成设计"按钮 完成设计 可以返回到"设计发型"状态。

图11-17

选择

"由头梢选择头发"按钮 ：可以只选择每根导向头发末端的顶点。

"选择全部顶点"按钮 ：选择导向头发中的任意顶点时，会选择该导向头发中的所有顶点。

"选择导向顶点"按钮 ：可以选择导向头发上的任意顶点。

"由根选择导向"按钮 ：可以只选择每根导

向头发根处的顶点，这样会选择相应导向头发上的所有顶点。

顶点显示下拉列表 长方体标记 ：选择顶点在视图中的显示方式。

"反选"按钮 ：反转顶点的选择，快捷键为Ctrl+I。

"轮流选"按钮 ：旋转空间中的选择。

"扩展选定对象"按钮 ：通过递增的方式增大选择区域。

"隐藏选定对象"按钮 ：隐藏选定的导向头发。

"显示隐藏对象"按钮 ：显示任何隐藏的导向头发。

设计

"发梳"按钮 ：在该模式下，可以通过拖曳光标来梳理毛发。

"剪头发"按钮 ：在该模式下可以修剪导向头发。

"选择"按钮 ：单击该按钮可以进入选择模式。

距离褪光：启用该选项时，刷动效果将朝着画刷的边缘产生褪光现象，从而产生柔和的边缘效果（只适用于"发梳"模式）。

忽略背面头发：启用该选项时，背面的头发将不受画刷的影响（适用于"发梳"和"剪头发"模式）。

画刷大小滑块 ：通过拖曳滑块来调整画刷的大小。另外，按住Shift+Ctrl组合键在视图中拖曳光标也可以更改画刷大小。

"平移"按钮 ：按照光标的移动方向来移动选定的顶点。

"站立"按钮 ：在曲面的垂直方向制作站立效果。

"蓬松发根"按钮 ：在曲面的垂直方向制作蓬松效果。

"丛"按钮 ：强制选定的导向之间相互更加靠近（向左拖曳光标）或更加分散（向右拖曳光标）。

"旋转"按钮：以光标位置为中心（位于发梳中心）来旋转导向毛发的顶点。

"比例"按钮：放大（向右拖动鼠标）或缩小（向左拖动鼠标）选定的导向。

实用程序

"衰减"按钮：根据底层多边形的曲面面积来缩放选定的导向。这一工具比较实用，例如，将毛发应用到动物模型上时，毛发较短的区域多边形通常也较小。

"选定弹出"按钮：沿曲面的法线方向弹出选定的头发。

"弹出大小为零"按钮：与"选定弹出"类似，但只能对长度为0的头发进行编辑。

"重疏"按钮：使用引导线对毛发进行梳理。

"重置剩余"按钮：在曲面上重新分布毛发的数量，以得到较为均匀的结果。

"切换碰撞"按钮：如果激活该按钮，设计发型时将考虑头发的碰撞。

"切换Hair"按钮：切换头发在视图中的显示方式，但是不会影响头发导向的显示。

"锁定"按钮：将选定的顶点相对于最近曲面的方向和距离锁定。锁定的顶点可以选择但不能移动。

"解除锁定"按钮：解除对所有导向头发的锁定。

"撤销"按钮：撤销最近的操作。

毛发组

"拆分选定头发组"按钮：将选定的导向拆分为一个组。

"合并选定头发组"按钮：重新合并选定的导向。

4.常规参数

展开"常规参数"卷展栏，如图11-18所示。

图11-18

重要参数解析

毛发数量：设置生成的毛发总数，图11-19所示是"毛发数量"为1000和9000时的效果对比。

头发数量=1000

头发数量=9000

图11-19

毛发段：设置每根毛发的段数。段数越多，毛发越自然，生成的网格对象越大（对于非常直的直发，可将"毛发段"设置为1），图11-20所示是"毛发段"为5和60时的效果对比。

头发段=5   头发段=60

图11-20

毛发过程数：设置毛发的透明度，取值范围为1~20，图11-21所示是"毛发过程数"为1和4时的效果对比。

毛发过程数=1

毛发过程数=4

图11-21

密度：设置头发的整体密度。

比例：设置头发的整体缩放比例。

剪切长度：设置将整体的头发长度进行缩放的比例。

随机比例：设置在渲染头发时的随机比例。

根厚度：设置发根的厚度。

梢厚度：设置发梢的厚度。

置换：设置头发从根到生长对象曲面的置换量。

插值：开启该选项后，头发生长将插入到导向头发之间。

5.材质参数

展开"材质参数"卷展栏，如图11-22所示。

重要参数解析

阻挡环境光：在照明模型时，控制环境光或漫反射对模型影响的偏差，图11-23和图11-24所示分别是"阻挡环境光"为0和100时的毛发效果。

图11-22

图11-23   图11-24

发梢褪光：开启该选项后，毛发将朝向梢部而产生淡出到透明的效果。该选项只适用于mental ray渲染器。

梢/根颜色：设置距离生长对象曲面最远或最近的毛发梢部/根部的颜色，图11-25所示是"梢颜色"为红色、"根颜色"为蓝色时的毛发效果。

梢颜色=红色

根颜色=蓝色

图11-25

色调/值变化：设置头发颜色或亮度的变化量，图11-26所示是不同"色调变化"和"值变化"的毛发效果。

色调变化=值变化=0

值变化=100

色调变化=100

图11-26

变异颜色：设置变异毛发的颜色。

变异%：设置接受"变异颜色"的毛发的百分比，图11-27所示是"变异%"为30和0时的效果对比。

变异%=30   变异%=0

图11-27

高光：设置在毛发上高亮显示的亮度。

光泽度：设置在毛发上高亮显示的相对大小。

高光反射染色：设置反射高光的颜色。

自身阴影：设置毛发自身阴影的大小，图11-28所示是"自身阴影"为0、50和100时的效果对比。

自身阴影=0

自身阴影=50

自身阴影=100

图11-28

几何体阴影：设置头发从场景中的几何体接收到的阴影的量。

209

几何体材质ID：在渲染几何体时设置头发的材质ID。

6.mr参数

展开"mr参数"卷展栏，如图11-29所示。

图11-29

重要参数解析

应用mr明暗器：开启该选项后，可以应用mental ray的明暗器来生成头发。

"无"按钮 无 ：单击该按钮可以在弹出的"材质/贴图浏览器"对话框中指定明暗器。

7.海市蜃楼参数

展开"海市蜃楼参数"卷展栏，如图11-30所示。

重要参数解析

图11-30

百分比：设置其应用"强度"和"Mess强度"的毛发的百分比，范围为0~100.

强度：海市蜃楼毛发伸出的长度。

Mess强度：将卷毛应用于海市蜃楼毛发，范围为0~1。

8.成束参数

展开"成束参数"卷展栏，如图11-31所示。

图11-31

重要参数解析

束：相对于总体毛发数量，设置毛发束数量。

强度："强度"越大，束中各个梢彼此之间的吸引越强，范围为0.0 ~ 1.0。

不整洁：值越大，越不整洁地向内弯曲束，每个束的方向是随机的，范围为0.0 ~ 400.0。

旋转：扭曲每个束，范围为0.0 ~ 1.0。

旋转偏移：从根部偏移束的梢，范围为0.0 ~ 1.0。

颜色：非零值可改变束中的颜色，范围为0.0 ~ 1.0。

随机：用于控制所有成束参数随机变化的强度，范围为0~1。

平坦度：在垂直于梳理方向的方向上挤压每个束，效果是缠结毛发，使其类似于诸如猫或熊等的毛。

9.卷发参数

展开"卷发参数"卷展栏，如图11-32所示。

图11-32

重要参数解析

卷发根：设置头发在其根部的置换量。

卷发梢：设置头发在其梢部的置换量。

卷发X/Y/Z频率：控制在3个轴中的卷发频率。

卷发动画：设置波浪运动的幅度。

动画速度：设置动画噪波场通过空间时的速度。

卷发动画方向：设置卷发动画的方向向量。

10.纽结参数

展开"纽结参数"卷展栏，如图11-33所示。

图11-33

重要参数解析

纽结根/梢：设置毛发在其根部/梢部的扭结置换量。

纽结X/Y/Z频率：设置在3个轴中的扭结频率。

11.多股参数

展开"多股参数"卷展栏，如图11-34所示。

图11-34

重要参数解析

数量：设置每个聚集块的头发数量。

根展开：设置为根部聚集块中的每根毛发提供的随机补偿量。

梢展开：设置为梢部聚集块中的每根毛发提供的随机补偿量。

扭曲：使用每束的中心作为轴扭曲束。

偏移：使束偏移其中心，离尖端越近，偏移越大。

纵横比：在垂直于梳理方向的方向上挤压每个束。

随机化：设置随机处理聚集块中的每根毛发的长度。

12.动力学

展开"动力学"卷展栏，如图11-35所示。

重要参数解析

模式：选择毛发用于生成动力学效果的方法，有"无""现场"和"预计算"3个选项可供选择。

起始：设置在计算模拟时要考虑的第1帧。

结束：设置在计算模拟时要考虑的最后1帧。

运行 运行：单击该按钮可以进入模拟状态，并在"起始"和"结束"指定的帧范围内生成起始文件。

动力学参数：该参数组用于设置动力学的重力、衰减等属性。

重力：设置在全局空间中垂直移动毛发的力。

图11-35

刚度：设置动力学效果的强弱。

根控制：在动力学演算时，该参数只影响头发的根部。

衰减：设置动态头发承载前进到下一帧的速度。

碰撞：选择毛发在动态模拟期间碰撞的对象和计算碰撞的方式，共有"无""球体"和"多边形"3种方式可供选择。

使用生长对象：开启该选项后，头发和生长对象将发生碰撞。

添加 添加/**更换** 更换/**删除** 删除：在列表中添加/更换/删除对象。

13.显示

展开"显示"卷展栏，如图11-36所示。

图11-36

显示导向：开启该选项后，头发在视图中会使用颜色样本中的颜色来显示导向。

导向颜色：设置导向所采用的颜色。

显示毛发：开启该选项后，生长毛发的物体在视图中会显示出毛发。

覆盖：关闭该选项后，3ds Max会使用与渲染颜色相近的颜色来显示毛发。

百分比：设置在视图中显示的全部毛发的百分比。

最大头发数：设置在视图中显示的最大毛发数量。

作为几何体：开启该选项后，毛发在视图中将显示为要渲染的实际几何体，而不是默认的线条。

11.2.3 课堂案例：制作地毯

场景位置	场景文件>CH11>02.max
实例位置	实例文件>CH11>课堂案例：制作地毯.max
学习目标	学习如何使用VRay毛皮制作地毯

案例效果如图11-37所示。

图11-37

（1）打开本书学习资源中的"场景文件>CH11>02.max"文件，如图11-38所示。

（2）选择地毯模型，然后设置几何类型为VRay，接着单击"VRay毛皮"按钮 VR-毛皮，此时地毯模型上会长出毛发，如图11-39所示。

图11-38

图11-39

（3）选择"VRay毛皮"，展开"参数"卷展栏，然后在"源对象"选项组下设置"长度"为30mm、"厚度"为0.6mm、"重力"为4.4mm、"弯曲"为0.7，接着在"几何体细节"选项组下设置"结数"为5，最后在"变化"选项组下设置"方向参量"为0.6、"长度参量"为0.3，具体参数设置如图11-40所示，毛发效果如图11-41所示。

图11-40   图11-41

（4）按F9键渲染当前场景，最终效果如图11-42所示。

图11-42

11.2.4 VRay毛皮

VRay毛皮是VRay渲染器自带的一种毛发制作工具，经常用来制作地毯、草地和毛制品等，如图11-43所示。

图11-43

加载VRay渲染器后，随意创建一个物体，然后设置几何体类型为VRay，接着单击"VR-毛皮"按钮 VR-毛皮 ，就可以为选中的对象创建VR-毛皮，如图11-44所示。

图11-44

VR-毛皮的参数只有3个卷展栏，分别是"参数""贴图"和"视口显示"卷展栏，如图11-45所示。

图11-45

1.参数

展开"参数"卷展栏，如图11-46所示。

重要参数解析

源对象：指定需要添加毛发的物体。

长度：设置毛发的长度。

厚度：设置毛发的厚度。

重力：控制毛发在z轴方向被下拉的力度，也就是通常所说的"重量"。

弯曲：设置毛发的弯曲程度。

锥度：用来控制毛发锥化的程度。

几何体细节

边数：当前这个参数还不可用，在以后的版本中将开发多边形的毛发。

结数：用来控制毛发弯曲时的光滑程度。值越大，表示段数越多，弯曲的毛发越光滑。

平面法线：这个选项用来控制毛发的呈现方式。当勾选该选项时，毛发将以平面方式呈现；当关闭该选项时，毛发将以圆柱体方式呈现。

变量

方向参量：控制毛发在方向上的随机变化。值越大，表示变化越强烈；0表示不变化。

长度参量：控制毛发长度的随机变化。1表示变化越强烈；0表示不变化。

厚度参量：控制毛发粗细的随机变化。1表示变化越强烈；0表示不变化。

重力参量：控制毛发受重力影响的随机变化。1表示变化越强烈；0表示不变化。

分布

每个面：用来控制每个面产生的毛发数量，因为物体的每个面不都是均匀的，所以渲染出来的毛发也不均匀。

每区域：用来控制每单位面积中的毛发数量，这种方式下渲染出来的毛发比较均匀。

参照帧：指定源物体获取到计算面大小的帧，获取的数据将贯穿整个动画过程。

放置

整个对象：启用该选项后，全部的面都将产生毛发。

图11-46

选定的面：启用该选项后，只有被选择的面才能产生毛发。

材质ID：启用该选项后，只有指定了材质ID的面才能产生毛发。

贴图

生成世界坐标：所有的UVW贴图坐标都从基础物体中获取，但该选项的w坐标可以修改毛发的偏移量。

通道：指定在w坐标上将被修改的通道。

2.贴图

展开"贴图"卷展栏，如图11-47所示。

重要参数解析

基础贴图通道：选择贴图的通道。

弯曲方向贴图（RGB）：用彩色贴图来控制毛发的弯曲方向。

初始方向贴图（RGB）：用彩色贴图来控制毛发根部的生长方向。

长度贴图（单色）：用灰度贴图来控制毛发的长度。

图11-47

厚度贴图（单色）：用灰度贴图来控制毛发的粗细。

重力贴图（单色）：用灰度贴图来控制毛发受重力的影响。

弯曲贴图（单色）：用灰度贴图来控制毛发的弯曲程度。

密度贴图（单色）：用灰度贴图来控制毛发的生长密度。

3.视口显示

展开"视口显示"卷展栏，如图11-48所示。

图11-48

重要参数解析

视口预览：当勾选该选项时，可以在视图中预览毛发的生长情况。

最大毛发：数值越大，越能清楚地观察毛发的生长情况。

图标文本：勾选该选项后，可以在视图中显示VR-毛皮的图标和文字，如图11-49所示。

自动更新：勾选该选项后，当改变毛发参数时，3ds Max会在视图中自动更新毛发的显示情况。

"手动更新"按钮 手动更新 ：单击该按钮可以手动更新毛发在视图中的显示情况。

图11-49

11.3 课堂练习：制作毛巾

场景位置	场景文件>CH11>03.max
实例位置	实例文件>CH11>课堂练习：制作毛巾.max
学习目标	练习VRay毛皮的制作方法

案例效果如图11-50所示。

图11-50

11.4 课后习题：制作刷子

场景位置	场景文件>CH11>04.max
实例位置	实例文件>CH11>课后习题：制作刷子.max
学习目标	练习Hair和Fur（WSM）（头发和毛发（WSM））修改器的用法

案例效果如图11-51所示。

图11-51

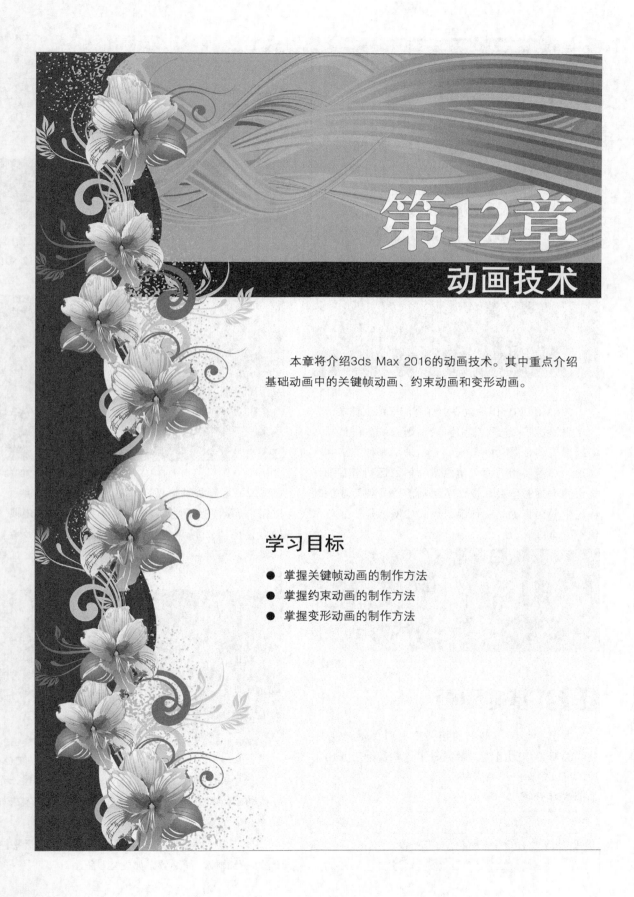

第12章

动画技术

本章将介绍3ds Max 2016的动画技术。其中重点介绍基础动画中的关键帧动画、约束动画和变形动画。

学习目标

- 掌握关键帧动画的制作方法
- 掌握约束动画的制作方法
- 掌握变形动画的制作方法

12.1 动画概述

　　动画是一门综合艺术,是工业社会人类寻求精神解脱的产物,它是集合了绘画、漫画、电影、数字媒体、摄影、音乐、文学等众多艺术门类于一身的艺术表现形式,将多张连续的单帧画面连在一起就形成了动画,如图12-1所示。

图12-1

　　3ds Max 2016作为世界上优秀的三维软件之一,为用户提供了一套非常强大的动画系统,包括基本动画系统和骨骼动画系统。无论采用哪种方法制作动画,都需要动画师对角色或物体的运动有着细致观察和深刻的体会,抓住了运动的"灵魂"才能制作出生动逼真的动画作品,图12-2所示是一些非常优秀的动画作品。

图12-2

12.2 基础动画

　　本节介绍制作动画的相关工具和"轨迹视图-曲线编辑器"的用法。掌握好了这些基础工具的用法,可以制作出一些简单动画。

本节内容介绍

名称	作用	重要程度
动画制作工具	了解各个动画制作工具的用法	高
曲线编辑器	快速地调节曲线来控制物体的运动状态	中

12.2.1 课堂案例:制作钟表动画

场景位置	场景文件>CH12>01.max
实例位置	实例文件>CH12>课堂案例:制作钟表动画.max
学习目标	学习自动关键点动画的制作方法

　　案例效果如图12-3所示。

图12-3

　　(1)打开本书学习资源中的"场景文件>CH12 >01. max"文件,如图12-4所示。

图12-4

　　(2)选择秒针模型,然后单击"自动关键点"按钮 自动关键点 ,接着将时间线滑块拖曳到第100帧,最后使用"选择并旋转"工具 ◯ (修改"参考坐标系"为 局部 ▼)沿z轴将秒针旋转-3600°,如图12-5所示。

图12-5

　　(3)采样同样的方法将分针和时针也设置一个旋转动画,然后单击"播放动画"按钮 ▶ ,效果如图12-6所示。

　　(4)选择动画效果最明显的一些帧,然后按F9键渲染当前帧,最终效果如图12-7所示。

图12-6

图12-7

12.2.2 动画制作工具

本节将介绍动画制作的"关键帧设置""播放控制器"和"时间配置"3个工具。

1.关键帧设置

3ds Max的界面的右下角是一些设置动画关键帧的相关工具,如图12-8所示。

图12-8

重要参数解析

"**自动关键点**"**按钮** 自动关键点:单击该按钮或按N键可以自动记录关键帧。在该状态下,物体的模型、材质、灯光和渲染都将被记录为不同属性的动画。启用"自动关键点"功能后,时间尺会变成红色,拖曳时间线滑块可以控制动画的播放范围和关键帧等,如图12-9所示。

图12-9

"**设置关键点**"**按钮** 设置关键点:激活该按钮后,可以手动设置关键点。

选定对象 选定对象:使用"设置关键点"动画模式时,在这里可以快速访问命名选择集和轨迹集。

"**设置关键点**"**按钮** :如果对当前的效果比较满意,可以单击该按钮(快捷键为K键)设置关键点。

"**关键点过滤器**"**按钮** 关键点过滤器...:单击该按钮可以打开"设置关键点过滤器"对话框,在该对

话框中可以选择要设置关键点的轨迹,如图12-10所示。

图12-10

2.播放控制器

在关键帧设置工具的旁边是一些控制动画播放的相关工具,如图12-11所示。

图12-11

重要参数解析

"**转至开头**"**按钮** :如果当前时间线滑块没有处于第0帧位置,那么单击该按钮可以跳转到第0帧。

"**上一帧**"**按钮** :将当前时间线滑块向前移动一帧。

"**播放动画**"**按钮** /"**播放选定对象**"**按钮** :单击"播放动画"按钮 可以播放整个场景中的所有动画;单击"播放选定对象"按钮 可以播放选定对象的动画,而未选定的对象将静止不动。

"**下一帧**"**按钮** :将当前时间线滑块向后移动一帧。

"**转至结尾**"**按钮** :如果当前时间线滑块没有处于结束帧位置,那么单击该按钮可以跳转到最后一帧。

"**关键点模式切换**"**按钮** :单击该按钮可以切换到关键点设置模式。

时间跳转输入框 :在这里可以输入数字来跳转时间线滑块,如输入60,按Enter键就可以将时间线滑块跳转到第60帧。

时间配置 :单击该按钮可以打开"时间配置"对话框。该对话框中的参数将在下面的内容中将进行讲解。

3.时间配置

单击"时间配置"按钮 ,打开"时间配置"对话框,如图12-12所示。

图12-12

重要参数解析

帧速率

帧速率：共有NTSC（30帧/秒）、PAL（25帧/秒）、Film（电影24帧/秒）和"自定义"4种方式可供选择，但一般情况都采用PAL（25帧/秒）方式。

FPS（每秒帧数）：采用每秒帧数来设置动画的帧速率。视频使用30FPS的帧速率、电影使用24 FPS的帧速率，而Web和媒体动画则使用更低的帧速率。

时间显示

帧/SMPTE/帧:TICK/分:秒:TICK：指定在时间线滑块及整个3ds Max中显示时间的方法。

播放

实时：使视图中播放的动画与当前"帧速率"的设置保持一致。

仅活动视口：使播放操作只在活动视口中进行。

循环：控制动画只播放一次或者循环播放。

速度：选择动画的播放速度。

方向：选择动画的播放方向。

动画

开始时间/结束时间：设置在时间线滑块中显示的活动时间段。

长度：设置显示活动时间段的帧数。

帧数：设置要渲染的帧数。

"重缩放时间"按钮 ![重缩放时间]：拉伸或收缩活动时间段内的动画，以匹配指定的新时间段。

当前时间：指定时间线滑块的当前帧。

关键点步幅

使用轨迹栏：启用该选项后，可以使关键点模式遵循轨迹栏中的所有关键点。

仅选定对象：在使用"关键点步幅"模式时，该选项仅考虑选定对象的变换。

使用当前变换：禁用"位置""旋转""缩放"选项时，该选项可以在关键点模式中使用当前变换。

位置/旋转/缩放：指定关键点模式所使用的变换模式。

12.2.3 曲线编辑器

"曲线编辑器"是制作动画时经常使用到的一个编辑器。使用"曲线编辑器"可以快速地调节曲线来控制物体的运动状态。单击"主工具栏"中的"曲线编辑器（打开）"按钮 ![图标]，打开"轨迹视图-曲线编辑器"对话框，如图12-13所示。

图12-13

为物体设置动画属性以后，在"轨迹视图-曲线编辑器"对话框中就会有与之相对应的曲线，如图12-14所示。

图12-14

在"轨迹视图-曲线编辑器"对话框中，x轴默认使用红色曲线来表示、y轴默认使用绿色曲线来表示，z轴默认使用紫色曲线来表示，这3条曲线与坐标轴的3条轴线的颜色相同，图12-15所示的x轴曲线为水平直线，这代表物体在x轴上未发生移动。

图12-16中的*y*轴曲线为抛物线形状，代表物体在*y*轴方向上正处于加速运动状态。

图12-15

图12-16

图12-17中的*z*轴曲线为倾斜的均匀曲线，代表物体在*z*轴方向上正处于匀速运动状态。

图12-17

下面讲解"轨迹视图-曲线编辑器"对话框中的相关工具。

1.关键点工具

"关键点:轨迹视图"工具栏中的工具主要用来调整曲线基本形状，也可以调整关键帧和添加关键点，如图12-18所示。

图12-18

重要参数解析

"移动关键点"按钮 ⊕ **/"水平移动关键点"按钮** ↔ **/"垂直移动关键点"按钮** ↕：在函数曲线图上任意、水平或垂直移动关键点。

"绘制曲线"按钮 ✐：使用该工具可以绘制新的曲线，当然也可以直接在函数曲线上绘制草图来修改已有曲线。

"区域关键点工具"按钮 ⊡：使用该工具可以在矩形区域中移动和缩放关键点。

"添加关键点"按钮 ✥：在现有的曲线上创建关键点。

"重定时工具"按钮 ⊕：基于每个轨迹的扭曲时间。

"对全部对象重定时工具"按钮 ⊕：全部修改动画计时。

提示 设置关键点的常用方法主要有以下两种。

第1种：自动设置关键点。当开启"自动关键点"功能后，就可以通过定位当前帧的位置来记录动画。如在图12-19中有一个球体，并且当前时间线滑块处于第0帧位置。将时间线滑块拖曳到第10帧位置，然后移动球体的位置，这时系统会在第0帧和第10帧自动记录动画信息，如图12-20所示，此时单击"播放动画"按钮 ▶ 或拖曳时间线滑块就可以观察到球体的位移动画。

图12-19

图12-20

第2种：手动设置关键点。单击"设置关键点"按钮 ▣设置关键点，开启"设置关键点"功能，然后将时间线滑块拖曳到第20帧，接着移动球体的位置，最后单击"设置关键点"按钮 ⊶，如图12-21所示。

图12-21

2.关键点切线工具

"关键点切线:轨迹视图"工具栏中的工具主要用来调整曲线的切线，如图12-22所示。

图12-22

重要参数解析

"**将切线设置为自动**"按钮：选择关键点后，单击该按钮可以切换为自动切线。

"**将切线设置为自定义**"按钮：将关键点设置为自定义切线。

"**将切线设置为快速**"按钮：将关键点切线设置为快速内切线或快速外切线，也可以设置为快速内切线兼快速外切线。

"**将切线设置为慢速**"按钮：将关键点切线设置为慢速内切线或慢速外切线，也可以设置为慢速内切线兼慢速外切线。

"**将切线设置为阶梯**"按钮：将关键点切线设置为阶跃内切线或阶跃外切线，也可以设置为阶跃内切线兼阶跃外切线。

"**将切线设置为线性**"按钮：将关键点切线设置为线性内切线或线性外切线，也可以设置为线性内切线兼线性外切线。

"**将切线设置为平滑**"按钮：将关键点切线设置为平滑切线。

3.切线动作

"切线动作"工具栏中的工具主要用于统一和断开动画关键点切线，如图12-23所示。

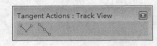

图12-23

重要参数解析

"**断开切线**"按钮：允许将两条切线（控制柄）链接到一个关键点，使其能够独立移动，以便不同的运动能够进出关键点。

"**统一切线**"按钮：如果切线是统一的，那么按任意方向移动控制柄，可以让控制柄之间保持最小角度。

12.3 约束

所谓"约束"，就是将事物的变化限制在一个特定的范围内。将两个或多个对象绑定在一起后，使用"动画>约束"菜单下的子命令可以控制对象的位置、旋转或缩放。执行"动画>约束"菜单命令，可以观察到"约束"命令包含7个子命令，分别是"附着约束""曲面约束""路径约束""位置约束""链接约束""注视约束"和"方向约束"，如图12-24所示。

图12-24

本节内容介绍

名称	作用	重要程度
附着约束	将对象的位置附到另一个对象的面上	中
曲面约束	沿着另一个对象的曲面来限制对象的位置	中
路径约束	沿着路径来约束对象的移动效果	高
位置约束	使受约束的对象跟随另一个对象的位置	中
链接约束	将一个对象中的受约束对象链接到另一个对象上	中
注视约束	约束对象的方向，使其始终注视另一个对象	高
方向约束	使受约束的对象旋转跟随另一个对象的旋转效果	中

12.3.1 课堂案例：制作小鱼游动动画

场景位置	场景文件>CH12>02.max
实例位置	实例文件>CH12>课堂案例：制作小鱼游动动画.max
学习目标	学习使用路径约束制作动画

小鱼游动动画效果如图12-25所示。

图12-25

（1）打开学习资源中的"场景文件>CH12>02.max"文件，如图12-26所示。

图12-26

（2）使用"线"工具 线 在视图中绘制一条如图12-27所示的样条线。

图12-27

提示 样条线不需要绘制得一模一样，其形状可以根据用户自己的需要来定。

（3）选择金鱼，然后执行"动画>约束>路径约束"菜单命令，接着将金鱼的约束虚线拖曳到样条线上。

（4）单击"播放动画"按钮 ► 播放动画，发现小鱼游动的方向是反的，如图12-28所示。需要设置对象的轴与路径轨迹。

图12-28

（5）在"命令"面板中单击"运动"按钮 ◎，然后在"路径参数"卷展栏下勾选"跟随"选项，接着设置"轴"为x轴，如图12-29所示。此时小鱼的游动方向就是正确的，如图12-30所示。

图12-29

图12-30

（6）选择动画效果明显的一些帧，然后按F9键渲染这些单帧动画，最终效果如图12-31所示。

图12-31

12.3.2 课堂案例：制作人物眼神动画

场景位置	场景文件>CH12>03.max
实例位置	实例文件>CH12>课堂案例：制作人物眼神动画.max
学习目标	学习使用辅助对象配合注视约束制作眼神动画

人物眼神动画效果如图12-32所示。

图12-32

（1）打开"场景文件>CH12>03.max"文件，如图12-33所示。

（2）在"创建"面板中单击"辅助对象"按钮，然后使用"点"工具 ，在两只眼睛的正前方创建一个点Point001，如图12-34所示。

图12-33　　　　　　　　图12-34

提示 这里创建点辅助对象的目的是通过移动点的位置来控制眼球的注视角度，从而让眼球产生旋转效果。

（3）选择点辅助对象，展开"参数"卷展栏，然后在"显示"选项组下勾选"长方体"选项，接着设置"大小"1000mm，如图12-35所示。

（4）选择两只眼球，然后执行"动画>约束>注视约束"菜单命令，接着将眼球的约束虚线拖曳到点Point001上，如图12-36所示。

图12-35　　　　　　　　图12-36

（5）为点Point001设置一个简单的位移动画，如图12-37所示。

图12-37

12.3.3 附着约束

"附着约束"是一种位置约束，它可以将一个对象的位置附着到另一个对象的面上（目标对象不用必须是网格，但必须能够转换为网格），其参数设置面板如图12-38所示。

重要参数解析

对象名称：显示所要附着的目标对象。

拾取对象 ：在视图中拾取目标对象。

对齐到曲面：勾选该选项后，可

图12-38

以将附着对象的方向固定在其所指定的面上；关闭该选项后，附着对象的方向将不受目标对象上的面的方向影响。

更新 ：更新显示附着效果。

手动更新：勾选该选项后，可以使用"更新"按钮 。

当前关键点 ：显示当前关键点编号并可以移动到其他关键点。

时间：显示当前帧，并可以将当前关键点移动到不同的帧中。

面：提供对象所附着到的面的索引。

A/B：设置面上附着对象的位置的重心坐标。

显示窗口：在附着面内部显示源对象的位置。

设置位置 ：在目标对象上调整源对象的放置。

张力：设置TCB控制器的张力，范围为0~50。

连续性：设置TCB控制器的连续性，范围为0~50。

偏移：设置TCB控制器的偏移量，范围为0~50。

缓入：设置TCB控制器的缓入位置，范围为0~50。

缓出：设置TCB控制器的缓出位置，范围为0~50。

12.3.4 曲面约束

使用"曲面约束"可以将对象限制在另一对象的表面上，其参数设置面板如图12-39所示。

图12-39

重要参数解析

对象名称：显示选定对象的名称。

拾取曲面 拾取曲面 ：选择需要用作曲面的对象。

U向位置：调整控制对象在曲面对象u坐标轴上的位置。

V向位置：调整控制对象在曲面对象v坐标轴上的位置。

不对齐：启用该选项后，不管控制对象在曲面对象上的什么位置，它都不会重定向。

对齐到U：将控制对象的局部z轴对齐到曲面对象的曲面法线，同时将x轴对齐到曲面对象的u轴。

对齐到V：将控制对象的局部z轴对齐到曲面对象的曲面法线，同时将x轴对齐到曲面对象的v轴。

翻转：翻转控制对象局部z轴的对齐方式。

12.3.5 路径约束

使用"路径约束"（这是约束里面最重要的一种）可以对一个对象沿着样条线或在多个样条线间的平均距离间的移动进行限制，其参数设置面板如图12-40所示。

重要参数解析

添加路径 添加路径 ：添加一个新的样条线路径使之对约束对象产生影响。

删除路径 删除路径 ：从目标列表中移除一个路径。

目标/权重：该列表用于显示样条线路径及其权重值。

权重：为每个目标指定并设置动画。

图12-40

%沿路径：设置对象沿路径的位置百分比。

> **提示** 注意，"%沿路径"的值基于样条线路径的u值。一个NURBS曲线可能没有均匀的空间U值，因此如果"%沿路径"的值为50可能不会直观地转换为NURBS曲线长度的50%。

跟随：在对象跟随轮廓运动的同时将对象指定给轨迹。

倾斜：当对象通过样条线的曲线时允许对象倾斜（滚动）。

倾斜量：调整这个量使倾斜从一边或另一边开始。

平滑度：控制对象在经过路径中的转弯时翻转角度改变的快慢程度。

允许翻转：启用该选项后，可以避免在对象沿着垂直方向的路径行进时有翻转的情况。

恒定速度：启用该选项后，可以沿着路径提供一个恒定的速度。

循环：在一般情况下，当约束对象到达路径末端时，它不会越过末端点。而"循环"选项可以改变这一行为，当约束对象到达路径末端时会循环回起始点。

相对：启用该选项后，可以保持约束对象的原始位置。

轴：定义对象的轴与路径轨迹对齐。

12.3.6 位置约束

使用"位置约束"可以引起对象跟随一个对象的位置或者几个对象的权重平均位置，其参数设置面板如图12-41所示。

图12-41

重要参数解析

  添加位置目标 添加位置目标 ：添加影响受约束对象位置的新目标对象。

  删除位置目标 删除位置目标 ：移除位置目标对象。一旦将目标对象移除，它将不再影响受约束的对象。

  目标/权重：该列表用于显示目标对象及其权重值。

  权重：为每个目标指定并设置动画。

  保持初始偏移：启用该选项后，可以保存受约束对象与目标对象的原始距离。

12.3.7 链接约束

使用"链接约束"可以创建对象与目标对象之间彼此链接的动画，其参数面板如图12-42所示。

图12-42

重要参数解析

  添加链接 添加链接 ：添加一个新的链接目标。

  链接到世界 链接到世界 ：将对象链接到世界（整个场景）。

  删除链接 删除链接 ：移除高亮显示的链接目标。

  开始时间：指定或编辑目标的帧值。

  无关键点：启用该选项后，在约束对象或目标中不会写入关键点。

  设置节点关键点：启用该选项后，可以将关键帧写入到指定的选项，包含"子对象"和"父对象"两种。

  设置整个层次关键点：用指定选项在层次上部设置关键帧，包含"子对象"和"父对象"两种。

12.3.8 注视约束

使用"注视约束"可以控制对象的方向，并使它一直注视另一个对象，其参数设置面板如图12-43所示。

图12-43

重要参数解析

  添加注视目标 添加注视目标 ：用于添加影响约束对象的新目标。

  删除注视目标 删除注视目标 ：用于移除影响约束对象的目标对象。

  权重：用于为每个目标指定权重值并设置动画。

  保持初始偏移：将约束对象的原始方向保持为相对于约束方向上的一个偏移。

  视线长度：定义从约束对象轴到目标对象轴所绘制的视线长度。

  绝对视线长度：启用该选项后，3ds Max仅使用"视线长度"设置主视线的长度。

设置方向 设置方向 ：允许对约束对象的偏移方向进行手动定义。

重置方向 重置方向 ：将约束对象的方向设置回默认值。

选择注视轴：用于定义注视目标的轴。

选择上方向节点：选择注视的上部节点，默认设置为"世界"。

上方向节点控制：允许在注视的上部节点控制器和轴对齐之间快速翻转。

源轴：选择与上部节点轴对齐的约束对象的轴。

对齐到上方向节点轴：选择与选中的源轴对齐的上部节点轴。

12.3.9 方向约束

使用"方向约束"可以使某个对象的方向沿着另一个对象的方向或若干对象的平均方向，其参数设置面板如图12-44所示。

图12-44

重要参数解析

添加方向目标 添加方向目标 ：添加影响受约束对象的新目标对象。

将世界作为目标添加 将世界作为目标添加 ：将受约束对象与世界坐标轴对齐。

删除方向目标 删除方向目标 ：移除目标对象。移除目标对象后，将不再影响受约束对象。

权重：为每个目标指定并设置动画。

保持初始偏移：启用该选项后，可以保留受约束对象的初始方向。

变换规则：将"方向约束"应用于层次中的某个对象后，即确定了是将局部节点变换还是将父变换用于"方向约束"。

局部->局部：选择该选项后，局部节点变换将用于"方向约束"。

世界->世界：选择该选项后，将应用父变换或世界变换，而不是应用局部节点变换。

12.4 变形器

本节将介绍制作变形动画的两个重要变形器，即"变形器"修改器与"路径变形（WSM）"修改器。

本节内容介绍

变形器名称	主要作用	重要程度
变形器修改器	改变网格、面片和NURBS模型的形状	高
路径变形（WSM）修改器	根据图形、样条线或NURBS曲线路径来变形对象	中

12.4.1 课堂案例：制作水滴变形动画

场景位置	场景文件>CH12>04.max
实例位置	实例文件>CH12>课堂案例：制作水滴变形动画.max
学习目标	学习使用变形器修改器制作变形动画

水滴变形动画效果如图12-45所示。

图12-45

（1）打开本书学习资源中的"场景文件>CH12>04.max"文件，如图12-46所示。

图12-46

225

（2）选择水龙头上的球体，然后按快捷键Alt+Q进入孤立选择模式，接着以"复制"的形式创建一个新的球体，如图12-47所示。

图12-47

（3）给复制出的新球体加载一个FFD 4×4修改器，然后在"控制点"物体层级下将球体调整成如图12-48所示形状。

图12-48

（4）为原有正常的球体加载一个"变形器"修改器，然后在"通道列表"卷展栏下的第1个"空"按钮 ┈空┈ 上单击鼠标右键，并在弹出的菜单中选择"从场景中拾取物体"命令，最后在场景中拾取已经调整好形状的球体模型，如图12-49所示。

图12-49

（5）单击"自动关键点"按钮 自动关键点，然后将时间线滑块拖曳到第100帧，接着在"通道列表"卷展栏下设置变形值为100，如图12-50所示。

图12-50

（6）单击"自动关键点"按钮 自动关键点，然后将时间线滑块拖曳到第100帧，接着将球体沿z轴向下稍微移动，如图12-51所示。

图12-51

（7）选择动画效果最明显的一些帧，然后按F9键渲染出这些单帧动画，最终效果如图12-52所示。

图12-52

226

12.4.2 课堂案例：制作生长动画

场景位置	场景文件>CH12>05.max
实例位置	实例文件>CH12>课堂案例：制作生长动画.max
学习目标	学习使用路径变形器（WSM）修改器制作生长动画

植物生长动画效果如图12-53所示。

图12-53

（1）使用"圆柱体"工具 圆柱体 在场景中创建一个圆柱体，然后在"参数"卷展栏下设置"半径"为12mm、"高度"为180mm，如图12-54所示。

图12-54

（2）将圆柱体转换为可编辑多边形，然后在"顶点"级别下将其调整成如图12-55所示的形状。

图12-55

（3）使用"线"工具 线 在前视图中绘制出如图12-56所示的样条线，然后选择底部的顶点，接着单击鼠标右键，最后在弹出的菜单中选择"设为首顶点"命令，如图12-57所示。

图12-56

图12-57

（4）为树枝模型加载一个"路径变形（WSM）"修改器，然后在"参数"卷展栏下单击"拾取路径"按钮 拾取路径 ，接着在视图中拾取样条线，如图12-58所示，效果如图12-59所示。

图12-58

227

图12-59

（5）在"参数"卷展栏下单击"转到路径"按钮 <kbd>转到路径</kbd> ，效果如图12-60所示。

图12-60

（6）单击"自动关键点"按钮 <kbd>自动关键点</kbd> ，然后在第0帧设置"拉伸"为0，如图12-61所示，接着在第100帧设置"拉伸"为1.1，如图12-62所示。

图12-61

图12-62

（7）单击"播放动画"按钮 ▶ 播放动画，效果如图12-63所示。

图12-63

（8）采用相同的方法制作出其他植物生长动画，完成后的效果如图12-64所示。

图12-64

（9）选择动画效果最明显的一些帧，然后按F9键渲染出这些单帧动画，最终效果如图12-65所示。

图12-65

12.4.3 变形器修改器

"变形器"修改器可以用来改变网格、面片和NURBS模型的形状，同时还支持材质变形，一般用于制作3D角色的口型动画和与其同步的面部表情动画。

"变形器"修改器的参数设置面板包含5个卷展栏，如图12-66所示。

图12-66

1. "通道颜色图例"卷展栏

展开"通道颜色图例"卷展栏，如图12-67所示。

图12-67

重要参数解析

灰色：表示通道为空且尚未编辑。

橙色：表示通道已在某些方面更改，但不包含变形数据。

绿色：表示通道处于活动状态。通道包含变形数据，且目标对象仍然存在于场景中。

蓝色：表示通道包含变形数据，但尚未从场景中删除目标。

深灰色：表示通道已被禁用。

2. "全局参数"卷展栏

展开"全局参数"卷展栏，如图12-68所示。

图12-68

重要参数解析

使用限制：为所有通道使用最小和最大限制。

最小值：设置最小限制。

最大值：设置最大限制。

使用顶点选择 使用顶点选择 ：启用该按钮后，可以限制选定顶点的变形。

全部设置 全部设置 ：单击该按钮可以激活所有通道。

不设置 不设置 ：单击该按钮可以取消激活所有通道。

指定新材质 指定新材质 ：单击该按钮可以将"变形器"材质指定给基础对象。

3. "通道列表"卷展栏

展开"通道列表"卷展栏，如图12-69所示。

图12-69

重要参数解析

标记下拉列表：在该列表中可以选择以前保存的标记。

保存标记 保存标记 ：在"标记下拉列表"中输入标记名称后，单击该按钮可以保存标记。

删除标记 删除标记 ：从下拉列表中选择要删除的标记名，然后单击该按钮可以将其删除。

通道列表："变形器"修改器最多可以提供100个变形通道，每个通道具有一个百分比值。为通道指定变形目标后，该目标的名称将显示在通道列表中。

列出范围：显示通道列表中的可见通道范围。

加载多个目标 加载多个目标... ：单击该按钮可以打开"加载多个目标"对话框，如图12-70所示。在该对话框中可以选择对象，并将多个变形目标加载到空通道中。

图12-70

　　重新加载所有变形目标 重新加载所有变形目标 ：单击该按钮可以重新加载所有变形目标。

　　活动通道值清零 活动通道值清零 ：如果已启用"自动关键点"功能，那么单击该按钮可以为所有活动变形通道创建值为0的关键点。

　　自动重新加载目标：启用该选项后，可以允许"变形器"修改器自动更新动画目标。

4."通道参数"卷展栏

　　展开"通道参数"卷展栏，如图12-71所示。

图12-71

重要参数解析

　　通道编号 1 ：单击通道图标会弹出一个菜单。使用该菜单中的命令可以分组和组织通道，还可以查找通道。

　　通道名 -空- ：显示当前目标的名称。

　　通道处于活动状态：切换通道的启用和禁用状态。

　　从场景中拾取对象 从场景中拾取对象 ：使用该按钮在视图中单击一个对象，可以将变形目标指定给当前通道。

　　捕获当前状态 捕获当前状态 ：单击该按钮可以创建使用当前通道值的目标。

　　删除 删除 ：删除当前通道的目标。

　　提取 提取 ：选择蓝色通道并单击该按钮，可以使用变形数据创建对象。

　　使用限制：如果在"全局参数"卷展栏下关闭了"使用限制"选项，那么启用该选项可以在当前通道上使用限制。

　　最小值：设置最低限制。

　　最大值：设置最高限制。

　　使用顶点选择 使用顶点选择 ：仅变形当前通道上的选定顶点。

　　目标列表：列出与当前通道关联的所有中间变形目标。

　　上移↑：在列表中向上移动选定的中间变形目标。

　　下移↓：在列表中向下移动选定的中间变形目标。

　　目标%：指定选定中间变形目标在整个变形解决方案中的所占百分比。

　　张力：指定中间变形目标之间的顶点变换的整体线性。

　　删除目标 删除目标 ：从目标列表中删除选定的中间变形目标。

　　没有要重新加载的目标 没有要重新加载的目标 ：将数据从当前目标重新加载到通道中。

5."高级参数"卷展栏

　　展开"高级参数"卷展栏，如图12-72所示。

图12-72

重要参数解析

微调器增量：指定微调器增量的大小。5为大增量，0.1为小增量，默认值为1。

精简通道列表 精简通道列表 ：通过填充指定通道之间的所有空通道来精简通道列表。

近似内存使用情况：显示当前的近似内存的使用情况。

12.4.4 路径变形（WSM）修改器

使用"路径变形（WSM）"修改器可以根据图形、样条线或NURBS曲线路径来变形对象，其参数设置面板如图12-73所示。

图12-73

重要参数解析

路径：显示选定路径对象的名称。

拾取路径 拾取路径 ：使用该按钮可以在视图中选择一条样条线或NURBS曲线作为路径使用。

百分比：根据路径长度的百分比沿着Gizmo路径移动对象。

拉伸：使用对象的轴点作为缩放的中心沿着Gizmo路径缩放对象。

旋转：沿着Gizmo路径旋转对象。

扭曲：沿着Gizmo路径扭曲对象。

转到路径 转到路径 ：将对象从其初始位置转到路径的起点。

X/Y/Z：选择一条轴以旋转Gizmo路径，

12.5 课堂练习

下面有两个课堂练习，是关于"曲线编辑器"和自动关键点动画的练习，涉及了位移动画的制作。

12.5.1 课堂练习：制作足球位移动画

场景位置	场景文件>CH12>06.max
实例位置	实例文件>CH12>课堂练习：制作足球位移动画.max
学习目标	练习"曲线编辑器"的使用方法

案例效果如图12-74所示。

图12-74

12.5.2 课堂练习：制作风车旋转动画

场景位置	场景文件>CH12>07.max
实例位置	实例文件>CH12>课堂练习：制作风车旋转动画.max
学习目标	练习自动关键点动画的制作方法

案例效果如图12-75所示。

图12-75

12.6 课后习题

下面有两个课后习题，分别练习关键帧动画和约束动画的制作方法。

12.6.1 课后习题：制作蜻蜓飞舞动画

场景位置　场景文件>CH12>08.max
实例位置　实例文件>CH12>课后习题：制作蜻蜓飞舞动画.max
学习目标　练习自动关键帧动画的制作方法

案例效果如图12-76所示。

图12-76

12.6.2 课后习题：制作路径约束摄影机动画

场景位置　场景文件>CH12>09.max
实例位置　实例文件>CH12>课后习题：制作路径约束摄影机动画.max
学习目标　练习摄影机路径约束的制作方法

案例效果如图12-77所示。

图12-77

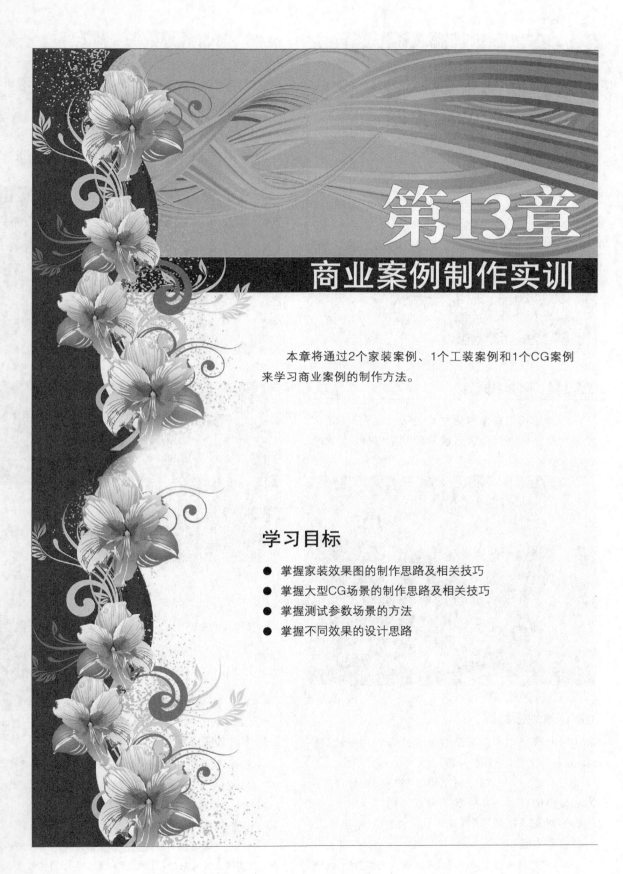

第13章
商业案例制作实训

本章将通过2个家装案例、1个工装案例和1个CG案例来学习商业案例的制作方法。

学习目标

- 掌握家装效果图的制作思路及相关技巧
- 掌握大型CG场景的制作思路及相关技巧
- 掌握测试参数场景的方法
- 掌握不同效果的设计思路

13.1 商业案例：家装客厅日光效果表现

场景位置	场景文件>CH13>01.max
实例位置	实例文件>CH13>商业案例：家装客厅日光效果表现.max
学习目标	练习客厅日光表现手法

本例是一个现代风格的家装客厅空间，白纱窗材质、地板材质、沙发材质的制作方法是本例的学习重点，效果如图13-1所示。

图13-1

13.1.1 材质制作

本例的场景对象材质主要包括木地板材质、沙发布材质、绒布材质、地毯材质和木质材质，如图13-2所示。

图13-2

1.制作木地板材质

（1）打开本书学习资源中的"场景文件>CH13>01.max"文件，如图13-3所示。

（2）选择一个空白材质球，然后设置材质类型为VRayMtl材质，具体参数设置如图13-4所示，制作好的材质球效果如图13-5所示。

设置步骤

① 在"漫反射"贴图通道中加载一张本书学习资源

中的"实例文件>CH13>商业案例：家装客厅日光效果表现>贴图> floor_plank0008.jpg"文件。

② 在"反射"贴图通道中加载一张"衰减"贴图，然后在"衰减参数"卷展栏下设置"衰减类型"为Fresnel，接着设置"高光光泽"为0.86、"反射光泽"为0.86，最后设置"细分"为15。

图13-3

图13-4

图13-5

2.制作沙发布材质

选择一个空白材质球，然后设置材质类型为VRayMtl材质，具体参数设置如图13-6所示，制作好的材质球效果如图13-7所示。

设置步骤

① 在"漫反射"贴图通道中加载一张本书学习资源中的"实例文件>CH13>商业案例：家装客厅日光效果表现

>贴图> fab_striped0051_a.jpg"文件。

② 展开"贴图"卷展栏，然后将"漫反射"通道中的贴图复制到"凹凸"贴图通道中，接着设置凹凸的强度为30。

图13-6

图13-7

3.制作绒布材质

选择一个空白材质球，然后设置材质类型为VRayMtl材质，具体参数设置如图13-8所示，制作好的材质球效果如图13-9所示。

在"漫反射"贴图通道中加载一张"衰减"贴图，然后在"衰减参数"卷展栏下设置"衰减类型"为"垂直/平行"，然后在"前"和"侧"的通道中加载本书学习资源中的"实例文件>CH13>商业案例：家装客厅日光效果表现>贴图> fab_plains0589_a.jpg"文件。

图13-8

图13-9

4.制作地毯材质

选择一个空白材质球，然后设置材质类型为VRayMtl材质，具体参数设置如图13-10所示，制作好的材质球效果如图13-11所示。

设置步骤

① 在"漫反射"贴图通道中加载一张本书学习资源中的"实例文件>CH13>商业案例：家装客厅日光效果表现>贴图>fab_plains0581.jpg"文件。

② 展开"贴图"卷展栏，然后在"凹凸"贴图通道中加载和"漫反射"通道一样的贴图，接着设置凹凸的强度为30。

图13-10

235

图13-11

5.制作木质材质

选择一个空白材质球，设置材质类型为VRayMtl材质，具体参数设置如图13-12所示，制作好的材质球效果如图13-13所示。

设置步骤

① 在"漫反射"贴图通道中加载一张本书学习资源中的"实例文件>CH13>商业案例：家装客厅日光效果表现>贴图> wood_dark0001_q.jpg"文件。

② 在"反射"通道加载一张"衰减"贴图，然后设置"衰减类型"为Fresnel，接着设置"高光光泽"为0.86、"反射光泽"为0.86，最后设置"细分"为15。

图13-12

图13-13

13.1.2 设置测试渲染参数

（1）按F10键打开"渲染设置"对话框，然后设置渲染器为VRay渲染器，接着在"公用"卷展栏

下设置"宽度"为500、"高度"为375，最后单击"图像纵横比"选项后面的"锁定" 🔒，锁定渲染图像的纵横比，如图13-14所示。

图13-14

（2）单击"VRay"选项卡，然后在"图像采样器（抗锯齿）"卷展栏下设置"类型"为"固定"，接着设置"过滤器"类型为"区域"，如图13-15所示。

图13-15

（3）展开"颜色贴图"卷展栏，然后设置"类型"为"莱因哈德"，如图13-16所示。

图13-16

（4）单击"GI"选项卡，然后在"全局照明"卷展栏下勾选"开启"选项，接着设置"首次引擎"为"发光图"、"二次引擎"为"灯光缓存"，如图13-17所示。

图13-17

（5）展开"发光贴图"卷展栏，然后设置"当前预设"为"自定义"，接着设置"最小速率"和"最大速率"都为-4，然后设置"细分"为50、"插值采样"为20，最后勾选"显示计算相位"选项，如图13-18所示。

图13-18

（6）展开"灯光缓存"卷展栏，然后设置"细分"为200，接着勾选"显示计算相位"选项，如图13-19所示。

图13-19

（7）单击"设置"选项卡，然后在"系统"卷展栏下设置"序列"为"上->下"，接着选择"日志窗口"为"从不"选项，如图13-20所示。

图13-20

13.1.3 灯光设置

本场景的光源较多，使用"目标平行光"来制作阳光效果，以及使用"VRay灯光"来模拟天光和环境效果。

1.创建阳光

（1）在"顶"视图中创建一盏"目标平行光"，其位置如图13-21所示。

图13-21

（2）选择上一步创建的"目标平行光"，然后进入"修改"面板，具体参数设置如图13-22所示。

设置步骤

① 展开"常规参数"卷展栏，然后在"阴影"选项组下勾选"启用"选项，接着设置阴影类型为"VR-阴影"。

② 展开"强度/颜色/衰减"卷展栏，设置"倍增"为1，然后设置颜色为黄色（R:255，G:219，B:163）。

③ 展开"平行光参数"卷展栏，设置"聚光区/光束"为8000mm、"衰减区/区域"为8017mm。

④ 展开"VRay阴影参数"卷展栏，勾选"区域阴影"选项并设置类型为"球体"，最后设置"细分"为16。

图13-22

（3）按F9键测试渲染当前场景，效果如图13-23所示。

图13-23

2.创建室内天光

（1）设置"灯光类型"为VRay，然后在窗外创建1盏"VRay灯光"作为天光，其位置如图13-24所示。

图13-24

（2）选择上一步创建的VRay灯光，然后进入"修改"面板，接着展开"参数"卷展栏，具体参数设置如图13-25所示。

设置步骤

① 在"常规"选项组下设置"类型"为"平面"。

② 在"强度"选项组下设置"倍增"为3，然后设置"颜色"为蓝色（R:175，G:209，B:255）。

③ 在"大小"选项组下设置"1/2长"为6500mm、"1/2宽"为1500mm。

④ 在"选项"选项组下勾选"不可见"选项，取消勾选"影响反射"选项。

⑤ 在"采样"选项组下设置"细分"为20。

图13-25

（3）按F9键测试渲染当前场景，效果如图13-26所示。

图13-26

3.创建环境效果

（1）设置"灯光类型"为VRay，然后在吊顶的位置创建2盏"VRay灯光"作为环境灯光，其位置如图13-27所示。

图13-27

（2）选择上一步创建的1号VRay灯光，然后进入"修改"面板，接着展开"参数"卷展栏，具体参数设置如图13-28所示。

设置步骤

① 在"常规"选项组下设置"类型"为"平面"。

② 在"强度"选项组下设置"倍增"为2.5，然后设置"颜色"为黄色（R:255，G:182，B:55）。

③ 在"大小"选项组下设置"1/2长"为550.78mm、"1/2宽"为1211.716mm。

④ 在"选项"选项组下勾选"不可见"选项，取消勾选"影响高光"和"影响反射"选项。

⑤ 在"采样"选项组下设置"细分"为20。

图13-28

（3）选择上一步创建的2号VRay灯光，然后进入"修改"面板，接着展开"参数"卷展栏，具体参数设置如图13-29所示。

设置步骤

① 在"常规"选项组下设置"类型"为"平面"。

② 在"强度"选项组下设置"倍增"为4，然后设置"颜色"为黄色（R:255，G:212，B:138）。

③ 在"大小"选项组下设置"1/2长"为1628.735mm、"1/2宽"为1211.716mm。

④ 在"选项"选项组下勾选"不可见"选项，取消勾选"影响高光"和"影响反射"选项。

⑤ 在"采样"选项组下设置"细分"为20。

图13-29

（4）按F9键测试渲染当前场景，效果如图13-30所示。

图13-30

13.1.4 设置最终渲染参数

（1）按F10键打开"渲染设置"对话框，然后在"公用参数"卷展栏下设置"宽度"为1500、"高度"为1125，如图13-31所示。

图13-31

（2）单击VRay选项卡，然后在"图像采样器（抗锯齿）"卷展栏下设置"图像采样器"的"类型"为"自适应"，接着设置"抗锯齿过滤器"类型为Mitchell-Netravali，最后设置"模糊"和"圆环化"为0，具体参数设置如图13-32所示。

图13-32

（3）展开"自适应图像采样器"卷展栏，然后设置"最小细分"为1、"最大细分"为4，如图13-33所示。

图13-33

（4）在"全局确定性蒙特卡洛"卷展栏下设置"噪波阈值"为0.001、"最小采样"为16，如图13-34所示。

图13-34

（5）单击GI选项卡，然后展开"发光图"卷展栏，接着设置"当前预设"为"中"，具体参数设置如图13-35所示。

图13-35

（6）展开"灯光缓存"卷展栏，然后设置"细分"1200，如图13-36所示。

图13-36

（7）按F9键渲染当前场景，最终效果如图13-37所示。

图13-37

13.2 商业案例：家装厨房日光效果表现

场景位置	场景文件>CH13>02.max
实例位置	实例文件>CH13>商业案例：家装厨房日光效果表现.max
学习目标	练习客厅日光表现手法

本例是一个家装厨房空间，水泥地面材质、金属材质、塑料材质、布纹材质都是本例的重点，案例效果如图13-38所示。

图13-38

13.2.1 材质制作

本例的场景对象材质主要包括水泥地面材质、乳胶漆材质、橱柜门板材质、不锈钢材质、布纹材质、陶瓷材质和塑料材质等，如图13-39所示。

图13-39

1.制作水泥地面材质

（1）打开本书学习资源中的"场景文件>CH13>02.max"文件，如图13-40所示。

图13-40

（2）选择一个空白材质球，然后设置材质类型为VRayMtl材质，具体参数设置如图13-41所示，制作好的材质球效果如图13-42所示。

设置步骤

① 在"漫反射"通道加载一张本书学习资源中的"实例文件>CH13>商业案例：家装厨房日光表现>贴图>con_walrls_bump"贴图。

② 在"反射"通道加载一张衰减贴图，设置衰减贴图的"侧"颜色为蓝色（R:230，G:242，B:255）、"衰减类型"为Fresnel，接着设置"高光光泽"为0.85、"反射光泽"为0.88，再设置"细分"为25，最后设置"最大深度"为2.

③ 展开"贴图"卷展栏，将"漫反射"通道中加载的贴图复制到"凹凸"贴图通道，接着设置凹凸的强度为3。

图13-41

图13-42

2.制作墙面紫色乳胶漆材质

选择一个空白材质球，然后设置材质类型为VRayMtl材质，具体参数设置如图13-43所示，制作好的材质球效果如图13-44所示。

设置步骤

① 设置"漫反射"的颜色为紫色（R:51，G:31，B:37）。

② 设置"反射"颜色为深灰色（R:11，G:11，B:11）、"高光光泽"为0.35、"细分"为20.

③ 展开"贴图"卷展栏，然后在"凹凸"贴图通道中加载一张本书学习资源中的"实例文件>CH13>商业案例：家装厨房日光表现>贴图> GRND06L.tif"文件，接着设置凹凸的强度为15。

图13-43

图13-46

4.制作不锈钢材质

选择一个空白材质球，然后设置材质类型为VRayMtl材质，具体参数设置如图13-47所示，制作好的材质球效果如图13-48所示。

设置步骤

① 设置"漫反射"颜色为（R:0，G:0，B:0）。

② 设置"反射"颜色为（R:227，G:229，B:231），然后设置"高光光泽"为0.85、"反射光泽"为0.95、"细分"为20。

图13-47

图13-48

图13-44

3.制作橱柜门板材质

选择一个空白材质球，然后设置材质类型为VRayMtl材质，具体参数设置如图13-45所示，制作好的材质球效果如图13-46所示。

设置步骤

① 设置"漫反射"颜色为白色（R:245，G:245，B:245）。

② 在"反射"通道加载一张衰减贴图，设置衰减贴图的"侧"颜色为灰色（R:200，G:200，B:200）、"衰减类型"为Fresnel，接着设置"高光光泽"为0.65，再设置"反射光泽"为0.6，最后设置"细分"为30。

图13-45

5.制作布纹材质

选择一个空白材质球，设置材质类型为VRayMtl材质，具体参数设置如图13-49所示，制作好的材质球效果如图13-50所示。

设置步骤

① 在"漫反射"通道加载一张"衰减"贴图，进入"衰减"贴图，在"前"通道中加载一张本书学习资源中的"实例文件>CH13>商业案例：家装厨房日光表现>贴图>布纹 (27).jpg"贴图，再设置"衰减类型"为Fresnel。

② 设置"反射"颜色为黑色（R:16，G:16，

B:16)、"高光光泽"为0.25。

③ 展开"贴图"卷展栏，在"凹凸"贴图通道加载一张学习资源中的"实例文件>CH13>商业案例：家装厨房日光表现>贴图> STATIC2.jpg"，接着设置凹凸的强度为150。

图13-49

图13-50

6.制作陶瓷材质

选择一个空白材质球，然后设置材质类型为VRayMtl材质，具体参数设置如图13-51所示，制作好的材质球效果如图13-52所示。

设置步骤

① 设置"漫反射"颜色为白色（R:250，G:250，B:250）。

② 在"反射"通道中加载一张"衰减"贴图，并设置"衰减类型"为Fresnel，接着设置"高光光泽"为0.95、"反射光泽"为0.99，最后设置"细分"为20。

图13-51

图13-52

7.制作塑料材质

选择一个空白材质球，然后设置材质类型为VRayMtl材质，具体参数设置如图13-53所示，制作好的材质球效果如图13-54所示。

设置步骤

① 设置"漫反射"颜色为白色（R:240，G:240，B:240）。

② 在"反射"通道中加载一张"衰减"贴图，并设置"侧"颜色为灰色（R:225，G:225，B:225）、"衰减类型"为Fresnel，接着设置"高光光泽"为0.8、"反射光泽"为0.55，最后设置"细分"为30。

图13-53

图13-54

13.2.2 设置测试渲染参数

（1）按F10键打开"渲染设置"对话框，然后设置渲染器为VRay渲染器，接着在"公用参数"卷展栏下设置"宽度"为500、"高度"为243，最后单击"图像纵横比"选项后面的"锁定"按钮，锁定渲染图像的纵横比，如图13-55所示。

图13-55

（2）单击V-Ray选项卡，然后在"图像采样器（抗锯齿）"卷展栏下设置"类型"为"固定"，接着设置"过滤器"类型为"区域"，如图13-56所示。

图13-56

（3）展开"颜色贴图"卷展栏，然后设置"类型"为"指数"，如图13-57所示。

图13-57

（4）单击GI选项卡，然后在"全局照明"卷展栏下勾选"启用全局照明"选项，接着设置"首次引擎"为"发光图"、"二次引擎"为"灯光缓存"，如图13-58所示。

图13-58

（5）展开"发光图"卷展栏，然后设置"当前预设"为"自定义"，接着设置"最小速率"和"最大速率"都为-4，再设置"细分"为20，最后设置"插值采样"为10，如图13-59所示。

图13-59

（6）展开"灯光缓存"卷展栏，然后设置"细分"为200，接着勾选"显示计算相位"选项，如图13-60所示。

图13-60

（7）单击"设置"选项卡，然后在"系统"卷展栏下设置"序列"为"上->下"，接着选择"日志窗口"选项为"从不"，如图13-61所示。

图13-61

13.2.3 灯光设置

本场景的光源很少，只用到VRay光源来模拟天光效果。

（1）设置灯光类型为VRay，然后在场景右侧窗口位置创建一盏VRay灯光作为天光，其位置如图13-62所示。

图13-62

243

（2）选择上一步创建的VRay灯光，然后展开"参数"卷展栏，具体参数设置如图13-63所示。

设置步骤

① 在"常规"选项组下设置"类型"为"平面"。

② 在"强度"选项组下设置"倍增"为85，然后设置"颜色"为白色（R:246，G:250，B:255）。

③ 在"大小"选项组下设置"1/2长"为650mm，然后设置"1/2宽"为1130mm。

图13-63

（3）选择创建好的VRay灯光，按Shift键用鼠标左键拖曳以"实例"的形式复制一个新的VRay灯光，其位置如图13-64所示。新建VRay灯光的参数不变。

图13-64

（4）设置灯光类型为VRay，然后在场景左侧位置创建一盏VRay灯光作为天光，其位置如图13-65所示。

图13-65

（5）选择上一步创建的VRay灯光，然后展开"参数"卷展栏，具体参数设置如图13-66所示。

设置步骤

① 在"常规"选项组下设置"类型"为"平面"。

② 在"强度"选项组下设置"倍增"为120，然后设置"颜色"为白色（R:255，G:255，B:255）。

③ 在"大小"选项组下设置"1/2长"为2550mm，然后设置"1/2宽"为1430mm。

图13-66

（6）按F9键测试渲染当前场景，效果如图13-67所示。

图13-67

13.2.4 设置最终渲染参数

（1）按F10键打开"渲染设置"对话框，然后在"公用参数"卷展栏下设置"宽度"为1400、"高度"为680，如图13-68所示。

图13-68

（2）单击V-Ray选项卡，然后在"图像采样器（抗锯齿）"卷展栏下设置"类型"为"自适应"，最后设置"过滤器"类型为Mitchell-

Netravali，具体参数设置如图13-69所示。

图13-69

（3）展开"自适应图像采样器"卷展栏，然后设置"最小细分"为1、"最大细分"为4，如图13-70所示。

图13-70

（4）单击GI选项卡，然后展开"发光图"卷展栏，接着设置"当前预设"为"中"，最后设置"细分"为50、"插值采样"为20，具体参数设置如图13-71所示。

图13-71

（5）展开"灯光缓存"卷展栏，然后设置"细分"为1200，如图13-72所示。

图13-72

（6）展开"全局确定性蒙特卡洛"卷展栏，然后设置"自适应数量"为0.75、"噪波阈值"为0.001、"最少采样"为16，如图13-73所示。

图13-73

（7）按F9键渲染当前场景，最终效果如图13-74所示。

图13-74

13.3 商业案例：工装休息室夜晚效果表现

场景位置	场景文件>CH13>03.max
实例位置	实例文件>CH13>商业案例：工装休息室夜晚效果表现.max
学习目标	练习工装休息室夜晚表现手法

本例是一个现代风格的工装休息室空间，地毯材质、墙纸材质、沙发材质、窗帘材质、木质材质和墙裙材质制作方法是本例的学习重点，效果如图13-75所示。

图13-75

13.3.1 材质制作

本例的场景对象材质主要包括地毯材质、墙纸材质、沙发材质、窗帘材质、木质材质和墙裙材质，如图13-76所示。

图13-76

1.制作地毯材质

（1）打开本书学习资源中的"场景文件>CH13>03.max"文件，如图13-77所示。

图13-77

（2）选择一个空白材质球，然后设置材质类型为VRayMtl材质，具体参数设置如图13-78所示，制作好的材质球效果如图13-79所示。

设置步骤

① 在"漫反射"贴图通道中加载一张本书学习资源中的"实例文件>CH13>商业案例：工装休息室夜晚效果表现>贴图>dt0a02000337.jpg"文件。

② 展开"贴图"卷展栏，将"漫反射"通道中的贴图复制到"凹凸"通道，并设置"凹凸"强度为30。

图13-78

图13-79

2.制作墙纸材质

选择一个空白材质球，然后设置材质类型为VRayMtl材质，具体参数设置如图13-80所示，制作好的材质球效果如图13-81所示。

设置步骤

① 在"漫反射"通道加载一张本书学习资源中"实例文件>CH13>商业案例：工装休息室夜晚效果表现>贴图>bz2.jpg"文件。

② 在"反射"通道加载一张本书学习资源中"实例文件>CH13>商业案例：工装休息室夜晚效果表现>贴图>bzgg1.jpg"文件，接着设置"高光光泽"为0.7、"反射光泽"为0.7，最后设置"细分"为10。

图13-80

图13-81

3.制作木质材质

选择一个空白材质球，然后设置材质类型为VRayMtl材质，具体参数设置如图13-82所示，制作好的材质球效果如图13-83所示。

设置步骤

① 在"漫反射"贴图通道中加载一张本书学习资源中的"实例文件>CH13>商业案例：工装休息室夜晚效果表现>贴图>1116832245.jpg"文件。

② 设置"反射"颜色为黑色（R:45，G:45，B:45），然后设置"高光光泽"为0.85、"反射光泽"为0.88，最后设置"细分"为15。

图13-82

图13-83

4.制作沙发材质

选择一个空白材质球，然后设置材质类型为VRayMtl材质，具体参数设置如图13-84所示，制作好的材质球效果如图13-85所示。

设置步骤

① 在"漫反射"通道中加载一张"衰减"贴图，然后在"衰减参数"卷展栏设置"前"的颜色为褐色（R:62，G:28，B:0）、"侧"的颜色为绿色（R:174，G:176，B:153），最后设置"衰减类型"为"垂直/平行"。

② 在"反射"通道中加载一张"衰减"贴图，然后在"衰减参数"卷展栏中设置"衰减类型"为Fresnel，接着设置"高光光泽"我0.7、"反射光泽"为0.8，最后设置"细分"为15。

图13-84

图13-85

5.制作窗帘材质

选择一个空白材质球，然后设置材质类型为VRayMtl材质，具体参数设置如图13-86所示，制作好的材质球效果如图13-87所示。

设置步骤

① 在"漫反射"通道中加载一张"衰减"贴图，然后

在"衰减参数"卷展栏设置"前"的颜色为褐色（R:60，G:36，B:25）、"侧"的颜色为褐色（R:178，G:164，B:149），最后设置"衰减类型"为"垂直/平行"。

② 在"反射"通道中加载一张"衰减"贴图，然后在"衰减参数"卷展栏中设置"衰减类型"为Fresnel，接着设置"反射光泽"为0.65，最后设置"细分"为15。

图13-86

图13-87

6.制作墙裙材质

选择一个空白材质球，然后设置材质类型为VRayMtl材质，具体参数设置如图13-88所示，制作好的材质球效果如图13-89所示。

设置步骤

① 在"漫反射"通道加载一张本书学习资源中的"实例文件>CH13>商业案例：工装休息室夜晚效果表现>贴图>樱桃sdsd.jpg"文件。

② 在"反射"通道加载一张"衰减"贴图，然后设置"衰减类型"为Fresnel，接着设置"反射光泽"为0.8，最后设置"细分"为10。

图13-88

图13-89

13.3.2 设置测试渲染参数

（1）按F10键打开"渲染设置"对话框，然后设置渲染器为VRay渲染器，接着在"公用"卷展栏下设置"宽度"为500、"高度"为375，最后单击"图像纵横比"选项后面的"锁定" 🔒，锁定渲染图像的纵横比，如图13-90所示。

图13-90

（2）单击V-Ray选项卡，然后在"图像采样器（抗锯齿）"卷展栏下设置"图像采样器"的"类型"为"固定"，接着设置"过滤器"类型为"区域"，如图13-91所示。

图13-91

（3）展开"颜色贴图"卷展栏，然后设置"类型"为"莱因哈德"，如图13-92所示。

图13-92

（4）单击GI选项卡，然后在"全局照明"卷展栏下勾选"开启"选项，接着设置"首次引擎"为"发光图"、"二次引擎"为"灯光缓存"，如图13-93所示。

图13-93

（5）展开"发光图"卷展栏，然后设置"当前预设"为"自定义"，接着设置"最小速率"和"最大速率"都为-4，再设置"细分"为20、"插值采样"为20，最后勾选"显示计算相位"和"显示直接光"选项，如图13-94所示。

图13-94

（6）展开"灯光缓存"卷展栏，然后设置"细分"为200，接着勾选"显示计算相位"选项，如图13-95所示。

图13-95

（7）单击"设置"选项卡，然后在"系统"卷展栏下设置"序列"为"从上->下"，接着选择"日志窗口"为"从不"选项，如图13-96所示。

图13-96

13.3.3 灯光设置

本场景的光源较多，使用"VRay灯光"来模拟天光、灯带和环境效果，使用"目标点光源"来模拟射灯效果。

1.创建室内天光

（1）设置"灯光类型"为VRay，然后在窗外创建1盏"VRay灯光"作为天光，其位置如图13-97所示。

图13-97

（2）选择上一步创建的1号VRay灯光，然后进入"修改"面板，接着展开"参数"卷展栏，具体参数设置如图13-98所示。

设置步骤

① 在"常规"选项组下设置"类型"为"平面"。

② 在"强度"选项组下设置"倍增"为3，然后设置"颜色"为蓝色（R:65，G:119，B:255）。

③ 在"大小"选项组下设置"1/2长"为2125.291mm、"1/2宽"为1467.085mm。

④ 在"选项"选项组下勾选"不可见"选项，然后取消勾选"影响高光"和"影响反射"选项。

⑤ 在"采样"选项组下设置"细分"为16。

图13-98

（3）按F9键渲染当前效果，如图13-99所示。

图13-99

2.创建电视机屏幕光

（1）设置"灯光类型"为VRay，然后在窗外创建1盏"VRay灯光"作为电视机屏幕光，其位置如图13-100所示。

图13-100

（2）选择上一步创建的1号VRay灯光，然后进入"修改"面板，接着展开"参数"卷展栏，具体参数设置如图13-101所示。

设置步骤

① 在"常规"选项组下设置"类型"为"平面"。

② 在"强度"选项组下设置"倍增"为10，然后设置"颜色"为蓝色（R:153，G:170，B:255）。

③ 在"大小"选项组下设置"1/2长"为399.732mm、"1/2宽"为434.42mm。

④ 在"选项"选项组下勾选"不可见"选项，然后取消勾选"影响高光"和"影响反射"选项。

⑤ 在"采样"选项组下设置"细分"为15。

图13-101

（3）按F9键渲染当前效果，如图13-102所示。

图13-102

3.创建灯带效果

（1）设置"灯光类型"为VRay，然后在吊顶的位置创建3盏"VRay灯光"作为灯带，其位置如图13-103所示。

图13-103

（2）选择上一步创建的1号VRay灯光，然后进入"修改"面板，接着展开"参数"卷展栏，具体参数设置如图13-104所示。

设置步骤

① 在"常规"选项组下设置"类型"为"平面"。

② 在"强度"选项组下设置"倍增"为15，然后设置"颜色"为黄色（G:255，G:211，B:116）。

③ 在"大小"选项组下设置"1/2长"为47.853mm、"1/2宽"为1667.503mm。

④ 在"选项"选项组下勾选"不可见"选项然后取消勾选"影响高光"和"影响反射"选项。

⑤ 在"采样"选项组下设置"细分"为16。

图13-104

（3）选择上一步创建的2号VRay灯光，然后进入"修改"面板，接着展开"参数"卷展栏，具体参数设置如图13-105所示。

设置步骤

① 在"常规"选项组下设置"类型"为"平面"。

② 在"强度"选项组下设置"倍增"为25，然后设置"颜色"为黄色（G:255，G:219，B:143）。

③ 在"大小"选项组下设置"1/2长"为47.853mm、"1/2宽"为1667.503mm。

④ 在"选项"选项组下勾选"不可见"选项，然后取消勾选"影响高光"和"影响反射"选项。

⑤ 在"采样"选项组下设置"细分"为16。

图13-105

（4）按F9键渲染当前效果，如图13-106所示。

图13-106

4.创建台灯效果

（1）设置"灯光类型"为VRay，然后在台灯位置创建1盏"VRay灯光"作为光源，其位置如图13-107所示。

图13-107

（2）选择上一步创建的VRay灯光，然后进入"修改"面板，接着展开"参数"卷展栏，具体参数设置如图13-108所示。

设置步骤

① 在"常规"选项组下设置"类型"为"球体"。

② 在"强度"选项组下设置"倍增"为50，然后设置"颜色"为黄色（R:255，G:155，B:47）。

③ 在"大小"选项组下设置"半径"为63.084mm。

④ 在"选项"选项组下勾选"不可见"选项，然后取消勾选"影响高光"和"影响反射"选项。

⑤ 在"采样"选项组下设置"细分"为16。

图13-108

（3）按F9键渲染当前效果，如图13-109所示。

图13-109

5.创建射灯效果

（1）使用"目标灯光"在场景中创建射灯，在"左"视图拖曳一盏"目标点光源"，其位置如图13-110所示。

图13-110

（2）选择上一步创建的"目标灯光"，然后进入"修改"面板，具体参数设置如图13-111所示。

设置步骤

① 展开"常规参数"卷展栏，然后在"阴影"选项组下勾选"启用"选项，接着设置阴影类型为"VR-阴影"，最后设置"灯光分布（类型）"为"光度学Web"。

② 展开"分布（光度学Web）"卷展栏，在"选择光度学文件"按钮 <选择光度学文件> 上加载本书学习资源中的"实例文件>CH13>商业案例：工装休息室夜晚效果表现>贴图>中间亮.IES"文件。

③ 展开"强度/颜色/衰减"卷展栏，设置"过滤颜色"为黄色（R:255，G:193，B:86）。

图13-111

（3）以"实例"的形式复制创建的"目标灯光"到每一个射灯模型的下方，按F9键渲染当前效果，如图13-112所示。

图13-112

13.3.4 设置最终渲染参数

（1）按F10键打开"渲染设置"对话框，然后在"公用参数"卷展栏下设置"宽度"为1600、"高度"为1200，如图13-113所示。

图13-113

（2）单击V-Ray选项卡，然后在"图像采样器（抗锯齿）"卷展栏下设置"图像采样器（抗锯齿）"的"类型"为"自适应"，接着设置"过滤器"类型为Mitchell-Netravali，最后设置"模糊"和"圆环化"为0，具体参数设置如图13-114所示。

图13-114

（3）展开"自适应图像采样器"卷展栏，然后设置"最小细分"为1、"最大细分"为4，如图13-115所示。

图13-115

（4）展开"全局确定性蒙特卡洛"卷展栏下设置"噪波阈值"为0.001、"最少采样"为16，如图13-116所示。

图13-116

（5）单击GI选项卡，然后展开"发光图"卷展栏，接着设置"当前预设"为"中"，具体参数设置如图13-117所示。

图13-117

（6）展开"灯光缓存"卷展栏，然后设置"细分"1200，如图13-118所示。

图13-118

（7）按F9键渲染当前场景，最终效果如图13-119所示。

图13-119

13.4 商业案例：雪山雄鹰CG表现

场景位置	场景文件>CH13>04.max
实例位置	实例文件>CH13>商业案例：雪山雄鹰CG表现.max
学习目标	体积光、雪材质和尾气材质的制作方法是本例的学习重点

案例效果如图13-120所示，局部特写效果如图13-121所示。

图13-120

图13-121

13.4.1 灯光设置

本例的灯光分为两个部分，先用VRay太阳作为主光源，然后使用目标聚光灯创建辅助光源。

1.创建主光源

（1）打开本书学习资源中的"场景文件>CH13>04.max"文件，如图13-122所示。

图13-122

（2）考虑到本场景属于室外场景，因此选用VRay太阳来模拟室外真实的太阳光照效果，在场景中创建一盏VRay太阳，其位置如图13-123所示。

图13-123

（3）选择上一步创建的VRay太阳，然后展开"VRay太阳参数"卷展栏，具体参数设置如图13-124所示。

设置步骤

① 设置"强度倍增"为0.015。

② 设置"大小倍增"为0.2。

③ 设置"光子放射半径"为800。

图13-124

（4）按F9键测试渲染当前灯光效果，如图13-125所示。

图13-125

2.创建辅助光源

（1）在场景中创建一盏目标聚光灯，其位置如图13-126所示。

图13-126

（2）选择上一步创建的目标聚光灯，然后进入

"修改"面板，具体参数设置如图13-127所示。

设置步骤

① 展开"强度/颜色/衰减"卷展栏，设置"倍增"为0.5。

② 在"聚光灯参数"卷展下设置"聚光区/光束"为43、"衰减区/区域"为85。

图13-127

（3）按F9键测试渲染当前灯光效果，如图13-128所示。

图13-128

提示 从图13-125和图13-128的光照对比中不难发现布置辅助光源后雪地的明暗对比明显增强了，采用这种方法可以比较理想地表现空旷场景的光照效果。

3.创建体积光

（1）在场景中继续创建一盏目标聚光灯，将其命名为"体积光"，其位置如图13-129所示。

图13-129

（2）因为只需要灯光产生体积光，而不是对物体产生照明效果，因此需要进行排光处理。选择"体积光"，然后在"常规参数"卷展栏下单击"排除"按钮，并在弹出的"排除/包含"对话框中选择左侧的所有物体，再单击"向右"按钮 >> 将左侧的对象全部排除到右侧，这样这些物体就不会接收体积光，如图13-130所示。

图13-130

（3）设置"体积光"灯光的参数，如图13-131所示。

设置步骤

① 展开"强度/颜色/衰减"卷展栏，然后设置"倍增"为0.07，接着在"远距衰减"面板下勾选"使用"选项，然后设置"开始"为880，"结束"为999.999。

② 展开"高级效果"卷展栏，然后设置"柔化漫反射边"为4，接着在"投影贴图"贴图通道加载一张本书学习资源中的"案例文件>第13章>商业案例：雪山雄鹰CG表现>材质>Volumask00.bmp"文件。

③ 展开"聚光灯参数"卷展栏，然后设置"聚光区/光束"为4，"衰减区/区域"为10。

图13-131

（4）按8键打开"环境和效果"对话框，然后展开"大气"卷展栏，单击"添加"按钮 添加... ，并在弹出的"添加大气效果"对话框中选择"体积光"选项，如图13-132所示。

图13-132

（5）在"环境和效果"对话框中展开"体积光参数"卷展栏，具体参数设置如图13-133所示。

设置步骤

① 单击"拾取灯光"按钮，然后在场景中选择"体积光"灯光，此时可以看到"体积光"被添加到了后面的选项框内。

② 在"体积"面板下设置"密度"为0.15，然后设置"过滤阴影"为"高"，并关闭"自动"选项，最后设置"采样体积%"为100。

图13-133

（6）按F9键测试渲染下体积光效果，如图13-134所示。

图13-134

4.添加雾特效

（1）按8键打开"环境和效果"对话框，展开"大气"卷展栏，然后单击"添加"按钮 添加... ，并在弹出的"添加大气效果"对话框中选择"雾"选项，如图13-135所示。

图13-135

（2）展开"雾参数"卷展栏，具体参数设置如图13-136所示。

设置步骤

① 设置"雾化背景"的类型为"分层"。

② 在"分层"面板下设置"顶"为0，"底"为300，"密度"为8，然后设置"衰减"为"底"，再勾选"地平线噪波"选项，并设置"大小"为20000。

图13-136

（3）按F9键测试渲染雾效果，如图13-137所示。

图13-137

> **提示** 从图13-137的渲染效果中可以发现添加了雾特效后的效果更加真实了，由于远处的物体受到雾气的影响而被虚化，使得画面具有了虚实效果。

13.4.2 材质制作

本例的场景对象材质主要包括雪山材质、雪材质、树干材质、飞机材质、塔材质和烟雾材质等。首先要制作的是雪山材质，场景中共有两座雪山，前景雪山和远景雪山。

1.制作前景雪山材质

前景雪山材质的模拟效果如图13-138所示。

图13-138

（1）选择一个材质球，并将其命名为"前景雪山"，然后设置材质类型为"顶/底"，如图13-139所示。

图13-139

（2）单击"顶材质"后面的Standard（标准材质）按钮 Standard ，然后将其命名为snow，如图13-140所示，再展开"贴图"卷展栏，勾选"光泽度"选项，并在该贴图通道中加载一张"细胞"贴图，接着展开"细胞参数"卷展栏，最后在"细胞特性"面板下勾选"分形"选项，并设置"大小"为1，如图13-141所示。

图13-140

图13-141

> **提示** 这一步涉及了3个层级：雪山、snow和"细胞"层级，这3个层级都是用来制作雪（雪山）材质的。

（3）返回到snow层级面板，单击"自发光"后面的None按钮 ，然后在弹出的面板中双击"遮罩"选项，进入"遮罩"层级面板，具体参数设置如图13-142和图13-143所示。

设置步骤

① 单击"贴图"后面的None按钮，然后在弹出的面板中双击"渐变坡度"选项，展开"渐变坡度参数"卷展栏，将其设置为5种蓝色的渐变，再设置"渐变类型"为"贴图"，单击"源贴图"后面的None按钮，并在弹出的面板中双击"衰减"选项。

② 展开"衰减参数"卷展栏，然后分别设置两个衰减颜色为白色和黑色，再设置"衰减类型"为"投影/灯光"，最后在"混合曲线"卷展栏下调整好曲线的形状。

③ 返回到"渐变坡度"层级面板，在"源贴图"后面的"衰减"上单击鼠标右键，然后在弹出的菜单中选择"复制"命令，进入"遮罩参数"卷展栏，并在"遮罩"通道上单击鼠标右键，在弹出的菜单中选择"粘贴（实例）"命令。

图13-142

图13-143

257

（4）回到snow层级面板，展开"贴图"卷展栏，具体参数设置如图13-144所示。

设置步骤

① 勾选"凹凸"选项，并设置其强度为20，然后在其贴图通道中加载一张"细胞"程序贴图。

② 展开"细胞参数"卷展栏，然后在"细胞特性"面板下勾选"分形"选项，并设置"大小"为0.4。

图13-144

（5）返回到snow层级面板，具体参数设置如图13-145所示。

设置步骤

① 设置"环境光"颜色、"漫反射"颜色和"高光反射"颜色为白色。

② 设置"光泽度"为99。

图13-145

（6）返回到"前景雪山"层级面板，单击"底材质"后面的Standard（标准）按钮 Standard，然后将其命名为hill，具体参数设置如图13-146所示。

设置步骤

① 设置"光泽度"为0。

② 展开"贴图"卷展栏，然后在"漫反射"贴图通道中加载一张本书学习资源中的"实例文件>CH13>商业案例：雪山雄鹰CG表现>材质>hill.jpg文件，并在"凹凸"贴图通道中添加一张相同的hill.jpg贴图。

图13-146

（7）返回到"前景雪山"层级面板，然后设置"混合"为1，"位置"为85，如图13-147所示。

图13-147

提示 远景雪山在真实环境中的颜色偏向于蓝色，这样才能产生较强的空间感，远景雪山材质不需要重新制作，只需要将近景雪山材质复制到远景雪山上，然后将材质颜色更改为蓝色即可。

2.制作远景雪山材质

（1）选择"前景雪山"材质球，使用鼠标左键将其拖曳到另一个材质球上，并将其命名为"远景雪山"，然后单击"顶材质"后面的Standard（标准）按钮 Standard，在snow层级下设置"漫反射"颜色为（R:181，G:191，B:222），如图13-148所示。

图13-148

（2）将制作好的"近景雪山"和"远景雪山"材质分别赋予两座山体，然后按F9键测试渲染当前场景，效果如图13-149所示。

图13-149

3.制作树干材质

树干材质的模拟效果如图13-150所示。

图13-150

树干材质的制作方法与雪山材质的制作方法比较相似，都是使用"顶/底"材质来制作的。由于树干上的雪材质与雪山上的雪材质是相同的，因此只需要将雪山上的雪材质复制到树干上即可。

（1）选择一个材质球，将其命名为"树干"，然后设置材质类型为"顶/底"材质，接着复制"前景雪山"中的snow材质到"树干"材质的"顶材质"通道中，并选择"粘贴（实例）"方式，如图13-151所示。

图13-151

（2）单击"底材质"按钮，然后展开"贴图"卷展栏，具体参数设置如图13-152所示。

设置步骤

① 在"漫反射"贴图通道中加载一张本书学习资源中的"实例文件>CH13>商业案例：雪山雄鹰CG表现>材质>bark02.jpg"文件。

② 拖曳"漫反射"贴图通道中的贴图到"凹凸"通道，并设置凹凸强度为100。

图13-152

（3）返回到"树干"材质最初层级，然后设置"混合"为10，"位置"为50，如图13-153所示。

图13-153

（4）测试渲染下当前场景，效果如图13-154所示。

图13-154

4.制作塔身材质

塔身材质的模拟效果如图13-155所示。

图13-155

（1）选择一个材质球，将其命名为"塔身"，然后设置材质类型为VRayMtl材质，具体参数设置如图13-156所示。

设置步骤

① 在"漫反射"贴图通道中加载一张本书学习资源中的"实例文件>CH13>商业案例：雪山雄鹰CG表现>材质>ta.jpg"文件。

② 在"凹凸"通道中加载一张"法线凹凸"程序贴图，然后在"法线"贴图通道中加载一张本书学习资源中的"实例文件>CH13>商业案例：雪山雄鹰CG表现>材质>tafaxian.jpg"文件，最后设置凹凸强度为100。

图13-156

提示 塔的其他材质在前面的章节中有类似的制作方法，在这里就不多加介绍了。

（2）测试渲染下当前场景，效果如图13-157所示。

图13-157

5.制作飞鸟材质

飞鸟材质的模拟效果如图13-158所示。

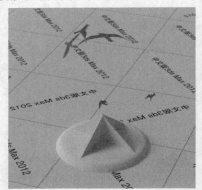

图13-158

因为本场景的飞鸟离摄像机比较远，因此在这里使用透明度黑白通道的方法来制作飞鸟材质，这样可以节省大量时间。

（1）选择一个材质球，将其命名为"鸟"，具体参数设置如图13-159所示。

设置步骤

① 在"漫反射"贴图通道中加载一张本书学习资源中的"实例文件>CH13>商业案例：雪山雄鹰CG表现>材质>bird.jpg"文件。

② 在"不透明度"贴图通道中加载一张本书学习资源中的"实例文件>CH13>商业案例：雪山雄鹰CG表现>材质>bird02.jpg"文件。

（2）测试渲染下当前场景，效果如图13-160所示。

图13-159

图13-160

6.制作机身材质

机身材质的模拟效果如图13-161所示。

图13-161

（1）选择一个材质球，将其命名为"飞机"，设置材质类型为"多维/子对象"，然后将ID1命名

为f5-left，具体参数设置如图13-162所示。

设置步骤

① 在"漫反射"贴图通道中加载一张本书学习资源中的"实例文件>CH13>商业案例：雪山雄鹰CG表现>材质>F5-1ft副本.jpg文件

② 设置"高光级别"和"光泽度"为100。

③ 在"凹凸"贴图通道中加载一张本书学习资源中的"实例文件>CH13>商业案例：雪山雄鹰CG表现>材质>F5-sdbp.jpg"文件，并设置凹凸强度为15。

④ 在"反射"贴图通道中加载一张本书学习资源中的"实例文件>CH13>商业案例：雪山雄鹰CG表现>材质>Lakerem.jpg"文件，并设置反射的强度为15"。

图13-162

（2）使用同样的方法，设置其他9个ID，如图13-163所示。

图13-163

（3）飞机测试效果如图13-164所示。

图13-164

7.制作尾气材质

尾气材质的模拟效果如图13-165所示。

图13-165

（1）在制作飞机尾气材质之前，首先要用粒子系统创建尾气模型。在创建面板中单击"几何体"按钮 ，然后在其下拉列表中选择"粒子系统"选项，如图13-166所示，再单击"超级喷射"按钮 超级喷射 。

图13-166

（2）将粒子命名为SuperSpray02，具体参数设置如图13-167所示。

设置步骤

① 在"粒子分布"面板下设置"轴偏离"为10，"扩散"为20，"平面偏离"为10，"扩散"为16。

② 在"显示图标"面板下设置"图标大小"为0.687。

③ 在"视口显示"面板下勾选"网格"选项，然后设置"粒子数百分比"为20。

图13-167

（3）展开"粒子生成"卷展栏，具体参数设置如图13-168所示。

设置步骤

① 在"粒子计时"面板下设置"发射开始"为-1500，"发射停止"和"显示时限"为300，"寿命"为800，"变化"为0。

② 在"粒子大小"面板下设置"大小"为1。

图13-168

（4）选择SuperSpray02粒子，然后按快捷键Ctrl+V复制一份粒子，并将其命名为SuperSpray03，再分别将其放置在飞机的排气位置，如图13-169所示。

图13-169

（5）选择一个材质球，然后将其命名为"尾气"，具体参数设置如图13-170所示。

设置步骤

① 在"明暗器基本参数"卷展栏下勾选"双面"和"面状"选项。

② 设置"漫反射"颜色为（红:150，绿:150，蓝:150）。

③ 在"Blinn基本参数"卷展栏中勾选"自发光"选项，然后设置"颜色"为（红:210，绿:210，蓝:210），最后设置"不透明度"为2。

图13-170

（6）将制作好的机身材质和尾气材质分别赋予飞机模型的相应部分，然后按F9键测试渲染当前场景，效果如图13-171所示。

图13-171

13.4.3 设置最终渲染参数

（1）按F10键打开"渲染设置"对话框，然后在"公用参数"卷展栏下设置"宽度"为2500、"高度"为1868，如图13-172所示。

图13-172

（2）打开V-Ray选项卡，然后在"图像采样器（抗锯齿）"卷展栏下设置"图像采样器"的"类型"为"自适应"，接着设置"过滤器"类型为Mitchell-Netravali，最后设置"模糊"和"圆环化"

为0，具体参数设置如图13-173所示。

图13-173

（3）展开"自适应图像采样器"卷展栏，然后设置"最小细分"为1、"最大细分"为4，如图13-174所示。

图13-174

（4）展开"全局确定性蒙特卡洛"卷展栏下设置"噪波阈值"为0.001、"最小采样"为16，如图13-175所示。

图13-175

（5）单击GI选项卡，然后展开"发光图"卷展栏，接着设置"当前预设"为"中"，具体参数设置如图13-176所示。

图13-176

（6）展开"灯光缓存"卷展栏，然后设置"细分"1200，如图13-177所示。

图13-177

（7）按F9键渲染当前场景，最终效果如图13-178所示。

图13-178

263

13.5 课后习题

下面有3个课后习题，请读者自行完成。

13.5.1 课后习题：家装客厅日光表现

场景位置　场景文件>CH13>05.max
实例位置　实例文件>CH13>课后习题：家装客厅日光表现.max
学习目标　练习家装客厅场景材质、灯光和渲染参数的设置方法

案例效果如图13-179所示。

图13-179

布光参考如图13-180所示。

图13-180

13.5.2 课后习题：工装宾馆灯光表现

场景位置　场景文件>CH13>06.max
实例位置　实例文件>CH13>课后习题：工装宾馆灯光表现.max
学习目标　练习工装宾馆场景材质、灯光和渲染参数的设置方法

案例效果如图13-181所示。

图13-181

布光参考如图13-182所示。

图13-182

13.5.3 课后习题：古建筑CG表现

场景位置　场景文件>CH13>07.max
实例位置　实例文件>CH13>课后习题：古建筑CG表现.max
学习目标　练习CG场景材质、灯光和渲染参数的设置方法

案例效果如图13-183所示。

图13-183

布光参考如图13-184所示。

图13-184